浙江景宁
望东垟和大仰湖湿地保护区昆虫

刘日林　刘立伟　周建青　主编

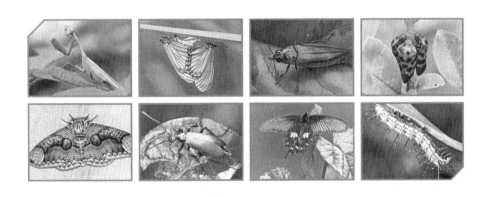

U0306102

中国农业科学技术出版社

图书在版编目（CIP）数据

浙江景宁望东垟和大仰湖湿地保护区昆虫 / 刘日林，刘立伟，周建青主编. --北京：中国农业科学技术出版社，2022.8
　　ISBN 978-7-5116-5812-8

　　Ⅰ.①浙…　Ⅱ.①刘…②刘…③周…　Ⅲ.①沼泽化地－昆虫－介绍－浙江　Ⅳ.①Q968.225.5

中国版本图书馆CIP数据核字（2022）第114204号

责任编辑　张志花
责任校对　李向荣
责任印制　姜义伟　王思文

出 版 者　中国农业科学技术出版社
　　　　　北京市中关村南大街12号　　邮编：100081
电　　话　（010）82106636（编辑室）　　（010）82109702（发行部）
　　　　　（010）82109709（读者服务部）
网　　址　http：// www.castp.cn
经 销 者　各地新华书店
印 刷 者　北京地大彩印有限公司
开　　本　185 mm×260 mm　1/16
印　　张　22.5　彩插16面
字　　数　435千字
版　　次　2022年8月第1版　2022年8月第1次印刷
定　　价　90.00元

《浙江景宁望东垟和大仰湖湿地保护区昆虫》

编 委 会

主　编：刘日林　刘立伟　周建青
副主编：陈莉娟　林　坚　林秀君　王义平
编　委（按姓氏拼音排序）：

白　明	卜文俊	卜　云	彩万志	常凌小	陈根明
陈华燕	陈志林	戴　武	杜予州	范骁凌	冯纪年
高翠青	高小彤	郭　瑞	韩红香	韩辉林	郝　博
郝淑莲	胡佳耀	花保祯	黄骋望	黄俊浩	黄　敏
黄思遥	季必浩	贾凤龙	姜　楠	柯云玲	李利珍
李梦斐	李泽建	李志强	李　竹	梁爱萍	梁红斌
梁厚灿	林爱丽	林美英	林晓龙	刘经贤	刘立伟
刘星月	路园园	栾云霞	罗心宇	梅中海	聂瑞娥
牛耕耘	潘志祥	戚慕杰	乔格侠	秦道正	任国栋
任　立	石爱民	石福明	孙长海	唐楚飞	唐　璞
田明义	王瀚强	王厚帅	王　敏	王兴民	王宗庆
肖　晖	徐端妙	杨　定	姚　刚	叶文晶	殷子为
于　昕	袁向群	张爱环	张春田	张丹丽	张道川
张加勇	张婷婷	张学鑫	郑丽智	周林明	周善义
周长发	朱卫兵	朱志柳			

参 编 单 位

安徽大学
北京海关
北京农学院
北京自然博物馆
大连海关
东北林业大学
广东省科学院动物研究所
广东省林业科学研究院
广东省生物资源应用研究所
广西师范大学
贵阳海关
河北大学
河南农业大学
湖南农业大学
华东药用植物园
华南农业大学
华南师范大学
华中农业大学
江苏第二师范学院
江西师范大学

景宁畲族自治县望东垟高山湿地
　自然保护区管理服务中心
景宁县生态林业发展中心
金华职业技术学院
南京农业大学
南京师范大学
南开大学
内蒙古自治区植保植检站
山东农业大学
上海海关
上海自然博物馆自然史研究中心
上海师范大学
深圳职业技术学院
沈阳大学
沈阳师范大学
台州学院
泰安市农业科学研究院
天津自然博物馆
西北农林科技大学
西华师范大学

西南大学

延安大学

扬州大学

浙江大学

浙江农林大学

浙江师范大学

浙江自然博物院

浙江清凉峰国家级自然保护区
　管理局

中国科学院地球环境研究所

中国科学院动物研究所

中国科学院上海生命科学研究院
　植物生理生态研究所

中国农业大学

中国农业科学院草原研究所

中南林业科技大学

中山大学

重庆师范大学

邹城市农业局植保站

　　湿地是地球上生物多样性丰富和生产力较高的生态系统。湿地在抵御洪水、调节径流、控制污染、调节气候、生物保护、美化环境、教育科研等方面起着重要作用，它既是陆地上的天然蓄水库，又是众多野生动植物资源，特别是珍稀水禽的繁殖和越冬地。湿地与人类息息相关，是人类拥有的宝贵资源，与森林、海洋并称为全球三大生态系统，被誉为"生命的摇篮""地球之肾""生物基因库"，有着很高的生态价值和经济价值，是地球上具有多种功能的独特生态系统。

　　生物丰富而多样是美丽中国的应有之义，是实现绿水青山的重要前提。习近平总书记提出，要像保护眼睛一样保护生态环境。而生物多样性是生态系统的主体，既是重要的战略资源，又是发展新型生物产业的重要基础。保护生物多样性是衡量一个国家生态文明水平和可持续发展能力的重要标志。当前，我国经济发展进入新常态，这将为生物多样性保护带来前所未有的机遇。然而，因受经济飞速发展、全球气候变暖、极端自然气候和人类活动干扰等因素影响，生物种类、分布、危害发生了很大变化。作为生物多样性的主体——昆虫，其多样性资源正在遭受严重威胁，每天有几十种昆虫正在灭绝或濒临灭绝，这引起了国际社会的广泛关注。所以，加强昆虫多样性保护与持续利用的科学研究迫切而必要，而物种修订与资源信息管理是有效防控与开发利用昆虫的前提，也是基础性和公益性均较强的专题研究。

　　景宁望东垟高山湿地自然保护区和大仰湖湿地群自然保护区，都是以山地沼泽湿地生态系统为主要保护对象的省级自然保护区。保护区内山顶夷平面上分布着大片的湿地群，如被誉为"华东第一高山湿地"的望东垟片的慒懂垟、茭白塘湿地群，大仰湖片的大仰湖、菖蒲湖、荒田湖等湿地群，其生态区位之特殊、保存状态之原始、生物多样性之丰富，在华东地区实属罕见。

　　由于两个自然保护区都处于浙南中山地带，地形地貌复杂，小气候和土壤类型多样，从而孕育了十分丰富的生物资源，但是由于交通设施十分落后，昆虫调查采集极为薄弱。因此，为了进一步摸清家底，更好地发挥自然保护区在生物多样性保护、科学研究、科普教育等方面的重要作用，提高自然保护区的管理水平，2017年，景宁畲族自治县望东垟高山湿地自然保护区管理局和景宁畲族自治县大仰湖湿地群省级自然保护区管理局决定启动"景宁望东垟、大仰湖湿地自然保护区昆虫资源调查项目"，委托浙江农林大学组织实施，联合中国科学院动物研究所、中国农业大学、南开大学、天津农学院、天津自然博物馆、河北大学、河北农业大学、沈阳师范大学、西北农林科技大学、南京农业大学、南京师范大学、扬州大学、中国科学院上海生命科学研究院植物生理生态研究所（中国科学院分子植物科学卓越创新中心）、中南林业科技大学、华南农业大学、中山大学、广西师范大学、重庆师范大学、西南大学、云南农业大学、浙江大学、浙江自然博物院和浙江农林大学等单位共同合作，100多位专家学者对浙江景宁望东垟、大仰湖湿地的昆虫物种进行了为期3年的系统调查，取得了十分丰硕的成果。

本次调查初步查清了望东垟、大仰湖两个自然保护区范围内的昆虫种类。根据本次调查，结合历史调查资料研究整理，两个自然保护区范围共采集昆虫纲、原尾纲、弹尾纲和双尾纲4纲27目250科2 207种，本书是上述研究成果的系统整理和总结，期望上述调查成果，对于景宁乃至浙江的自然保护区建设与管理，生物多样性保护以及生态文明建设，都具有积极的推进作用。

由于昆虫资源调查工作涉及面广、专业性强，加之时间和我们的专业素养有限，书中可能有疏漏之处，恳请专家学者和业内同行批评指正。

编 者

2021年11月

CONTENTS 目 录

第一章　保护区概况

刘日林　周建青　陈莉娟　林　坚　林秀君

（景宁县生态林业发展中心）

　　保护区位于浙江省西南部的景宁县，景宁县设县于明景泰三年（1452 年），后几经撤并，于 1984 年 6 月经国务院批准设立景宁畲族自治县，现为全国唯一的畲族自治县和华东地区唯一的民族自治县。县域面积 1 950 km²，辖 2 个街道 4 个镇 15 个乡，全县总人口 17.22 万人，其中畲族人口 1.99 万人，占 11.6%。

　　景宁是别具风情的中国畲乡。早在唐永泰二年（766 年）就有畲民迁入景宁，距今已有 1 250 多年历史，是浙江畲族的发祥地。畲族歌舞、服饰、语言、习俗、医药等民族文化传承发展良好，畲族民歌、畲族三月三、畲族婚俗被列入国家非遗，《千年山哈》《畲娘》等畲族体裁剧多次斩获大奖，"中国畲乡三月三"被评为"最具特色民族节庆"。

　　景宁是生态一流的诗画畲乡。地处瓯江和飞云江两江源头，境内海拔千米以上山峰 779 座，林地 246.7 万亩（1 亩≈667 m²，15 亩＝1 hm²），森林覆盖率 81%，拥有"中国畲乡之窗""云中大漈"国家 AAAA 景区和千峡湖、炉西峡、望东垟、草鱼塘、九龙山等一批优质生态资源。县域Ⅰ、Ⅱ类水体占比达 100%，空气环境质量优良率 100%，生态环境质量综合指标多年位居全国、全省前列。

望东垟高山湿地省级自然保护区（以下简称望东垟保护区）、大仰湖湿地群省级自然保护区（以下简称大仰湖保护区）地处浙江南部，行政范围位于丽水市景宁畲族自治县内。

望东垟保护区：位于县域南部的上标林场，东与泰顺乌岩岭国家级自然保护区毗连，南与福建省寿宁县李家垟接壤，西与景南乡渔漈村相邻，北与景南乡东塘村交界。大地坐标：119°34′20″～119°39′06″E，27°40′00″～27°44′09″N。由懵懂垟和渔漈坑两区块组成，区域总面积1 194.8 hm²，其中核心区636.5 hm²、缓冲区290.2 hm²，实验区268.1 hm²。

大仰湖保护区：位于县域中东部的大仰、草鱼塘、荒田湖3个分场，分布在景宁畲族自治县的中部和东南部的东坑镇、鹤溪街道、红星街道、梅岐乡4个乡镇街道的行政区域内。大地坐标：119°41′00″～119°45′25″E，27°50′47″～27°58′11″N。由大仰湖片和菖蒲湖片-荒天湖片两区块组成，区域面积2 131.2 hm²，其中核心区575.07 hm²、缓冲区244.0 hm²、实验区1 312.13 hm²。

第一节　地质地貌

两个保护区均地处洞宫山脉主脉，在地质构造上位于中国东南部新华夏系第二隆起带南段，江山—绍兴深大断裂东南侧的浙闽隆起区，新华夏系上虞—丽水—寿宁断裂带，属华夏陆台浙闽地质，是浙江省地壳厚度最大的地域之一。出露地层单元以中生界侏罗系、火山系为主，构造以上升为主，没有巨厚的海相沉积，为凝灰岩与花岗岩为主的火山碎屑岩地区。

区域地貌属于浙南中山区，位于浙西南新构造运动强烈上升区，地貌以深切割山地为主，类型属小丘地貌，次级地貌有山地地貌、夷平面地貌和山区流水地貌。境内峰峦起伏，山势高峻，山谷相间，地形复杂。

望东垟保护区：海拔范围在900.0（渔漈坑）～1 611.1 m（白云尖），相对高差711.1 m。区域1 000 m以上的山峰有百余座，1 500 m以上的山峰有14座，它们连绵起伏，层峦叠嶂，形成区内主要的山地地貌景观。标志性的山地沼泽懵懂垟湿地和茭白塘湿地的海拔分别为1 300 m、1 136 m。

大仰湖保护区：海拔范围在613.8（陈潭坑）～1 556.9 m（大仰湖尖），相对高差943.1 m。海拔1 500 m以上山峰12座，主要山峰有大仰湖尖、牛塘岙尖、牛岗山头等。标志性的山地沼泽大仰湖湿地群、菖蒲湖湿地群和荒田湖湿地群的海拔分别为1 485 m、1 325 m、1 310 m。

第二节 气候

景宁区域气候属于中亚热带海洋性季风型，具有温暖湿润、雨量充沛、四季分明、热量资源丰富的特点，自然气热条件十分优越。

望东垟保护区：年平均气温12.0℃，1月平均气温1.8℃，7月平均气温21.8℃，极端最低气温-12.3℃，极端最高气温34.1℃。无霜期189 d左右。年日照时数1 600 h，≥10℃年积温3 136℃。年平均降水量2 066.7 mm，年平均蒸发量1 290.5 mm，年平均相对湿度80%以上。

大仰湖保护区：年平均气温12.8℃，1月平均气温2.8℃，7月平均气温22.6℃，极端最低气温-14.0℃。无霜期196 d左右。年日照时数1 617.6 h，≥10℃年积温5 493.5℃。年降水量1 918 mm，年平均相对湿度80%以上。

区域气候的总体特征是随海拔上升，气温下降，雨量增加，平均每上升100 m，气温下降0.5℃，降水量增加26.5 mm，无霜期缩短4.9 d。

第三节 土壤

区域母岩以含砾晶屑凝灰岩、流纹（斑）岩为主，伴有少量的花岗斑岩和石英斑岩。成土母质以残、坡积物为主，它主要由含砾晶屑凝灰岩、流纹（斑）岩的风化物所组成。由于岩石坚硬致密，因此风化度较低，风化物中砾石岩屑较多，风化层厚度较薄。

两个保护区的土壤主要有5类：一为红壤土类，其中海拔在750 m以下为黄红壤；二是黄壤土类，是分布面积最大的土类，其中海拔在750~1 000 m的主要为山地黄泥土，海拔在1 000~1 350 m的主要是山地黄砂土，海拔在1 350 m以上常见的为山地石砂土；三是山地草甸土，主要分布于山地沼泽的外围区域；四是沼泽土，主要分布于山地沼泽的水域；五是潮土土类，分布于地势较为低平的溪流两岸。

第四节　水文

本区是飞云江水系的源头和瓯江水系的发源地之一，属两江分水岭。区内主干溪流受构造线NW—SE向和NE—WS向的控制较明显，水系呈树枝状和羽脉状。溪流多为间歇性的，呈"V"形谷，切割较深，汛期来临时，尽管源短坡陡，流急且流量突然增大，但由于森林植被覆盖率较高和山地沼泽的高涵养水源性能，提高了土壤抗冲刷能力和蓄水能力，雨水在集水区内滞流的时间也大为延长，这不仅使短时间的一般降雨不会出现洪水，也保证了在枯水期内溪流不会断流。保护区内水资源丰富，给水方便，未受污染，水质优良，各项指标均达到国家一级饮用水标准。

望东垟保护区：区内主干溪流有谋人坑（飞云江源头）、上标溪和渔际坑溪（瓯江水系）。渔际坑溪和上标溪到龙井处汇合后流入小溪。

大仰湖保护区：区内主要有大峃头坑、陈潭坑（驮际源坑、东岗坑）、三重际、大浪坑、箬坑等多条溪流。其中大峃头坑、三重际、大浪坑流入小溪，为瓯江水系最大支流；陈潭坑（驮际源坑、东岗坑）、箬坑流入三插溪，在泰顺百丈口与洪口溪汇合后称飞云江。

第五节　社会经济

一、历史沿革

望东垟保护区：位于上标林场范围内。其前身是成立于1956年的森工伐木组。1958年3月，建立景南伐木场，同年4月建立上标林场。1959年5月，两场合并为上标林场。1969年改称上标伐木场，1988—1998年属景宁县木材公司管辖。1998年由县人民政府批准重新更名为上标林场，由县林业局直接管辖。2001年经县人民政府批准建立县级自然保护区，2007年3月15日经省人民政府批准建立省级自然保护区，2009年经丽水市机构编制委员会批准成立保护区管理机构——景宁畲族自治县望东垟高山湿地自然保护区管理局。

大仰湖保护区：地处景宁林业总场范围内。林业总场，其前身是1956年5月建立的景宁县林场和1958年7月建立的景宁东坑、金钟、北溪林场。1965年12月景宁林场和东坑林场合并，成立云和县景宁林业总场。1984年6月30日经国务院批准设立景宁畲族自治县，改称景宁畲族自治县林业总场。保护区涉及景宁林业总场大仰分场的夕阳坑、东岗、善寮、三节寺4个林区、草鱼塘分场的桃树铺林区、荒田湖分场的芥菜垟、大浪坑、荒田湖、王木坑和仰天湖5个林区。2008年11月经县人民政府批准建立县级自然保护区，2013年7月29日经省人民政府批准建立省级自然保护区，2014年7月经丽水市机构编制委员会批准成立保护区管理机构——景宁畲族自治县大仰湖湿地群省级自然保护区管理局。

二、组织机构

景宁畲族自治县望东垟高山湿地自然保护区管理局为望东垟高山湿地自然保护区管理机构，属县政府直属正科级事业单位，内设6个职能科室：办公室、科研宣教科、资源管理科、经营开发科、生态公益林（国家储备林）管理科、计划财务科，下辖上标林场、枫水垟保护站、白云保护站、渔漈坑保护站。

景宁畲族自治县大仰湖湿地群省级自然保护区管理局为大仰湖湿地群省级自然保护区管理机构，属县政府直属正科级事业单位，与林业总场合署办公。2014年12月县政府确定三定方案，内设6个职能科室：办公室、科研宣教科、资源管理科、生产经营科、生态公益林（国家储备林）建设办公室、计划财务科，下辖5个分场3个保护站：大仰分场、大际分场、草鱼塘分场、鹤溪分场、荒田湖分场，大仰湖保护站、菖蒲湖保护站、荒田湖保护站。

三、周边社区概况

望东垟保护区：周边共有东垟、西垟、上标垟、渔漈、东塘5个行政村18个自然村，统称为上标。中华人民共和国成立后曾建上渔乡，后改称上标乡，现属景南乡。保护区周边村庄现有人口2 932人，其中畲族8人。土地总面积4 685 hm²，人均年收入8 218元。

大仰湖保护区：坐落在东坑镇、鹤溪街道、红星街道、梅岐乡4个乡镇街道的行政区域内。周边社区主要有鹤溪街道的严坑、滩岭、王木坑3个村，红星街道的大吴山村，东坑镇的大张坑、汤北、茗源、方徐、北山、杨斜、大仰7个村，梅岐乡的高闩、降楼2个村。保护区周边村庄居住着汉族和畲族两个民族，现有人口4 602人，其中畲族395人。

保护区周边群众世代以农耕、种菇及经营林木为生，高山蔬菜、高山茭白、食用菌、毛竹为本地村民的主导产业。民风淳朴、热情好客。

四、基础设施

保护区由于地处偏僻山区，历史上交通甚为不便。但自从保护区建立以来，景宁县委县政府十分重视自然保护区的基础设施建设，在上级相关部门的关心支持下，投入大量资金进行保护工程和基础设施建设，极大地提升了保护区的管护能力，改善了保护区职工的工作与生活条件。目前，县道童石线直达望东垟保护区，省道330线距大仰湖保护区6.2 km，县道三梅公路经过荒田湖保护站；各保护站全部开通准四级公路，各保护点建有巡护车道或步道；开通程控电话，移动信号全覆盖，重要节点还布设了监控设备；配备皮卡车和巡护车9辆，森林消防车2辆。各保护站职工人均生活管护用房60 m^2，电力、自来水等配套完备。为了提高科研和科普宣传接待能力，服务景宁打造全域化景区战略，还投资2 400万元，建成了上标科研接待中心和标本馆、白云科研楼等基础设施，目前已拥有同时接待150人的能力。

第二章　昆虫多样性

刘立伟[1]　郭　瑞[2]　王义平[3]

（1.浙江自然博物院；2.浙江清凉峰国家级自然保护区管理局；3.浙江农林大学）

　　昆虫是地球上较早出现的动物类群之一，其物种种类多、种群数量大，是生物多样性的重要组成部分，其对于陆地生态系统多样性维持的生态学及进化学过程具有重要作用。同时，由于昆虫对生境变化具有较高的灵敏性，可作为生态环境的指示物种。近年来，随着生态文明建设的不断加大，昆虫生物多样性研究也日益受到重视，如昆虫多样性与环境的关系、访花昆虫行为、指示性昆虫筛选、土壤昆虫与不同环境的关系等已成为研究热点。因此，开展资源调查，了解昆虫的群落组成及其多样性，对昆虫资源的保护和利用、生物多样性研究具有重要意义。

　　为全面系统地调查浙江省景宁望东垟保护区和大仰湖保护区昆虫种类的组成、分布情况，保护区管理局同浙江农林大学合作，启动景宁望东垟高山湿地和大仰湖湿地群省级自然保护区昆虫资源调查项目。该项目联合了中国科学院动物研究所、中国科学院上海生命科学研究院植物生理生态研究所、中国农业大学、南开大学、西北农林科技大学、贵州大学、陕西理工大学、沈阳师范大学、山东农业大学、南宁师范大学、青岛农业大学、天津农学院、河池学院和上海市农业科学院等全国30余家单位、100余位昆虫分类专家学者参与调查编写。经过近3年的调查，共采集昆虫标本3万余头，并鉴定整理出景宁望东垟保护区和大仰湖保护区昆虫名录，共计23目243科1 385属2 195种，进一步完善了两个保护区的昆虫多样性资料，并对昆虫组成及其多样性进行了分析，以期为昆虫保护和管理提供依据。

一、研究方法

1.昆虫采集及鉴定

2017年8月至2019年7月，根据不同昆虫类群的生态习性，结合景宁望东垟高山湿地自然保护区和大仰湖湿地群自然保护区的具体情况，分别对保护区内望东垟、草鱼塘等区域进行3次昆虫的种类调查。期间共邀请中国科学院动物研究所、中国科学院上海生命科学研究院植物生理生态研究所、中国农业大学等30余家科研单位，100余位昆虫分类学者分别采用网捕法、马氏网诱集法、灯诱诱集法、黄盘诱捕法、陷阱法对两个保护区内的昆虫资源进行了野外调查和物种鉴定。同时结合《浙江昆虫名录》等历史资料，核对并总结出保护区昆虫名录。

2.昆虫多样性分析方法

分别利用Shannon-Wiener多样性指数（H′）、Simpson优势度指数（C）、Margalef丰富度指数（D）和Pielou均匀度指数（Jws）对昆虫群落进行分析。其计算公式如下。

（1）Shannon-Wiener多样性指数：$H' = -\sum n_i/N \ln(n_i/N)$。

其中，式中n_i为第i个类群的个体数，N为群落中所有类群的个体总数。

（2）Margalef丰富度指数：$D = (S-1)/\ln N$式中，S为类群数。

（3）Pielou均匀度指数：$Jws = H'/\ln S$。

（4）Simpson优势度指数：$C = \sum p_i^2$式中，$p_i = n_i/N$。

二、研究结果与分析

1.保护区昆虫群落组成

3次调查共采集及鉴定昆虫标本3万余头，隶属23目243科1 385属2 195种（表2-1）。调查结果显示，科数量较多的类群为半翅目、鳞翅目、鞘翅目、双翅目和直翅目，这5个目的科数占总科数的65.43%。其中，半翅目和鳞翅目科数最多，分别占总科数的18.52%和15.23%，鞘翅目次之，占11.93%；各类群按科数排列依次为半翅目>鳞翅目>鞘翅目>双翅目、直翅目>膜翅目>蜻蜓目>毛翅目>蜉蝣目>革翅目>脉翅目>螳螂目>蜚蠊目、蚤目>长翅目、竹节虫目、缨翅目、等翅目>衣鱼目、石蛃目、襀翅目、蛇蛉目、广翅目。以上各个目的种数比较，鳞翅目、鞘翅目、半翅目、长翅目、膜翅目、蜻蜓目、直翅目的种数最多，占总种数的93.3%，种数占比由大到小依次为鳞翅目（44.51%）、鞘翅目（13.49%）、半翅目（12.26%）、长翅目（8.7%）、膜翅目（6.74%）、蜻蜓目（3.83%）和直翅目（3.74%）。可见，鳞翅目、鞘翅目、半翅目、长翅目和膜翅目为保护区的优势目昆虫。

从科一级来看，保护区昆虫分布243科，其中20种以上的科有23个。这些科的种数占整个浙江省昆虫总种数的32.45%，是优势科。含30种以上的科依次为：茧蜂科（80种）、菌蚊科（69种）、夜蛾科（60种）和寄蝇科（60种）、天牛科（57种）、螟蛾科（55种）、大蚊科（49种）、茧蜂科（47种）、虻科（43种）、蚊科（42种）、摇蚊科（39种）、蛱蝶科（38种）、眼蕈蚊科（36种）、尺蛾科（34种）。

表2-1 保护区昆虫群落结构

目Order	科Family		属Genus		种Species	
	数量 Number	比例/% Proportion	数量 Number	比例/% Proportion	数量 Number	比例/% Proportion
石蛃目Microcoryphia	1	0.41	1	0.07	1	0.05
衣鱼目Zygentoma	1	0.41	2	0.14	2	0.09
蜉蝣目Ephemeroptera	9	3.70	17	1.23	23	1.05
蜻蜓目Odonata	15	6.17	56	4.04	84	3.83
襀翅目Plecoptera	1	0.41	2	0.14	4	0.18
蜚蠊目Blattaria	3	1.23	5	0.36	7	0.32
等翅目Isoptera	2	0.82	6	0.43	10	0.46
螳螂目Mantedea	4	1.65	9	0.65	10	0.46
革翅目Dermaptera	6	2.47	12	0.87	15	0.68
直翅目Orthoptera	24	9.88	70	5.05	82	3.74
竹节虫目Phasmatodea	2	0.82	7	0.51	15	0.68
缨翅目Thysanoptera	2	0.82	3	0.22	3	0.14
半翅目Hemiptera	45	18.52	196	14.15	269	12.26
广翅目Megaloptera	1	0.41	4	0.29	6	0.27
蛇蛉目Raphidioptera	1	0.41	1	0.07	1	0.05
脉翅目Neuroptera	5	2.06	9	0.65	13	0.59
鞘翅目Coleoptera	29	11.93	192	13.86	296	13.49
双翅目Mecoptera	24	0.82	3	0.22	7	0.32
长翅目Diptera	2	9.88	94	6.79	191	8.70
蚤目Siphonaptera	3	1.23	3	0.22	3	0.14
毛翅目Trichoptera	10	4.12	15	1.08	28	1.28

（续表）

目Order	科Family		属Genus		种Species	
	数量 Number	比例/% Proportion	数量 Number	比例/% Proportion	数量 Number	比例/% Proportion
鳞翅目Lepidoptera	37	15.23	581	41.95	977	44.51
膜翅目Hymenoptera	16	6.58	97	7.00	148	6.74
合计	243	100.00	1 385	100.00	2195	100.00

2. 昆虫群落属种多度

以鳞翅目、鞘翅目、半翅目、双翅目和膜翅目这5个优势目为例分别讨论属种多度问题。从属数量上看，鳞翅目属的多度顺序为夜蛾科（100属）>螟蛾科（96属）>尺蛾科（88属）>舟蛾科（39属）>弄蝶科（31属）>蛱蝶科（30属）>灰蝶科（22属）>天蛾科（21属）。鞘翅目的多度顺序为天牛科（39属）>瓢虫科（22属）>萤叶甲亚科（20属）>象甲科（15属）>跳甲亚科（12）>肖叶甲科（11属）>鳃金龟科（11属）。半翅目的多度顺序为蝽科（28属）>叶蝉科（23属）>盲蝽科（15属）>飞虱科（12属）>束蝽科（1属）。双翅目属的多度顺序为摇蚊科（15属）>食蚜蝇科（10属）、食虫虻科（10属）、菌蚊科（10属）>寄蝇科（8属）。膜翅目属的多度顺序为姬蜂科（23属）>茧蜂科（19属）>蚁科（15属）>胡蜂科（9属）。

从种的数量上看，鳞翅目种的多度顺序为夜蛾科（145种）>尺蛾科（137种）>螟蛾科（134种）>蛱蝶科（66种）>毒蛾科（56种）>舟蛾科（54种）>弄蝶科（40种）>眼蝶科（37种）>天蛾科（38种）>苔蛾亚科（34种）>钩蛾科（30种）。鞘翅目种的多度顺序为天牛科（67种）>萤叶甲亚科（37种）鳃金龟科（20种）>象甲科（17种）>丽金龟科（15种）>肖叶甲科（14种）、跳甲亚科（14种）。半翅目种的多度顺序为蝽科（28种）>叶蝉科（23种）>盲蝽科（15种）>飞虱科（12种）>束蝽科（11种）。双翅目的多度顺序为菌蚊科（40种）>摇蚊科（24种）>眼蕈蚊科（17种）>食虫虻科（15种）>食蚜蝇科（13种）、蝇科（13种）>寄蝇科（10种）、舞虻科（10种）>蚁科（8种）。膜翅目种的多度顺序为姬蜂科（32种）>茧蜂科（30种）>蚁科（21种）>胡蜂科（19种）>叶蜂科（10种）。

将5个优势目各科所含的属种数划分为若干等级，对其科在各等级中所占比重进行比较分析（图2-1、图2-2）。通过属种数量及在各科中的分布分析可以看出，5个优势目的属数主要集中分布在1～10属，种数则分布在2～10种。同一科的种类往往有着相类似的行为、生物学习性以及能量消耗的方式。类群小，有利于充分利用能量，达到资源有效分摊。由此可见，5个优势目中各科类群在属种组成中的比例主要表现为类群小而数量多的结构，该结构反映了保护区昆虫的群落结构比较稳定。

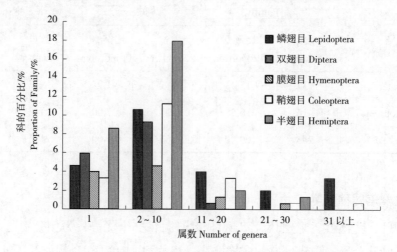

图2-1　保护区昆虫优势目的属数数量等级与科的关系

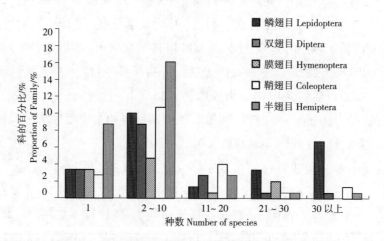

图2-2　保护区昆虫优势目的种类数量等级与科的关系

3. 昆虫物种多样性

昆虫多样性的研究，在一定程度上对认识与保护昆虫、揭示生物间联系、描述生境的精细特征及细微变化、实施生物多样性监测和保护具有重要意义。选取常见昆虫的蜻蜓目Odonata、直翅目Orthoptera、半翅目Hemiptera、鞘翅目Coleoptera、双翅目Diptera、鳞翅目Lepidoptera和膜翅目Hymenoptera为研究对象，进行物种多样性分析。结果表明，鳞翅目昆虫的Shannon-Wiener多样性指数（H'）最高，其次为膜翅目和鞘翅目，蜻蜓目的最低仅为0.099 6。Margalef丰富度指数（D）显示种类数和个体数量最多的鳞翅目最高，其次为鞘翅目和半翅目类群，种群个体数量和种类少的直翅目昆虫丰富度指数最低。Pielou均匀度指数（J_{ws}）差异较大，膜翅目均匀度指数最高，蜻蜓目最低，这可能与物种采集的数量差异有关。Simpson优势度指数（C）与多样性指数的趋势一致，说明保护区昆虫群落结构稳定，物种丰富度较高。

表2-2　保护区昆虫多样性指数

多样性指数 index of diversity	蜻蜓目 Odonata	直翅目 Orthoptera	半翅目 Hemiptera	鞘翅目 Coleoptera	双翅目 Diptera	鳞翅目 Lepidoptera	膜翅目 Hymenoptera
H′	0.099 6	0.208 1	0.262 0	0.299 4	0.269 1	0.356 2	0.309 2
C	0.000 8	0.007 1	0.016 1	0.028 1	0.017 9	0.077 9	0.032 7
Jws	0.022 5	0.047 2	0.046 8	0.052 6	0.051 2	0.051 7	0.062 7
D	7.724 3	7.538 2	24.941 2	27.360 9	17.682 2	90.830 7	12.842 9

4. 昆虫资源

昆虫是自然界中种类最多的动物，昆虫资源属于最大的尚未被充分利用的生物资源，在社会经济发展中占有重要地位。昆虫不仅可以作为农作物的传粉者和有害生物的天敌，而且可以作为人类的重要资源，它们在维持生态平衡、生物防治、农业生产、食品和保健等方面具有重要作用。本次调查发现保护区内分布着国家二级重点保护野生动物阳彩臂金龟 *Cheirotonus jansoni* 和黑紫蛱蝶 *Sasakia funebris* 2种，浙江省重点保护陆生野生动物宽尾凤蝶 *Agehana elwesi* 1种。此外，从目前已鉴定的昆虫来看，根据其用途和价值，主要包括天敌昆虫、食用昆虫、药用昆虫和观赏昆虫。本次调查的结果分析表明（表2-3），保护区有天敌昆虫29科123种，占物种总数的5.6%；食用昆虫有19科82种，占总数的3.7%；药用昆虫5科10种，占总数的0.5%；观赏昆虫有42科144种，占总数的6.6%。

表2-3　保护区资源昆虫统计

目 Order	天敌昆虫		食用昆虫		药用昆虫		观赏昆虫	
	科	种	科	种	科	种	科	种
蜉蝣目 Ephemeroptera			3	7				
蜻蜓目 Odonata	3	9					4	25
蜚蠊目 Blattaria					1	1		
螳螂目 Mantedea	1	2					2	5
革翅目 Dermaptera	1	2						
直翅目 Orthoptera			5	11			4	9

（续表）

目Order	天敌昆虫		食用昆虫		药用昆虫		观赏昆虫	
	科	种	科	种	科	种	科	种
竹节虫目Phasmatodea							1	5
半翅目Hemiptera	4	22					4	12
广翅目Megaloptera	1	1						
蛇蛉目Raphidioptera							1	1
脉翅目Neuroptera	2	4			1	1		
鞘翅目Coleoptera	4	14	4	45			8	29
长翅目Mecoptera	2	4						
双翅目Diptera	4	18					3	11
毛翅目Trichoptera			2	4				
鳞翅目Lepidoptera			3	8	2	5	12	33
膜翅目Hymenoptera	7	47	2	7	1	3	3	14
合计Total	29	123	19	82	5	10	42	144

三、讨论

浙江景宁望东垟保护区和大仰湖湿地保护区的昆虫物种丰富，共有昆虫23目243科1 385属2 195种，占浙江省已知昆虫科数的54.36%，种类数占已知总数的22.86%。调查发现保护区昆虫物种多样性丰富，种群结构稳定，拥有天敌昆虫、药用昆虫、食用昆虫和观赏昆虫共计95科359种，占物种总数的16.35%。保护区调查的昆虫物种数，与百山祖（22目256科1 364属2 204种）、古田山（22目191科759属1 156种）、乌岩岭（20目202科1 299属2 133种）等周边区域的昆虫资源调查相比较发现，其昆虫资源总数与天目山昆虫种数（28目333科2 191属4 134种）相比，种数较小。由于调查次数及研究时间范围的限制，昆虫标本采集到的概率存在一定差异，本次标本的采集时间较短，涉及的科属有限，相信随着采集标本数量的增加以及昆虫学研究的深入，昆虫种类及其数量将会进一步增加。

深入开展昆虫多样性调查的基础研究，特别是加强资源昆虫种类、生物学研究，采取多种保护措施，创造珍稀、特有昆虫及资源昆虫的适宜生境，为珍稀昆虫的保护和资源昆虫的开发利用奠定基础。同时，还应该广泛开展科普宣传工作，加强昆虫多样性保护的宣传教育，合理科学利用和开发昆虫资源，使昆虫资源为人类做出更大贡献。

第三章　原尾纲Protura

卜　云[1,3]　栾云霞[2,3]　尹文英[3]

（1.上海自然博物馆自然史研究中心；2.华南师范大学广东省昆虫发育生物学与应用技术
重点实验室；3.中国科学院上海生命科学研究院植物生理生态研究所）

原尾纲昆虫统称原尾虫，简称蚖，无翅，终生生活在土壤中，取食细菌等微生物。体微小或小型，体长0.5～2.5 mm，细长，淡白色或黄色。头部前端狭窄，口器内颚式，多数为咀嚼型，少数为刺吸型。无触角、复眼和单眼，但每侧有1个假眼。前胸小。中、后胸较大，前足特别长，代替触角的作用。跗节1节，单爪。腹部12节。其中有1个简单的尾节，前3腹节各有一对腹足。无尾须。增节变态。幼虫腹部9～10节或12节。本文共记述保护区原尾纲2目2科3属4种。

第一节 蚖目Acerentomata

体躯无气孔与气管系统，头部的假眼突出，有假眼腔。3对腹足均为2节，或第2～3对腹足1节。颚腺管的中部常有不同形状的萼和花饰及膨大部分或突起。蚖目为原尾纲较原始类群，也是种、属最多的类群。本文共记述保护区蚖目1科2属2种。

檗蚖科 Berberentulidae

1. 长腺肯蚖 *Kenyentulus dolichadeni* Yin，1987

分布：中国浙江（金华、庆元）、江西、湖北、海南、广西、四川、贵州。

2. 天目山巴蚖 *Baculentulus tienmushanensis*（Yin，1963）

分布：中国浙江（杭州、临安、余姚、泰顺、德清、江山、开化、嵊泗、庆元、景宁）、辽宁、内蒙古、宁夏、河北、陕西、河南、上海、安徽、江西、湖北、湖南、重庆、四川、贵州、云南。

第二节 古蚖目Eosentomata

体躯中胸与后胸背板有中刚毛（M），两侧各有1对气孔或气孔退化，气孔内有气孔龛。口器较宽而平直，一般不突出成喙。上颚顶端较粗钝，有小齿，下颚外叶为钩状，颚腺细长无萼。假眼较小而突出，有假眼腔。本文共记述保护区古蚖目1科1属2种。

古蚖科 Eosentomidae

1. 上海古蚖 *Eosentomon shanghaiense* Yin，1979

分布：中国浙江（临安、余姚、泰顺、开化、景宁）、上海、安徽、江西、贵州。

2. 樱花古蚖 *Eosentomon sakura* Imadaté *et* Yosii

分布：中国浙江（杭州、临安、余姚、泰顺、江山、开化、嵊泗、庆元、景宁）、江苏、上海、安徽、江西、湖北、湖南、福建、香港、台湾、广东、海南、广西、四川、贵州、云南；日本。

第四章　弹尾纲 Collembola

潘志祥[1]　黄骋望[2]

（1. 台州学院；2. 中国科学院上海生命科学研究院植物生理生态研究所）

　　弹尾纲昆虫统称弹尾虫，简称"姚"，常有发达的弹器，能跳跃。生活在各种潮湿、隐蔽的环境中，腐食性或植食性，少数为害农作物、蔬菜或菌类，极少数为肉食性。体小或微小型，体长 0.2 ～ 10.0 mm，很少超过 5.0 mm，长形或近球形，蓝、黑色或绿、黄、红、银白色，具斑或带纹。常有鳞片或毛，口器缩入头内，适应咀嚼或刺吸。触角丝状，4 ～ 6 节，无真正的复眼。胸部明显，无翅，足的胫跗节末端有 1 对或 1 个爪。腹部 6 节或部分愈合，第 1 节有黏管。第 3 节有握弹器。无尾须，外生殖器不明显。表变态，若虫似成虫，仅体型小。弹尾纲仅弹尾目 1 目。本文共记述保护区弹尾目 3 科 4 属 6 种。

（一）异齿姚科 Oncopoduridae

小中华异齿姚 *Sinoncopodura nana* Yu，Zhang *et* Deharveng，2014

分布：中国浙江（庆元）。

（二）鳞姚科 Tomoceridae

1. 秦氏鳞姚 *Tomocerus qinae* Yu，2016

分布：中国浙江（杭州、鄞州、天台、仙居、丽水）、江苏（南京）。

2. 乐清单齿鳞姚 *Monodontocerus leqingensis* Sun *et* Liang，2009

分布：中国浙江（临安、仙居、乐清、永嘉、庆元）。

（三）长角姚科 Entomobryidae

1. 黑长角姚 *Entomobrya proxima* Folsom，1924

分布：中国浙江（临安、椒江、天台、仙居、三门、鹿城、洞头、永嘉、泰顺、庆元）、吉林、河北、江苏、上海、广东；日本，新加坡，印度尼西亚，新几内亚。

2. 索氏刺齿姚 *Homidia sauteri*（Börner，1909）

分布：中国浙江（嘉兴、湖州、杭州、宁波、绍兴、台州、温州、丽水、衢州）、山西、云南、陕西、台湾；印度、越南、韩国、日本、美国。

3. 天台刺齿姚 *Homidia tiantaiensis* Chen *et* Lin，1998

分布：中国浙江（嘉兴、湖州、杭州、绍兴、衢州、宁波、舟山、金华、椒江、临海、温岭、玉环、天台、仙居、三门、鹿城、瓯海、洞头、永嘉、文城、泰顺、丽水）、安徽、江苏、湖南、湖北、重庆、贵州、江西、福建、广东、广西。

第五章　双尾纲Diplura

栾云霞[1]　卜云[2]

（1. 华南师范大学生命科学学院，广东省昆虫发育生物学与应用技术重点实验室；

2. 上海自然博物馆自然史研究中心）

双尾纲昆虫通称双尾虫，简称"虮"，因尾部有1对尾须或尾铗而得名。体长 1.9 ~ 20.0 mm，少数体长接近 50.0 mm，细长，较扁，白、淡黄或灰色，有的具有鳞片，多毛。头部椭圆形，触角长而多节，无复眼和单眼，口器为咀嚼式，位于头部腹面，缩入头壳内，内口式。胸部分节明显，跗节1节。腹部11节，前面大部分跗节有刺突和基节囊。尾须线状或钳状，无中尾丝。生殖孔位于第8、第9腹节之间，胸部气门4对，腹部气门7对。表变态。双尾纲仅双尾目1目。本文共记述保护区双尾目2科2属2种。

（一）康虮科 Compodeidae

莫氏康虮 *Campodea mondainii* Silvestri，1931

分布：中国浙江、江苏、安徽、湖北、贵州。

（二）副铗虮科 Parajapygidae

爱媚副铗虮 *Prajapyx emeryanus* Silvestri，1927

分布：中国浙江、陕西、上海、江苏、安徽、江西、湖北、湖南、四川、贵州。

第六章　昆虫纲Insecta

一、石蛃目 Archaeognatha

张加勇（浙江师范大学）

石蛃目昆虫通称石蛃，简称蛃，属小、中型昆虫，体长通常小于20 mm，近纺锤形。胸部较粗而背侧隆起，向后渐细，体表通常被鳞片，体色多为棕褐色，一般生活在地表，为杂食性昆虫，多数为植食性。头下口式，口器咀嚼型，上颚外露，单关节突。触角长，丝状，通常30节以上。有1对发达的复眼，1对单眼。胸足3对，跗节3节，爪1对，第2、第3对胸足的腿节具针突。腹部11节，第2～9腹节有成对刺突与伸缩囊。腹末有1对侧尾须与1中尾丝。表变态。本文共记录保护区石蛃目1科1属1种。

石蛃科 Machilidae

浙江跳蛃 *Pedetontinus zhejiangensis* Xue *et* Yin，1991

分布：中国浙江、江苏。

二、衣鱼目 Zygentoma

张加勇（浙江师范大学）

衣鱼目昆虫通称衣鱼，属小、中型昆虫，体长5.0～20.0 mm，虫体略呈纺锤形，背腹扁平而不隆起。头部有分节的丝状触角，复眼小或缺如，无单眼，口器咀嚼式，上颚外露。胸足3对，跗节2～5节，无翅，体表多密被鳞片。腹部11节，通常腹部7～9节（少数2～7节），有成对的刺突，第11节背板向后延伸成细长的中尾丝，有尾须1对。表变态，成虫期继续蜕皮。身体通常为褐色，带金属光泽，室内种类多呈银灰色或银白色，对纸张、书籍和衣物等有一定的危害性。野外种类生活在湿润、黑暗的土壤、石缝隙或坟墓中。本文共记录保护区衣鱼目1科2属2种。

衣鱼科 Lepismatidae

1. 多毛栉衣鱼 *Ctenolepisma villosa*（Fabricius，1793）

分布：中国浙江景宁及全国各地广布。

2. 衣鱼 *Lepisma saccharinum* Linnaeus，1758

分布：中国浙江景宁及全国各地广布。

三、蜉蝣目 Ephemeroptera

周长发（南京师范大学）

蜉蝣目因蜉蝣成虫存活时间短而得名。蜉蝣是最原始的有翅昆虫，是昆虫纲中唯一有两个有翅成虫期（即除成虫外有独特的亚成虫期）的类群。成虫体小至中型，细长，体壁柔软，多数乳白色。复眼发达，3个单眼；触角短，刚毛状；口器咀嚼式，但上、下颚退化，无咀嚼功能。翅膜质，脆弱，前翅通常很大，三角形；后翅较小，较圆；有些种类前翅较长，后翅很小或阙如；翅脉原始，休息时竖立于体背面。腹部可见10节，末端两侧着生1对长的丝状尾须，有些种类还有1根长的中尾丝。原变态，稚虫多肢型，一般生活在淡水中，腹部具分节的气管鳃和丝状尾须，多为捕食性昆虫的食料。许多种类的蜉蝣稚虫仅出现于特定类型的生境，因此，水体中蜉蝣区系可作为监测水域生态特征与污染程度的指示昆虫。本文共记录保护区蜉蝣目9科17属23种。

（一）古丝蜉科 Siphluriscidae

1. 中国古丝蜉 *Siphluriscus chinensis* Ulmer，1920

分布：中国浙江（临安、庆元、龙泉）、贵州。

2. 二点短丝蜉 *Siphlonurus binotatus* Eaton，1892

分布：中国浙江（庆元）、黑龙江；俄罗斯、日本。

（二）四节蜉科 Baetidae

皮刺四节蜉 *Baetis aculeatus* (Navas)

分布：中国浙江（景宁、百山祖）；欧洲。

（三）扁蜉科 Heptageniidae

1. 斜纹似动蜉 *Cinygmina obliquistriata* You et al.，1981

分布：中国浙江（临安、庆元、龙泉、乐清、景宁、百山祖、雁荡山）、陕西、江苏、安徽、江西、湖南、福建。

2. 红斑似动蜉 *Cinygmina rubromaculata* You et al.，1981

分布：中国浙江（临安、庆元）、陕西、江苏、湖北、江西、湖南、福建、海南、广西、重庆、贵州、云南；俄罗斯。

3. 宜兴似动蜉 *Cinygmina yixingensis* Wu *et* You，1986

分布：中国浙江（临安、龙泉）、河南、陕西、江苏、安徽、湖北、江西、福建、海南、贵州、云南。

4. 何氏高翔蜉 *Epeorus herklotsi* (Hsu，1936)

分布：中国浙江（临安、庆元、龙泉）、安徽、湖北、福建、香港。

5. 美丽高翔蜉 *Epeorus melli* (Ulmer，1925)

分布：中国浙江（临安、庆元）、安徽、湖北、福建、贵州。

6. 小扁蜉 *Heptagenia minor*，Gui *et* You，1995

分布：中国浙江（龙泉）、河南、福建、海南。

7. 桶形赞蜉 *Paegniodes cupulatus* (Eaton，1871)

分布：中国浙江（临安、庆元）、江苏、湖北、江西、福建、广东、香港、贵州。

（四）小蜉科 Ephemerellidae

1. 膨铗大鳃蜉 *Torleya nepalica* (Allen *et* Edmunds 1963)

分布：中国浙江（临安、龙泉）、陕西、甘肃、安徽、湖南、四川、贵州、云南；亚洲广布。

2. 红天角蜉 *Uracanthella punctisetae* (Matsumura，1931)

分布：中国浙江（庆元、龙泉）及全国各地广布；东亚其他国家广布。

（五）越南蜉科 Vietnamellidae

中华越南蜉 *Vietnamella sinensis* (Hsu，1936)

分布：中国浙江（庆元、临安）、安徽、江西、福建。

（六）细裳蜉科 Leptophlebiidae

1. 安徽宽基蜉 *Choroterpes anhuiensis* Wu *et* You，1992

分布：中国浙江（庆元）、北京、河南、安徽、福建。

2. 面宽基蜉 *Choroterpes facialis* (Gillies，1951)

分布：中国浙江（临安、庆元）、陕西、甘肃、安徽、福建、香港、贵州。

3. 宜兴宽基蜉 *Choroterpes yixingensis* Wu *et* You，1989

分布：中国浙江（临安、庆元、龙泉）、江苏、安徽、江西、湖南。

4. 紫金柔裳蜉 *Habrophlebiodes zijinensis* You *et* Gui，1995

分布：中国浙江（安吉、临安、庆元）、陕西、江苏、湖北、福建。

5. 奇异拟细裳蜉 *Paraleptophlebia magica* Zhou *et* Zheng，2003

分布：中国浙江（庆元）、陕西、江苏、江西、福建、四川。

（七）河花蜉科 Potamanthidae

1. 广西河花蜉 *Potamanthus kwangsiensis* （Hsu，1938a）

分布：中国浙江（庆元、龙泉）、江西、福建、湖南、广西。

2. 长胫河花蜉 *Potamanthus longitibius* Bae *et* McCafferty，1991

分布：中国浙江（庆元）、安徽、福建。

3. 大眼似河花蜉 *Potamanthodes macrophthalmus* You *et* Su

分布：中国浙江（景宁、百山祖）、陕西。

（八）蜉蝣科 Ephemeridae

绢蜉 *Ephemera serica Eaton*，1871

分布：中国浙江（临安、庆元）及全国各地广布；越南。

（九）新蜉科 Neoephemeridae

埃氏小河蜉 *Potamanthellus edmundsi* Bae *et* McCafferty，1998

分布：中国浙江（庆元）、北京、安徽、江西、湖南、福建、贵州、云南；越南、马来西亚。

四、蜻蜓目 Odonata

于昕（重庆师范大学）

蜻蜓目昆虫通称蜻蜓、豆娘，是一类原始有翅类昆虫。稚虫生活在水中，成虫和稚虫均捕食性。成虫体长30～90 mm，少数种类可达150 mm，翅展可达到190 mm。头大，复眼大而突出；触角刚毛状，口器咀嚼式，下颚须1节，下唇须2节，颈部小。胸部发达，坚硬；前后翅等长，狭窄，翅脉网状，翅痣和翅结明显，休息时平伸，或直立或斜立于背上；足多刺毛，细长或粗短。腹部细长，筒状或扁平，尾须1节，雄性次生交配器发达，位于第2、第3腹节上。半变态。稚虫的下唇特化为面罩，利用直肠鳃或尾鳃呼吸。本文共记录保护区蜻蜓目15科56属84种。

（一）色蟌科 Calopterygidae

1. 透顶单脉色蟌 *Matrona basilaris*

分布：中国浙江（杭州、绍兴、宁波、舟山、衢州、丽水）、福建、广西、云南。

2. 褐单脉色蟌 *Matrona corephaea*

分布：中国浙江（杭州、衢州、丽水）、湖北、湖南、贵州。

3. 赤基色蟌 *Archineura incarnata*（Karsch）

分布：中国浙江（宁波、衢州、丽水）、湖北、江西、福建、广东、广西、四川、贵州。

4. 亮闪色蟌 *Caliphaea nitens*

分布：中国浙江（杭州、宁波、舟山、衢州、丽水）、甘肃、湖北、江西、湖南、福建、广东、广西、重庆、四川、贵州。

5. 黄翅绿色蟌 *Mnais tenuis*

分布：中国浙江（嘉兴、杭州、绍兴、宁波、衢州、丽水、温州）、山西、河南、甘肃、安徽、江西、福建、台湾、广东、陕西。

6. 盖宛色蟌 *Vestalaria velata*

分布：中国浙江（杭州、绍兴、宁波、衢州、丽水）、安徽、江西、福建、广东、四川。

7. 丽宛色蟌 *Vestalaria venusta*

分布：中国浙江（绍兴、宁波、衢州、丽水）、安徽、江西、福建、广西、四川。

（二）溪蟌科 Euphaeidae

1. 巨齿尾溪蟌 *Bayadera melanopteryx* Ris

分布：中国浙江（杭州、绍兴、宁波、金华、衢州、丽水）、山西、河南、湖北、福建、贵州、广东、广西、陕西、四川。

2. 大陆尾溪螅 *Bayadera continentalis*

分布：中国浙江（衢州、丽水）、江西、福建、广东、广西。

3. 褐翅溪螅 *Euphaea opaca* Selys

分布：中国浙江（宁波、金华、丽水、温州）、安徽、湖北、福建、广东、香港、云南。

（三）大溪螅科 Philogangidae

1. 壮大溪螅 *Philoganga robusta* Navas

分布：中国浙江（宁波、金华、台州、衢州、丽水、温州）、安徽、福建、贵州、广西、海南、江西、四川。

2. 大溪螅 *Philoganga vetusta* Ris

分布：中国浙江（景宁、龙王山、天目山、古田山、百山祖）、湖南、福建、广东、海南、贵州。

（四）隼螅科 Chlorocyphidae

1. 三斑阳鼻螅 *Heliocypha perforata*

分布：中国浙江（丽水、温州）、福建、台湾、广东、海南、香港、广西、贵州、云南。

2. 线纹鼻螅 *Rhinocypha drusilla*

分布：中国浙江（衢州、丽水、温州）、安徽、福建、广西、四川、贵州。

（五）螅科 Coenagrionidae

1. 针尾狭翅螅 *Aciagrion migratum*

分布：中国浙江（丽水、温州）、福建、台湾、四川、云南；印度、东南亚。

2. 沼狭翅螅 *Aciagrion hisopa* Selys

分布：中国浙江（景宁、莫干山、天目山、百山祖）、福建、台湾、四川、云南；缅甸、印度、斯里兰卡、马来西亚。

3. 褐斑异痣螅 *Ischnura senegalensis*

分布：中国浙江（杭州、绍兴、宁波、舟山、衢州、丽水、温州）及华中、华南地区广布。

4. 白腹小螅 *Agriocnemis lacteola*

分布：中国浙江（嘉兴、杭州、绍兴、宁波、金华、丽水、温州）、福建、广东、海南、香港、广西、贵州、云南。

5. 杯斑小螅 *Agriocnemis feminsa femina*（Ramb.）

分布：中国浙江（景宁、龙游、开化、缙云、庆元）。

6. 短尾黄螅 *Ceriagrion melanurum* Selys

分布：中国浙江（景宁、莫干山、龙王山、开化、古田山、百山祖、缙云）、山东、江苏、上海、安徽、湖北、江西、湖南、福建、四川、贵州、云南；东亚。

7. 奇数螅 *Coenagrion impar* Needham

分布：中国浙江（景宁、莫干山、百山祖）、广西、四川。

（六）扇螅科 Platycnemididae

1. 华丽扇螅 *Calicnemia sinensis* Liftinck

分布：中国浙江（丽水）、湖南、福建、广东、香港、云南。

2. 蓝纹长腹扇螅（黄纹长蝮螅）*Coeliccia cyanomelas* Ris

分布：中国浙江（景宁、龙王山、莫干山、天目山、古田山、百山祖）、福建、台湾、云南；印度、东亚其他国家。

（七）综螅科 Synlestidae

1. 黄腹绿综螅 *Megalestes heros*

分布：中国浙江（杭州、丽水）、福建。

2. 小黄尾绿综螅 *Megalestes riccii*

分布：中国浙江（丽水）、江西、湖南、台湾、广西。

（八）扁螅科 Platystictidae

克氏原扁螅 *Protosticta kiautai*

分布：中国浙江（丽水）。

（九）山螅科 Megapodagrionidae

水鬼扇山螅 *Rhipidolestes nectans*

分布：中国浙江（杭州、丽水）、福建。

（十）蜓科 Aeshnidae

1. 黑纹伟蜓 *Anax nigrofasciatus* Oguma

分布：中国浙江（湖州、嘉兴、杭州、绍兴、宁波、舟山、金华、台州、衢州、丽水、温州）、黑龙江、辽宁、内蒙古、北京、河北、山东、河南、安徽、福建、台湾、广东、广西、贵州、陕西。

2. 碧伟蜓 *Anax parthenope julius* Brauer

分布：中国浙江（景宁、龙王山、莫干山、天目山、百山祖、定海、岱山、普陀）、河北、新疆、江苏、湖南、福建、台湾、四川、贵州、云南、西藏；东亚其他国家。

3. 日本长尾蜓 *Gynacantha japonica*

分布：中国浙江（杭州、绍兴、宁波、衢州、丽水）、河南、福建、台湾、广东、香港、广西、四川、云南；日本。

4. 黑多棘蜓 *Polycanthagyna melanictera*

分布：中国浙江（丽水）、河南、台湾、重庆、四川；日本。

5. 遂昌黑额蜓 *Planaeschna suichangensis*

分布：中国浙江（丽水）、福建、广东、广西。

6. 福临佩蜓 *Periaeschna flinti*

分布：中国浙江（绍兴、丽水）、安徽、江西、福建、广东、广西、四川。

7. 马格佩蜓 *Periaeschna magdalena*

分布：中国浙江（杭州、宁波、丽水）、江苏、安徽、江西、福建、台湾、海南、广西、四川；印度、缅甸、越南。

（十一）春蜓科 Gomphidae

1. 凶猛春蜓 *Labrogomphus torvus*

分布：中国浙江（杭州、丽水）、福建、广东、海南、香港、广西、贵州。

2. 深山闽春蜓 *Fukienogomphus prometheus* （Lieftinck）

分布：中国浙江（杭州、丽水、温州）、福建、台湾。

3. 野居棘尾春蜓 *Trigpmphus agricola*

分布：中国浙江（杭州、丽水）、江苏、安徽、福建。

4. 黄侧华春蜓 *Sinogomphus peleus*

分布：中国浙江（丽水、温州）、福建。

5. 弗鲁戴春蜓 *Davidius fruhstorferi junnior*（Navas）

分布：中国浙江（杭州、衢州、丽水）、甘肃、江苏、安徽、江西、福建、广西、四川、贵州。

6. 优美纤春蜓 *Leptogomphus elegans*

分布：中国浙江（衢州、丽水）、福建、香港、广西。

7. 帕维长足春蜓 *Merogomphus paviei*

分布：中国浙江（杭州、丽水）、福建、台湾、海南、广西、贵州。

8. 邵武日春蜓 *Nihonogomphus shaowuensis*

分布：中国浙江（丽水）、福建。

9. 长钩日春蜓 *Nihonogomphus semanticus*

分布：中国浙江（丽水）、福建、广东。

10. 浙江日春蜓 *Nihonogomphus zhejiangensis* Chao *et* Zhou

分布：中国浙江（景宁、莫干山、天目山、百山祖、开化）。

11. 领纹缅春蜓 *Burmagomphus collaris*（Needham）

分布：中国浙江（景宁、龙王山、莫干山、天目山、百山祖）、河北、江苏。

12. 扭角曦春蜓 *Heliogomphus retroflexus*（Ris）

分布：中国浙江（景宁、天目山、古田山、百山祖）、福建、台湾；越南。

13. 独角曦春蜓 *Heliogomphus scorpio*（Ris）

分布：中国浙江（景宁、天目山、百山祖）、福建、广东、广西。

14. 小团扇春蜓 *Ictinogomphus rapax*（Rambur）

分布：中国浙江（景宁、龙王山、天目山、百山祖）、河南、陕西、江苏、湖北、江西、福建、台湾、广东、海南、广西、四川、贵州、云南；日本、越南、缅甸、孟加拉国、印度、斯里兰卡、马来西亚。

15. 台湾环尾春蜓 *Lamelligomphus formosanus*

分布：中国浙江（丽水、温州）、福建、台湾、广西、贵州。

16. 双峰弯尾春蜓 *Melligomph ardens* （Needham）

分布：中国浙江（景宁、莫干山、天目山、古田山、百山祖）、福建、广西、贵州。

17. 中华长钩春蜓 *Ophiogomphus sinicus*

分布：中国浙江（杭州、衢州、丽水）、广东、香港、广西。

18. 联纹小叶春蜓 *Gomphidia confluens* Selys

分布：中国浙江（杭州、绍兴、宁波、衢州、丽水）、天津、河北、山西、河南、江苏、福建、台湾、广西。

19. 并纹小叶春蜓 *Gomphidia kruegeri*

分布：中国浙江（丽水）、福建、台湾、广东、海南、云南。

20. 折尾施春蜓 *Sieboldius deflexus*

分布：中国浙江（杭州、丽水）、福建、台湾。

21. 马氏施春蜓 *Sieboldius maai*

分布：中国浙江（丽水）、福建、台湾。

22. 安氏奇春蜓 *Anisogomphus anderi* Lieftinck

分布：中国浙江（景宁、龙王山、天目山、百山祖）、湖南、福建、云南。

23. 长角亚春蜓 *Asiagomphus cuneatus* （Needham）

分布：中国浙江（景宁、莫干山、天目山、百山祖）、江西、福建。

24. 凹缘亚春蜓 *Asiagomphus septimus* （Needham）

分布：中国浙江（景宁、古田山、百山祖）、江西、福建、广东、台湾。

（十二）大蜓科 Cordulegastridae

1. 巨圆臀大蜓 *Anotogaster sieboldii* Selys

分布：中国浙江（杭州、绍兴、衢州、丽水）、山东、河南、安徽、福建、台湾、广东、四川。

2. **双斑圆臀大蜓** *Anotogaster kuchenbeiseri* Foerster

分布：中国浙江（景宁、龙王山、龙泉）、河北、湖北、江西、福建、四川。

（十三）伪蜻科 Corduliidae

杭州异伪蜻 *Macronidia hangzhoensis* Zhou

分布：中国浙江（景宁、龙王山、莫干山、天目山、古田山、百山祖、杭州）、福建。

（十四）蜻科 Libellulidae

1. **黄翅蜻** *Brachythemis contaminata* Fabricius

分布：中国浙江（景宁、古田山、天目山、丽水、缙云、龙泉、庆元）、河南、江苏、湖北、江西、湖南、福建、台湾、广东、海南、香港、广西、陕西、云南。

2. **纹蓝小蜻** *Diplacodes trivialis*（Rambur）

分布：中国浙江（景宁、古田山、百山祖、缙云、仙居、临海）、江西、广西、云南。

3. **闪绿宽腹蜻** *Lyriothemis pachygastra* Selys

寄主：叶蝉、小型蛾。

分布：中国浙江（景宁、天目山、古田山、奉化、东阳、缙云、龙泉）、江苏、福建、广西、四川、云南。

4. **截斑脉蜻** *Neurothemis tullia*（Drury）

分布：中国浙江（景宁、百山祖）、福建、广东、云南。

5. **白尾灰蜻** *Orthetrum albistylum speciosum* Uhler

分布：中国浙江（景宁、莫干山、天目山、古田山、百山祖、丽水、缙云、庆元）、河北、江苏、福建、广东、四川、云南。

6. **齿背灰蜻** *Orthetrum devium* Needham

分布：中国浙江（景宁、莫干山、天目山、古田山、百山祖）、江苏、广东、广西、四川、云南。

7. **褐肩灰蜻** *Ortherum internum* Mclachlan

分布：中国浙江（景宁、莫干山、天目山、古田山、百山祖、开化、遂昌、云和、龙泉）、河北、湖北、湖南、福建、四川、贵州、云南。

8. 异色灰蜻 *Orthetrum melania* Selys

分布：中国浙江（景宁、龙王山、莫干山、天目山、古田山、百山祖、缙云、龙泉、庆元）、河北、湖北、湖南、福建、广西、四川、贵州、云南；日本。

9. 赤褐灰蜻 *Orthetrum neglectum* Rambur

分布：中国浙江（景宁、天目山、百山祖）、江西、福建、广东、海南、广西、四川、贵州、云南。

10. 狭腹灰蜻 *Orthetrum sabina* Drury

分布：中国浙江（景宁、龙王山、天目山、古田山、百山祖、开化）、江西、福建、广东、海南、广西、贵州、云南；日本。

11. 黄翅灰蜻 *Orthetrum testaceum* Burmeister

分布：中国浙江（景宁、古田山、百山祖）、福建、四川、贵州。

12. 六斑曲缘蜻 *Palpopleura sexmaculata* Fabricius

分布：中国浙江（景宁、龙王山、古田山、百山祖、丽水、缙云、遂昌、庆元）、江西、湖南、福建、广东、四川、贵州、云南。

13. 黄蜻 *Pantala flavescens* Fabricius

分布：中国浙江（景宁、龙王山、古田山、百山祖、湖州、嘉兴、杭州、临安、桐庐、建德、诸暨、宁波、定海、金华、永康、兰溪、天台、开化、常山、丽水、缙云、温州、平阳）、河北、湖北、江西、湖南、福建、广西、四川、贵州、云南、西藏；日本，缅甸，印度，斯里兰卡。

14. 玉带蜻 *Pseudothemis zonata* Burmeister

分布：中国浙江（景宁、天目山、古田山、浦江、义乌、东阳、丽水、缙云、遂昌、龙泉）、河北、江苏、福建；日本。

15. 夏赤蜻 *Sympetrum darwinianum* Selys

分布：中国浙江（景宁、百山祖、浦江、丽水、缙云）、福建、广西、四川。

16. 竖眉赤蜻 *Sympetrum eroticumardens* McLachlan

分布：中国浙江（景宁、莫干山、古田山、百山祖、浦江、丽水、缙云）、河北、湖北、四川、贵州、云南。

17. 小黄赤蜻 *Sympetrum knckeli* Selys

分布：中国浙江（景宁、龙王山、古田山、百山祖、丽水、云和、龙泉）、河北、江苏、湖北、江西、湖南、福建。

18. 斑丽翅蜻 *Rhyothemis variegata*

分布：中国浙江（丽水）、福建、广东、海南、香港、云南。

19. 侏红小蜻 *Nannophya pygmaea*

分布：中国浙江（丽水）、江苏、安徽、江西、湖南、福建、台湾、海南、香港、广西；印度。

20. 膨腹斑小蜻 *Nannophyopsis clara*

分布：中国浙江（丽水）、江苏、福建、台湾、广东、海南、香港、广西。

21. 绿眼细腰蜻 *Zyxomma petiolatum*

分布：中国浙江（丽水）、福建、广东。

（十五）大伪蜻科 Macromiidae

1. 福建大伪蜻 *Macromia malleifera*

分布：中国浙江（丽水）、福建、广东。

2. 海神大伪蜻 *Macromia clio*

分布：中国浙江（丽水）、福建、广东、海南、广西、贵州；日本、越南。

五、襀翅目 Plecoptera

杜予州、霍庆波（扬州大学）

襀翅目昆虫通称襀翅虫，俗称石蝇，简称"襀"，是一类较古老的原始昆虫。成虫喜在溪流、湖畔徘徊或停留在植物、石头上。稚虫大多生活在通气良好的水域、石下沙粒或水草中，食水中腐败有机物、藻类或小型昆虫，可净化水质，用以监测水的污染状况。成虫体小至大型，柔软，略扁平。头部宽阔，复眼发达，单眼一般2～3个；触角丝状；口器咀嚼式，上颚正常或退化成片状。前胸背板发达，中、后胸等大；翅两对，膜质，前翅大，可动，后翅臀区发达，翅脉多，中肘脉间多横脉，休息时翅折叠成扇状，平叠在胸腹背面。跗节3节。胸部11节，尾须1对，线状多节，或仅1节。本文共记录保护区襀翅目1科2属4种。

襀科 Perlidae

1. 浙江襟襀 *Togoperla chekianensis* (Chu)

分布：中国浙江（景宁、龙王山、天目山、古田山、百山祖、杭州）、河南、湖北、江西、湖南、福建、广西、贵州。

2. 长形襟襀 *Togoperia elongata* Wu *et* Claassen

分布：中国浙江（景宁、龙王山、莫干山、天目山、开化、庆元、百山祖、杭州），安徽、江西、福建、广东、广西、四川、香港、贵州；越南。

3. 中华襟襀 *Togoperla sinensis* Banks

分布：中国浙江（景宁、龙王山、百山祖）、湖北、江西、湖南、广东、贵州。

4. 巨斑纯襀 *Paragnetina pieli* Navás，1933

分布：中国浙江（杭州、天目山、丽水）、湖南、福建、广西。

六、直翅目 Orthoptera

直翅目包括常见的蝗虫、蚱蜢、螽斯、蟋蟀、蝼蛄、蚤蝼等。除少数为肉食性，捕食其他昆虫外，绝大多数为植食性。大多能够发音，有些鸣声动听，引人入胜，是有名的鸣虫。有的性好斗，有的形态奇怪，是重要的观赏娱乐资源昆虫。成虫一般中到大型。有翅、短翅或无翅。口器咀嚼式。前胸背板大，后足跳跃式；跗节3或4节，极个别为5或2节；前翅为覆翅，皮革质，有亚前缘脉，若虫变为成虫要经过翅的翻动。雌虫有发达的产卵器，通常雄外生殖器被第9节腹板所包。尾须短，分节不明显。常有发达的发生器和听器。渐进变态。本文共记录保护区直翅目24科70属82种。

（一）螽蟴科 Meconematidae

石福明、李艳清（河北大学）

1. 叉尾剑螽 *Xiphidiopsis furcicauda* Mu，He *et* Wang

分布：中国浙江（景宁、凤阳山）、福建。

2. 犀尾优剑螽 *Euxiphidiopsis capricercus* (Tinkham，1943)

分布：中国浙江（天目山、凤阳山）、湖北、湖南、福建、重庆、四川、贵州。

3. 勺尾优剑螽 *Euxiphidiopsis spathulata*（Mao & Shi，2007）

分布：中国浙江（凤阳山）、广西、贵州。

4. 格尼优剑螽 *Euxiphidiopsis gurneyi*（Tinkham，1944）

分布：中国浙江（百山祖、凤阳山）、安徽、湖北、湖南、福建、广西、重庆、四川、贵州。

5. 叉尾拟库螽 *Pseudokuzicus*（*Pseudokuzicus*）*furcicauda*（Mu，He & Wang，2000）

分布：中国浙江（百山祖、凤阳山）、福建。

6. 巨叶东栖螽 *Xizicus*（*Eoxizicus*）*megalobatus*（Xia & Liu，1988）

分布：中国浙江（景宁、温州、泰顺、丽水）。

（二）拟叶螽科 Pse1udophyllidae

石福明（河北大学）

1. 中华翡螽 *Phyllominus sinicus* Beier

分布：中国浙江（景宁、龙王山、天目山、百山祖）、河南、江西、福建、广东、四川。

2. 绿背覆翅螽 *Tegra novaehollandiae*（Stål，1874）

分布：中国浙江（临安、平阳、安吉、开化、龙泉）、陕西、安徽、湖北、江西、湖南、福建、台湾、广东、海南、广西、重庆、四川、贵州、云南；越南、泰国、缅甸、印度、斯里兰卡。

（三）草螽科 Conocephalidae

1. 线条钩顶螽（黑胫钩额螽）*Ruspolia lineosa*（Walker）

分布：中国浙江（景宁、百山祖）、河南、上海、安徽、湖北、江西、湖南、福建、台湾、四川、贵州、云南；日本。

2. 粗头拟矛螽 *Pseudorhynchus crassiceps*（Haan，1843）

分布：中国浙江（清凉峰、天目山、凤阳山）、河南、上海、安徽、湖南、福建、台湾、贵州、西藏；缅甸、日本、菲律宾。

（四）纺织娘科 Mecopodidae

石福明（河北大学）

纺织娘 *Mecopoda elongata* (Linneaus)

分布：中国浙江（景宁、百山祖）、湖北、湖南、广东、海南、广西、四川、贵州、云南。

（五）螽斯科 Tettigoniidae

石福明（河北大学）

1. 广东寰螽 *Atlanticus kwangtungensis* Tinkham

分布：中国浙江（景宁、天目山、古田山、百山祖）、福建、广东。

2. 中华螽斯 *Tettigonia chinensis* Willemse，1933

分布：中国浙江（凤阳山）、陕西、贵州、四川、重庆、湖南、湖北、广西、福建。

（六）露螽科 Phaneropteridae

王刚、石福明（河北大学）

1. 中国华绿螽 *Sinochlora sinensis* Tinkham，1945

分布：中国浙江（九龙山、天目山、庆元、泰顺）、河南、安徽、湖北、江西、湖南、福建、台湾、广东、广西、重庆、四川、贵州、云南。

2. 四川华绿螽 *Sinochlora szechwanensis* Tinkham，1945

分布：中国浙江（九龙山、天目山、四明山、舟山、开化、景宁、凤阳山）、河南、陕西、甘肃、江苏、安徽、湖北、江西、湖南、福建、台湾、广西、重庆、四川、贵州、云南。

3. 日本条螽 *Ducetia japonica* (Thunberg)

分布：中国浙江（景宁、龙王山、天目山、古田山、百山祖）、山西、山东、河南、甘肃、陕西、江苏、上海、安徽、湖北、江西、湖南、福建、台湾、广东、海南、广西、四川、贵州、云南、西藏；朝鲜、日本、澳大利亚、菲律宾、印度、斯里兰卡。

4. 贝氏掩耳螽 *Elimaea berezovskii* Bey-Bienko

分布：中国浙江（景宁、天目山、百山祖）、安徽、陕西、湖北、湖南、福建、台湾、广东、海南、广西、四川、贵州、云南。

5. 中华半掩耳螽 *Hemielimaea chinensis* Brunner Von Wattenwy，1878

分布：中国浙江（龙王山、天目山、四明山、丽水、百山祖、凤阳山）、河南、安徽、湖北、湖南、福建、广东、海南、广西、四川、贵州、西藏。

6. 细齿平背螽 *Isopsera denticulata* Ebner，1939

分布：中国浙江（龙王山、九龙山、天目山、四明山、磐安、开化、丽水、庆元）、陕西、甘肃、安徽、湖北、江西、湖南、福建、广东、广西、重庆、四川、贵州；日本。

7. 显沟平背螽 *Isopsera sulcata* Bey-Bienko

分布：中国浙江（景宁、龙王山、天目山、百山祖）、安徽、江西、湖南、广东、海南、广西、四川、贵州。

8. 赤褐环螽 *Letana rubescens*（Stal）

分布：中国浙江（景宁、天目山、百山祖）、陕西、江苏、安徽、湖北、湖南、广东、香港、广西、四川、贵州、云南；越南、老挝、泰国。

9. 日本绿螽 *Holochlora japonica* Brunner Von Wattenwy，1878

分布：中国浙江（莫干山、杭州、天目山、仙居、丽水）、河南、江苏、上海、安徽、湖北、湖南、福建、广东、海南、广西、四川、贵州、云南；日本。

10. 半圆掩耳螽 *Elimaea semicirculata* Kang & Yang，1992

分布：中国浙江（龙王山、天目山、古田山、百山祖）、福建。

11. 截叶糙颈螽 *Ruidocollaris truncatolobata*（Brunner v W.，1878）

分布：中国浙江（安吉、九龙山、天目山、四明山、开化、江山、庆元、凤阳山）、河南、陕西、甘肃、安徽、湖北、江西、湖南、福建、台湾、广东、海南、广西、重庆、四川、贵州、西藏；日本。

（七）驼螽科 Rhaphidophoridae

朱启迪、石福明（河北大学）

武夷山裸灶螽 *Tachycines*（*Gymnaeta*）*wuyishanicus*（Zhang & Liu, 2009）

分布：中国浙江（景宁、江山双溪口、百山祖）、福建。

（八）蝼蛄科 Gryllotalpidae

刘浩（河北大学）

东方蝼蛄 *Gryllotalpa orientalis* Burmeister

分布：中国浙江（景宁、莫干山、龙王山、天目山、百山祖、桐庐、定海、岱山、普陀、浦江、义乌、临海、松阳、龙泉、庆元、温州、永嘉、瑞安、平阳、泰顺）、黑龙江、吉林、辽宁、内蒙古、青海、河北、山东、江苏、湖北、江西、湖南、福建、台湾、广东、广西、四川、贵州、云南、西藏；东南亚。

（九）蛉蟋科 Trigonidiidae

虎甲蛉蟋（小黑蟋）*Trigonidium cicindeloides* Rambur

分布：中国浙江（景宁、常山、龙泉、庆元、永嘉）。

（十）蟋蟀科 Gryllidae

1. **刻点哑蟋**（细点亚蟋）*Goniogryllus punctatus* Chopard

分布：中国浙江（景宁、天目山、丽水、龙泉）、河南、湖北、湖南、福建、广西、四川、贵州、云南。

2. **短翅灶蟋** *Gryllodes sigillatus*（Walker）

分布：中国浙江（景宁、百山祖）、河北、河南、陕西、江苏、湖南、福建、海南、贵州；朝鲜、日本、孟加拉国、印度、巴基斯坦、斯里兰卡、马来西亚、大洋洲、美洲、非洲。

3. **双斑蟋** *Gryllus bimaculatus*（Geer）

寄主：梨、柑橘、稻、甘薯、茶、菠菜、桃、李。

分布：中国浙江（景宁、开化、丽水、庆元）。

4. 多伊棺头蟋（大扁头蟋） *Loxoblemmus doenitzi* Stein

分布：中国浙江（景宁、龙王山、莫干山、百山祖、丽水）、河北、山西、河南、陕西、江苏、湖南、四川、贵州、云南；日本。

5. 石首棺头蟋（小扁头蟋） *Loxoblemmus equestris* Saussure

分布：中国浙江（景宁、莫干山、天目山、百山祖、建德、龙泉）、辽宁、河北、河南、江苏、上海、安徽、湖北、江西、湖南、北京、福建、台湾、广东、四川、海南、广西、云南、西藏；朝鲜、日本、缅甸、印度、斯里兰卡、马来西亚、菲律宾、新加坡、印度尼西亚。

6. 蟋蟀 *Scapsipedus micado* Saussure

分布：中国浙江（景宁、长兴、临安、建德、丽水、龙泉）。

7. 黑甲铁蟋 *Scleropterus coriaceus*（Haan）

分布：中国浙江（景宁、开化、丽水、庆元）。

8. 花生大蟋 *Tarbinskiellus portentosus*（Lichtenstein）

分布：中国浙江（景宁、龙王山、百山祖、建德、三门、普陀、天台、仙居、临海、黄岩、温岭、玉环、遂昌、松阳）、江西、湖南、福建、台湾、广东、海南、广西、云南；印度、巴基斯坦、马来西亚、新加坡、印度尼西亚。

9. 黄脸油葫芦 *Teleogryllus emma*（Ohmachi *et* Matsumura）

分布：中国浙江（景宁、天目山、百山祖）、河北、山西、河南、陕西、江苏、江西、湖南、福建、广东、海南、广西、四川、贵州、云南、西藏；日本。

10. 污褐油葫芦（油葫芦） *Teleogryllus testaceus* Walker

分布：中国浙江（景宁、龙王山、莫干山、百山祖、杭州、桐庐、宁波、奉化、宁海、三门、义乌、永康、天台、仙居、临海、温岭、黄岩、玉环、松阳、庆元、温州、乐清、永嘉、瑞安、洞头、文成、平阳、泰顺）、宁夏、河北、河南、陕西、安徽、湖南、福建、台湾。

11. 拟斗蟋 *Velarifictorus khasiensis* Vasanth *et* Ghosh

分布：中国浙江（景宁、百山祖）、河南、江西、湖南、福建、海南、广西、贵州、云南；印度。

（十一） 丛蟋科 Eneopteridae

云斑蟋 *Xenogryllus marmoratus* （Haan）

分布：中国浙江（景宁、龙王山、百山祖、建德）、江苏、湖南、台湾、海南、广西；日本、印度、斯里兰卡。

（十二） 珠蟋科 Phalangopsidae

日本钟蟋（金钟儿）*Meloimorpha japonicus* （Haan）

分布：中国浙江（景宁、杭州、临安、龙泉）、北京、山东、湖南、江苏、上海、福建、海南、广西、台湾；日本、菲律宾、印度尼西亚、印度。

（十三） 树蟋科 Oecanthidae

长瓣树蟋 *Oecanthus longicauda* Matsumura

分布：中国浙江、黑龙江、吉林、山西、陕西、河南、江西、湖南、福建、广西、四川、贵州、云南；日本。

（十四） 蛣蟋科 Eneopteridae

梨片蟋 *Truljalia hibinonis* （Matsumura，1919）

分布：中国浙江、河南、江苏、江西、湖南、广西、四川、云南；日本、越南。

蝗亚目 Locustodea（隶属于直翅目）

张道川、李新江、智永超（河北大学）

（十五） 锥头蝗科 Pyrgomorphidae

1. 长额负蝗 *Atractomorpha lata* （Motschulsky）

分布：中国浙江（景宁、桐庐、定海、普陀、浦江、义乌、龙泉、庆元、温州、平阳、泰顺）、黑龙江、吉林、内蒙古、北京、陕西、河北、山西、山东、河南、江苏、上海、安徽、湖北、江西、湖南、福建、台湾、四川、贵州、广东、广西；日本、朝鲜。

2. 短额负蝗（斜面蝗、尖头蚱蜢）*Atractomorpha sinensis* Bolivar

分布：中国浙江（景宁、天目山、长兴、安吉、德清、嘉兴、嘉善、桐乡、杭州、余杭、临安、天萧山、富阳、慈溪、临海、黄岩、常山、丽水、遂昌、松阳、青田、龙泉）、北京、河北、山西、山东、甘肃、陕西、青海、江苏、上海、安徽、湖北、江西、湖南、福建、广东、广西、四川、贵州、云南；日本、越南。

（十六）斑腿蝗科 Catantopidae

1. 棉蝗（大青蝗）*Chondracris rosea*（Geer）

分布：中国浙江（景宁、天目山、湖州、长兴、安吉、德清、余杭、桐庐、余姚、镇海、奉化、宁海、定海、普陀、浦江、义乌、江山、丽水、遂昌、松阳、庆元、永嘉）、内蒙古、河北、山东、陕西、江苏、湖北、湖南、福建、台湾、广东、海南、广西、四川、贵州、云南。

2. 绿腿腹露蝗 *Fruhstorferiola veridifemorata* Caudell

分布：中国浙江（景宁、莫干山、天目山、百山祖、奉化、宁海、金华、浦江、义乌、东阳、丽水、遂昌、松阳、云和、龙泉、庆元）、河南、江苏、安徽、福建、江西、四川、湖南、广东。

3. 斑角蔗蝗 *Hieroglyphus annulicornis*（Shiraki）

分布：中国浙江（景宁、天目山、杭州、淳安、慈溪、定海、丽水、遂昌、龙泉、庆元）、江苏、安徽、福建、台湾、湖北、湖南、广东、海南、广西、香港、河北、陕西、四川、贵州、云南。

4. 山稻蝗 *Oxya agavisa* Tsai

分布：中国浙江（景宁、龙王山、莫干山、天目山、古田山、百山祖、绍兴、诸暨、新昌、天台、遂昌、龙泉、庆元、温州、乐清、永嘉、瑞安、洞头、文成、平阳、泰顺）、甘肃、陕西、江苏、安徽、湖北、江西、湖南、福建、台湾、广东、海南、广西、四川、贵州、云南。

5. 中华稻蝗 *Oxya chinensis*（Thunberg）

分布：中国浙江（景宁、湖州、莫干山、天目山、杭州、奉化、开化、丽水、龙泉）、辽宁、内蒙古、北京、天津、河北、山西、山东、河南、陕西、江苏、安徽、湖北、江西、湖南、福建、广东、海南、香港、广西、四川、云南、贵州。

6. 小稻蝗 *Oxya intricata* Stal

分布：中国浙江（景宁、天目山、杭州、奉化、丽水、云和、龙泉、庆元、乐清、永嘉）、陕西、湖南、江苏、湖北、江西、湖南、四川、贵州、云南、福建、台湾、广东、海南、广西、香港、西藏。

7. 日本黄脊蝗 *Patanga japonica* Bolivar

分布：中国浙江（景宁、天目山、百山祖、杭州、慈溪、镇海、奉化、宁海、象山、定海、岱山、义乌、东阳、永康、丽水、缙云、遂昌、松阳、青田、龙泉、温州、永嘉、瑞安、洞头、平阳、泰顺）、甘肃、陕西、河北、山东、江苏、安徽、江西、湖南、福建、台湾、广东、广西、四川、贵州、云南、西藏；朝鲜、日本、伊朗。

8. 长翅素木蝗 *Shirakiacris shirakii* (Bolivar)

分布：中国浙江（景宁、天目山、四明山、百山祖、定海、普陀、浦江、丽水、遂昌、龙泉、温州、永嘉），吉林、甘肃、陕西、河北、山东、河南、江苏、安徽、湖北、江西、福建、广东、广西、四川。

9. 卡氏蹦蝗 *Sinopodis makelloggii* (Chang，1940)

分布：中国浙江（景宁、古田山、百山祖、杭州、丽水、遂昌、松阳、云和、龙泉、庆元）、福建（建阳、崇安、光泽）。

10. 比氏蹦蝗 *Sinopodisma pieli* (Chang，1940)

分布：中国浙江（景宁、天目山、临安、龙泉、庆元）、安徽（黄山、九华山）、江西。

11. 长角直斑腿蝗 *Stenocatantops splendens* (Thunberg，1815)

分布：中国浙江（景宁、天目山、古田山、百山祖、杭州、临安、桐庐、镇海、奉化、象山、定海、金华、义乌、东阳、丽水、缙云、遂昌、松阳、云和、龙泉、庆元、温州、瑞安、泰顺）、河南、江西、湖南、福建、台湾、广东、海南、广西、贵州、云南、西藏；越南、印度、尼泊尔。

12. 短翅凸额蝗（饰凸额蝗）*Traulia ornata* Shiraki

分布：中国浙江（景宁、天目山、龙泉、庆元）、台湾。

13. 短角外斑腿蝗 *Xenocatantops brachycerus* (Willemse)

分布：中国浙江（景宁、龙王山、莫干山、天目山、百山祖、嘉兴、杭州、桐庐、上虞、诸暨、镇海、奉化、义乌、开化、江山、丽水、缙云、遂昌、松阳、青田、云和、龙泉、庆元）、甘肃、陕西、河北、山东、河南、江苏、安徽、湖北、江西、湖南、福建、广东、海南、广西、四川、贵州、云南；印度、尼泊尔、不丹。

（十七）斑翅蝗科 Oedipodidae

1. 花胫绿纹蝗（花尖翅蝗、红腿蝗）*Aiolopus tamulus*（Fabricius）

分布：中国浙江（景宁、德清、平湖、杭州、义乌、兰溪、常山、丽水、松阳、庆元、温州）、辽宁、北京、河北、山东、甘肃、陕西、宁夏、江苏、江西、湖南、安徽、福建、台湾、广东、海南、广西、云南、四川、贵州。

2. 云斑车蝗 *Gastrimargus marmoratus* Thunberg

分布：中国浙江（景宁、古田山、杭州、桐庐、建德、绍兴、上虞、新昌、慈溪、镇海、奉化、宁海、象山、定海、浦江、东阳、兰溪、丽水、遂昌、龙泉、庆元、温州、永嘉、瑞安、平阳）、山东、福建、江苏、重庆、广东、四川、海南、广西、香港；朝鲜、日本、印度、缅甸、越南、泰国、菲律宾、马来西亚、印度尼西亚。

3. 方异距蝗 *Heteropternis respondens*（Walker）

分布：中国浙江（景宁、象山、东阳、丽水、青田、龙泉）、甘肃、陕西、江苏、湖北、江西、福建、台湾、广东、海南、广西、四川、贵州、云南；印度、尼泊尔、孟加拉国、斯里兰卡、缅甸、日本、菲律宾、印度尼西亚、马来西亚、泰国。

4. 赤胫异距蝗 *Heteropternis rufipes*（Shiraki）

分布：中国浙江（景宁、百山祖）、河北、江苏、福建、台湾、贵州、云南。

5. 红胫小车蝗 *Oedaleus manjius* Chang，1939

分布：中国浙江（景宁、古田山、百山祖、奉化、宁海、浦江、义乌、东阳、丽水、遂昌、龙泉）、陕西（秦岭以南）、甘肃（陇南地区）、江苏（无锡）、湖北（十堰、神农架）、福建（韶安、崇安、福安）、海南、广西（龙胜、崇左、龙洲）、四川（灌县、汶川、宝兴、开江、峨眉、雅安、会理、渡口）。

6. 疣蝗（瘤蝗）*Trilophidia annulata*（Thunberg）

分布：中国浙江（景宁、莫干山、天目山、古田山、百山祖、杭州、建德、奉化、宁海、东阳、江山、丽水、缙云、遂昌、松阳、青田、龙泉、庆元、永嘉）、黑龙江、内蒙古、吉林、辽宁、河北、山东、甘肃、陕西、宁夏、江苏、安徽、湖南、福建、广东、广西、江西、四川、贵州、云南、西藏、海南；朝鲜、日本、印度。

（十八）网翅蝗科 Arcypteridae

1. 大青脊竹蝗 *Ceracris nigricornis laeta*（Bolira）

分布：中国浙江（景宁、龙王山、天目山、古田山、湖州、安吉、杭州、奉化、常山、遂昌、云和、龙泉）、江西、湖南、福建、台湾、广东、海南、四川、贵州、云南。

2. 鹤立雏蝗（牯岭雏蝗）*Chorthippus fuscipennis*（Cauedll）

分布：中国浙江（景宁、古田山、百山祖、丽水、龙泉、庆元）、山东、陕西、江苏、安徽、江西、福建、四川。

3. 爪哇斜窝蝗 *Epacromiacris javana* Willemse

分布：中国浙江（景宁、丽水、遂昌、龙泉）、福建、台湾、广东、广西、湖南、贵州、云南、四川、甘肃、陕西。

4. 黄脊阮蝗 *Rammeacris kiangsu*（Tsai）

分布：中国浙江（景宁、安吉、莫干山、天目山、绍兴、上虞、新昌、三门、兰溪、天台、仙居、临海、温岭、玉环、衢州、遂昌、龙泉、庆元、乐清）、江苏、安徽、陕西、江西、福建、广东、广西、湖北、湖南、四川、云南。

（十九）剑角蝗科 Acrididae

1. 中华蚱蜢（异色剑角蝗东亚蚱蜢）*Acrida cinerea*（Thunberg）

分布：中国浙江（景宁、莫干山、桐庐、杭州、绍兴、上虞、新昌、慈溪、镇海、奉化、宁海、象山、定海、岱山、普陀、浦江、东阳、丽水、遂昌、龙泉、庆元、永嘉、文成）、北京、河北、山西、山东、甘肃、陕西、宁夏、江苏、安徽、湖北、江西、湖南、福建、广东、云南、四川、贵州。

2. 二色戛蝗 *Gonista bicolor*（Haan）

分布：中国浙江（景宁、金华、义乌、兰溪、龙泉、庆元）、山东、江苏、湖南、福建、台湾、四川、贵州、河北、甘肃、陕西、西藏。

3. 异翅鸣蝗 *Mongolotettix anomopterus*（Caud.）

分布：中国浙江（景宁、龙王山、天目山、百山祖、桐庐、东阳、永康）、甘肃、陕西、河北、山东、江苏、安徽、湖北、江西、湖南、广东、四川、贵州。

4. 小戛蝗 *Paragonista infumata* Willemse

分布：中国浙江（杭州、天目山、慈溪、镇海、奉化、宁海、象山、定海、岱山、义乌、龙泉、温州、永嘉、瑞安、洞头、平阳、泰顺）。

5. 僧帽佛蝗 *Phlaeoba infumata* Br. W.

分布：中国浙江（景宁、龙王山、百山祖、普陀、丽水、遂昌、龙泉、庆元）、湖北、湖南、福建、广东、海南、广西、四川、贵州、云南。

6. 短翅佛蝗 *Phlaeoba angustidorsis* Boliuar

分布：中国浙江（景宁、天目山、四明山、百山祖、安吉、杭州、富阳、云和、乐清）、江苏、江西、湖南、福建、四川、贵州。

（二十）蚱科 Tetrigidae

1. 突眼蚱 *Ergatettix dorsifera*（Walker）

分布：中国浙江（景宁、古田山、百山祖、龙游、开化、丽水、云和、庆元）、陕西、湖南、福建、广东、广西、贵州、台湾、云南、四川、甘肃；印度、俄罗斯、斯里兰卡、中亚。

2. 日本蚱 *Tetrix japonica*（Bolivar）

分布：中国浙江（景宁、龙王山、莫干山、天目山、百山祖、浦江、义乌、开化、江山、丽水、缙云、庆元）及全国各地广布；欧洲、美洲、朝鲜、日本。

3. 凶猛蚱（土蚱） *Tetrix trux* Steimann

分布：中国浙江（景宁、天目山、百山祖、丽水、龙泉、庆元）、福建、广东、广西、云南。

（二十一）刺翼蚱科 Scelimenidae

1. 直刺佯鳄蚱 *Paragavialidium orthacanum* Zheng，1994

分布：中国浙江（丽水）。

2. 刺羊角蚱 *Criotettix bispinosus*（Dalman）

分布：中国浙江（景宁、龙泉、庆元）、江苏、上海、福建、台湾、江西、广东、海南、广西、四川、云南；印度、缅甸、菲律宾、越南、泰国、马来西亚、印度尼西亚。

3. 粒真羊角蚱（大优角蚱） *Eucriotettix grandis* Hancock

分布：中国浙江（景宁、古田山、百山祖）、福建、广东、海南、广西、云南、四川、西藏；尼泊尔、印度。

（二十二）短翼蚱科 Metrodoridae

肩波蚱 *Bolivaritettix humeralis* Günther

分布：中国浙江（景宁、龙王山、天目山、古田山、百山祖）、福建、广东、广西。

(二十三) 脊蜢科 *Chorotypidae*

幕螳秦蜢 *China mantispoides* (Walker, 1870)

分布：中国浙江（开化、遂昌、松阳）、河南、江苏、安徽、湖北、江西、湖南、福建、广东、四川；泰国。

(二十四) 蚤蝼科 **Tridactylidae**

蚤蝼 *Tridactylus japonicus* (Haan)

分布：中国浙江（景宁、百山祖、宁波、慈溪、舟山）、江西；日本。

七、䗛目 Phasmatodae

刘宪伟、王瀚强、秦艳艳（中国科学院上海生命科学研究院植物生理生态研究所）

䗛目又称竹节虫目，多分布于热带、亚热带地区，成虫和若虫喜在高山、密林、生境复杂的环境中生活，有明显的拟态保护特性。成虫体大型，体长3~30 cm，体躯延长成棒状（竹节虫），或成阔叶状（叶子虫），体表无毛。口器咀嚼式，复眼小，单眼2或3个，或缺失。后胸与腹部第1节常愈合。腹部长，环节相似。翅有或无，前翅短，鳞片状，渐变态。本文共记述保护区䗛目2科7属15种。

(一) 䗛科 Phasmatidae

1. **疏齿短肛䗛** *Ramulus sparsidentatus* (Chen *et* He, 1992)

分布：中国浙江（丽水）、湖南。

2. **小角短肛䗛** *Ramulus brachycerus* (Chen *et* He, 1995)

分布：中国浙江（杭州、丽水）、安徽、湖北。

3. **武夷山短肛䗛** *Ramulus wuyishanense* (Chen, 1999)

分布：中国浙江（丽水、温州）、福建。

4. **武夷长肛䗛** *Entoria wuyiensis* Cai *et* Liu，1990

分布：中国浙江（丽水）、福建。

5. **喙尾䗛** *Rhamphophasma modestum* Brunner von Wattenwyl，1893

分布：中国浙江（丽水）、湖南、四川、贵州；缅甸。

（二）长角棒䗛科 Lonchodidae

1. 粗皮䗛 *Phraortes confucius*（Westwood，1859）

分布：中国浙江（丽水）、河南、江苏。

2. 中华皮䗛 *Phraortes chinensis*（Brunner von Wattenwyl，1907）

分布：中国浙江（杭州、宁波、衢州、丽水、温州）、河南、安徽、湖北、江西。

3. 双色皮䗛 *Phraortes bicolor*（Brunner von Wattenwyl，1907）

分布：中国浙江（丽水）、福建、台湾。

4. 弯尾皮䗛 *Phraortes curvicaudatus* Bi，1993

分布：中国浙江（衢州、丽水、温州）、福建。

5. 河南副华枝䗛 *Parasinophasma henanensis*（Bi et Wang，1998）

分布：中国浙江（杭州、宁波、丽水）、河南、江西、福建、广西、四川、贵州。

6. 梵净山副华枝䗛 *Parasinophasma fanjingshanense* Chen et He，2005

分布：中国浙江（杭州、衢州、丽水）、广西、贵州。

7. 雅小异䗛 *Micadina yasumatsui* Shiraki，1935

分布：中国浙江（丽水、温州）、福建、贵州；日本。

8. 扁尾华枝䗛 *Sinophasma mirabile* Günther，1940

分布：中国浙江（丽水）、福建。

9. 近华枝䗛 *Sinophasma obvium*（Chen et He，1995）

分布：中国浙江（丽水）。

10. 显凹华枝䗛 *Sinophasma incisum* Liu sp. nov.

分布：中国浙江（丽水）。

八、蜚蠊目 Blattaria

金笃婷、车艳丽、王宗庆（西南大学）

蜚蠊目昆虫通称蜚蠊，俗名蟑螂。成虫体长 2 ~ 100 mm，体宽而扁平，近圆形。一般体壁光滑，坚韧，常为暗色，有些种类体表密覆短毛。头小，被宽大的盾状前胸背板盖住，休息时仅露出头的前缘。复眼常发达，单眼退化；触角长，丝状，多节；口器咀嚼式。两对翅覆盖住腹部或短翅，或无翅，前翅为覆翅，狭长，后翅膜质，臀区大，翅脉多分支的纵脉和大量横脉；3对足相似，爬行迅速；跗节5节。腹部10节，尾须多节。雄虫第9节腹板有1对腹刺，外生殖器膜质不对称；雌虫产卵器小，不外露。渐变态。本文共记述保护区蜚蠊目4科5属7种。

（一）鳖蠊科 Corydiidae

中华真地鳖 *Eupolyphaga sinensis* （Walk，1868）

分布：中国浙江（景宁、龙王山、天目山、百山祖、杭州、余姚、奉化）、辽宁、内蒙古、甘肃、河北、山西、陕西、江苏、湖南、海南、四川、贵州、云南；俄罗斯、蒙古。

（二）蜚蠊科 Blattidae

1. 美洲大蠊 *Periplaneta americana* （L.1758）

分布：中国浙江、辽宁、河北、江苏、安徽、湖南、福建、台湾、广东、海南、广西、四川、贵州、云南；世界广布。

2. 黑胸大蠊 *Periplaneta fuliginosa* （Serville，1839）

分布：中国浙江、辽宁、河北、江苏、安徽、湖南、福建、台湾、广东、海南、广西、四川、贵州、云南；日本、马来西亚、大洋洲、北美洲、南美洲。

（三）姬蠊科 Ectobiidae

1. 双带姬蠊 *Blattella bisignata* （Brunner von Wattenwyl，1868）

分布：中国浙江。

2. 德国姬蠊 *Blattella germanica* Linnaeus

分布：中国浙江（景宁、龙王山、莫干山、天目山、临安、定海、丽水、遂昌、龙泉、庆元、百山祖）、黑龙江、辽宁、内蒙古、新疆、河北、陕西、江苏、湖南、福建、广东、广西、四川、贵州、云南、西藏；日本、欧洲、非洲北部、美国、加拿大。

3. 拟德国小蠊 *Blattella liturieollis* （Walker）

分布：中国浙江（景宁、莫干山、天目山、四明山、嵊泗、庆元、百山祖）、福建、广西、四川、贵州、云南、西藏；世界广布。

（四）硕蠊科 Blaberidae

伪大光蠊 *Rhabdoblatta mentiens* Anisyutkin，2000

分布：中国浙江（景宁）、广东、广西、江西、福建、湖南；越南。

九、螳螂目 Mantodea

刘宪伟、朱卫兵、戴莉（中国科学院上海生命科学研究院植物生理生态研究所）

螳螂目昆虫成虫体长10～140 mm，为中、大型昆虫。头能动，三角形；口器咀嚼式；触角长，多丝状。前胸长，前足捕捉式，中、后足细长，适于步行；前翅为覆翅，后翅膜质，臀区大，休息时平放于背上，尾须1对。雄虫第9腹板上有1对刺突；听器和发音器缺失。渐变态，成虫和若虫均捕食性。卵粒为卵鞘所包，卵鞘称螵蛸，附于树枝和墙壁上。本文共记述保护区螳螂目4科9属10种。

（一）花螳科 Hymenopodidae

1. 浙江巨腿螳 *Hestiasula zhejiangensis* Zhou et Shen，1992

分布：中国浙江（丽水）、福建、广东、四川、贵州。

2. 天目山原螳 *Anaxarcha tianmushanensis* Zheng

分布：中国浙江（景宁、龙王山、莫干山、天目山、古田山、百山祖）。

3. 丽斑眼螳 *Creobroter gemmata*（Stoll，1831）

分布：中国浙江、江西、福建、广东、海南、四川、重庆；越南、印度、印度尼西亚。

（二）长颈螳科 Vatidae

中华屏顶螳 *Kishinouyeum sinensae* Ouchi

分布：中国浙江（景宁、龙王山、莫干山、天目山、古田山、百山祖、余杭、临安）。

（三）细足螳科 Thespidae

斑点古细足螳 *Palaeothespis stictus* Zhou et Shen，1992

分布：中国浙江（景宁、龙泉、庆元、泰顺）。

（四）螳科 Mantidae

1. 中华奇叶螳 *Phyllothelys sinensae* (Ouchi，1938)

分布：中国浙江（杭州、丽水）、江西、福建。

2. 污斑静螳 *Statilia maculata* (Thunberg，1784)

分布：中国浙江（杭州、丽水）、辽宁、北京、山东、河南、江苏、上海、安徽、江西、湖南、福建、台湾、广东、海南、广西、四川、贵州、云南；日本、越南、泰国、缅甸、印度、斯里兰卡、马来西亚、印度尼西亚。

3. 广斧螳 *Hierodula petellifera* (Serville)

分布：中国浙江（景宁、龙王山、百山祖、湖州、长兴、安吉、德清、桐乡、杭州、临安、萧山、富阳、桐庐、淳安、上虞、新昌、慈溪、奉化、宁海、岱山）、辽宁、北京、河北、山西、山东、河南、甘肃、上海、江苏、安徽、湖北、江西、湖南、福建、台湾、广东、海南、广西、四川、贵州、云南、西藏；日本、菲律宾。

4. 枯叶大刀螳 *Tenodera aridifolia* (Stoll)

分布：中国浙江（景宁、龙王山、莫干山、古田山、百山祖、杭州、临安、金华、开化、丽水、遂昌、云和、龙泉、庆元）、黑龙江、吉林、辽宁、河北、山东、河南、江苏、安徽、湖北、江西、湖南、福建、台湾、广东、海南、广西、四川、贵州、云南、西藏；日本、越南、泰国、缅甸、印度、马来西亚、菲律宾、印度尼西亚。

5. 中华大刀螳 *Tenodera sinensis* Saussure，1842

分布：中国浙江（湖州、杭州、衢州、丽水、温州）、辽宁、北京、山东、河南、安徽、江苏、上海、江西、福建、湖南、广东、海南、广西、四川、贵州、云南、西藏；东南亚。

十、等翅目 Isoptera

柯云玲[1]、李志强[1]、张大羽[2]、潘程远[2]（1.广东省生物资源应用研究所；2.浙江农林大学）

等翅目昆虫通称白蚁或蟁。白蚁是多型社会昆虫，在一个群体中常存在着大翅与无翅的雌蚁和雄蚁（繁殖蚁）及大量无翅不育的工蚁、兵蚁和若虫。成虫体小至大型，长扁。头骨化，能活动；无复眼，痕迹状或发达，单眼无或1对；触角念珠状，多节；咀嚼式口器常发达，兵蚁的口器痕迹状但上颚大，镰刀状。前胸较头部宽或窄，足短粗，跗节常4节，少数3节或5节；无翅、短翅或大翅，两对膜质翅的大小、形状常相似，纵脉少，缺横脉，休息时平覆在腹部背面并向后远超过腹部末端，翅脱落后，仅留下翅鳞。腹部10节，有尾须，外生殖器不明显。本文共记述保护区等翅目2科6属10种。

（一）鼻白蚁科 Rhinotermitidae

1. 台湾乳白蚁 *Coptotermes formosanus* Shiraki

分布：中国浙江（景宁、龙王山、莫干山、百山祖、湖州、长兴、安吉、德清、杭州、余杭、萧山、余姚、奉化、定海、岱山、普陀、临海、乐清、洞头、文成、平阳、泰顺）、江苏、安徽、湖北、江西、湖南、福建、台湾、广东、海南、四川、广西、云南；日本、菲律宾、斯里兰卡、南美洲、美国、南非。

2. 圆唇散白蚁 *Reticulitermes labralis* Hsia *et* Fan，1965

分布：中国浙江（景宁、柯城、衢江、常山、开化、龙游、定海、岱山、莲都）、河南、陕西、江苏、上海、安徽、湖北、江西、广东、香港、四川。

3. 肖若散白蚁 *Reticulitermes affinis* Hsia *et* Fan，1965

分布：中国浙江（萧山、余杭、富阳、临安、桐庐、淳安、建德、越城、柯桥、上虞、新昌、诸暨、嵊州、北仑、镇海、鄞州、奉化、象山、宁海、余姚、慈溪、婺城、磐安、永康、柯城、衢江、常山、开化、龙游、江山、莲都、遂昌、龙泉）、河南、江苏、安徽、湖北、江西、湖南、福建、台湾、广东、海南、香港、广西、四川、贵州、云南。

4. 黑胸散白蚁 *Reticulitermes chinensis* Snyder

分布：中国浙江（景宁、龙王山、百山祖、杭州、临安、龙泉、庆元）、北京、河北、山东、河南、甘肃、陕西、江苏、上海、安徽、湖北、江西、湖南、福建、四川、云南；印度。

5. 黄胸散白蚁（黄肢散白蚁）*Reticulitermes flaviceps*（Oshima）

分布：中国浙江（景宁、龙王山、天目山、百山祖、湖州、长兴、安吉、杭州、龙泉）、辽宁、河北、山东、河南、江苏、安徽、湖北、江西、湖南、福建、台湾、广东、海南、广西、陕西、四川、云南、贵州。

6. 花胸散白蚁 *Reticulitermes fukienensis* Light

分布：中国浙江（景宁、百山祖、龙泉、庆元）、江苏、福建、广东。

（二）白蚁科 Termitidae

1. 黑翅土白蚁 *Odontotermes formosanus* （Shiraki）

分布：中国浙江（景宁、龙王山、莫干山、天目山、百山祖、雁荡山、德清、杭州、奉化、丽水、遂昌、云和、龙泉、庆元、温州）、河北、河南、甘肃、陕西、江苏、安徽、湖北、江西、湖南、福建、台湾、广东、海南、香港、广西、重庆、四川、贵州、云南；斯里兰卡、日本、越南、泰国、缅甸。

2. 黄翅大白蚁 *Macrotermes barneyi* Light

分布：中国浙江及全国各地广布；越南。

3. 近扭白蚁 *Pericapritermes nitobei* （Shiraki）

寄主：樟、杉、马尾松。

分布：中国浙江（景宁、杭州、龙泉、遂昌、九龙山）、河南、江苏、安徽、江西、湖南、福建、台湾、广东、海南、广西、四川、云南；越南，日本。

4. 小象白蚁 *Nasutitermes parvonasutus* （Shiraki）

寄主：树木根部。

分布：中国浙江（景宁、天目山、百山祖、九龙山）、江西、湖南、福建、台湾、广东、海南、广西、四川、云南。

十一、革翅目 Dermaptera

周昕、刘立伟、周文豹（浙江自然博物院）

革翅目昆虫通称蠼螋，成虫体中、小型，狭长，略扁平。头前口式，能活动；触角丝状，10～50节；无单眼；口器咀嚼式。前胸背板发达，方形或长方形；有翅或无翅，如有翅则前翅革质、短小、仅盖住胸部，无脉纹；后翅膜质，扇形或略呈圆形，翅脉辐射状，休息时折叠于前翅下，常露出在前翅外；跗节3节。腹部长，有8～10个外露的体节，可以自由弯曲；尾呈狭状；无产卵器。本文共记述保护区革翅目6科12属15种。

（一）大尾螋科 Pygidicranidae

瘤螋 *Challia fletcheri* Burr

分布：中国浙江（景宁、龙王山、天目山、古田山、百山祖）、江西、湖南、海南、广西；朝鲜。

（二）丝尾螋科 Diplatyidae

隐丝尾螋 *Diplatys reconditys* Hincks

分布：中国浙江（景宁、龙王山、天目山、古田山、百山祖）、江西、江苏、台湾、广西。

（三）肥螋科 Anisolabididae

缘殖肥螋 *Gonolabis marginolis* （Dohrn，1864）

分布：中国浙江、江苏、福建、台湾、广西、香港、四川、云南；日本、朝鲜、越南，印度尼西亚。

（四）蠼螋科 Labiduridae

1. 棒形蠼螋 *Forcipula clavata* Lin

分布：中国浙江（景宁、龙王山、天目山、古田山、百山祖）、江西、福建、广东、广西、四川。

2. 岸栖蠼螋 *Labidura riparia* （Pallas）

分布：中国浙江（景宁、龙王山、莫干山、天目山、古田山、百山祖）、内蒙古、甘肃、新疆、河北、江苏、山西、湖南、福建、广东、海南、四川、贵州、云南；俄罗斯、日本、越南、缅甸、印度、菲律宾、欧洲西部、非洲北部、北美洲、南美洲。

3. 铅纳蠼螋 *Nala lividipes* （Dufour）

分布：中国浙江（景宁、龙王山、莫干山、天目山、古田山、百山祖）、山东、福建、台湾、云南；日本、印度、斯里兰卡、菲律宾、欧洲南部、非洲、澳大利亚。

4. 尼纳蠼螋 *Nala nepalensis* Burr

分布：中国浙江（景宁、莫干山、天目山、百山祖）、湖南、贵州、云南；印度，尼泊尔，马来西亚。

（五）苔螋科 Spongiphoridae

小姬螋 *Labia minor* （Linnaeus）

分布：中国浙江（景宁、龙王山、莫干山、天目山、古田山、百山祖）、江苏；世界广布。

（六）球螋科 Forficulidae

1. 日本张铗螋 *Anechura japonica*（Bormans）

分布：中国浙江（景宁、龙王山、莫干山、天目山、古田山、百山祖）、吉林、河北、山西、山东、宁夏、甘肃、陕西、江苏、湖北、江西、湖南、福建、广西、四川、贵州、西藏；朝鲜、日本、俄罗斯。

2. 混球螋 *Forficula ambigua* Burr

分布：中国浙江（景宁、百山祖）及全国各地广布；越南、印度。

3. 达球螋 *Forficula davidi* Burr

分布：中国浙江（景宁、天目山、百山祖）、宁夏、甘肃、山西、河北、山东、湖南、贵州、云南。

4. 中华球螋 *Forficula sinica* Bey-Bienke

分布：中国浙江（景宁、百山祖）、湖北、湖南、四川、贵州。

5. 中华山球螋 *Oreasiobia chinensis*（Sheinmann）

分布：中国浙江（景宁、龙王山、天目山）、陕西、湖南、福建。

6. 黄头球螋 *Paratimomenus flavocapitatus* Shiraki

分布：中国浙江（景宁、龙王山、莫干山、天目山、百山祖）、福建、台湾、西藏、广西。

7. 克乔球螋 *Timomenus komarovi*（Semenov）

分布：中国浙江（景宁、龙王山、莫干山、天目山、百山祖）、湖南、福建、台湾、海南、四川；日本、朝鲜、菲律宾。

十二、缨翅目 Thysanoptera

冯纪年、王阳、张诗萌（西北农林科技大学）

缨翅目昆虫通称蓟马，体长 0.4～14.0 mm，细长而扁，或圆筒形，色黄褐、苍白、或黑。触角 6～9 节，鞭状或念珠状；复眼多为圆形，有翅种类单眼 2 或 3 个，无翅种类无单眼；口器锉吸式，上颚口针多不对称。翅狭长，边缘有很多长而整齐的缨状缘毛。雌虫产卵器锯状或无。取食高等植物和菌类或腐殖质，一些种类以小型昆虫或螨为食，有的可传播植物病害。本文共记述保护区缨翅目 2 科 3 属 3 种。

（一）管蓟马科 Phloeothripidae

1. 华简管蓟马（中华简管蓟马、中华皮蓟马）*Haplothrips chinensis* Priesner

分布：中国浙江（景宁、百山祖、丽水、松阳、青田、庆元）、吉林、内蒙古、河北、河南、江苏、湖北、江西、湖南、福建、台湾、广东、广西、四川、贵州、云南；韩国、日本、东南亚。

2. 芒眼管蓟马 *Ophthalmothrips miscanthicola*（Haga）

分布：中国浙江（景宁、百山祖、龙王山、杭州）、福建、广东、海南、四川；日本。

（二）蓟马科 Thripidae

黄胸蓟马（夏威夷蓟马）*Thrips hawaiiensis*（Morgan）

分布：中国浙江（景宁、天目山、丽水、松阳、庆元）、山西、河南、江苏、上海、湖北、江西、湖南、福建、台湾、广东、海南、广西、四川、贵州、云南、西藏；朝鲜，日本，关岛，中途岛，泰国，越南，新加坡，印度，巴基斯坦，孟加拉国，马来西亚，斯里兰卡，菲律宾，印度尼西亚，新几内亚，澳大利亚，新西兰，牙买加，墨西哥，美国。

十三、半翅目 Hemiptera

半翅目昆虫包括常见的蝽、蝉、沫蝉、叶蝉、角蝉、蜡蝉、蚜虫、粉虱、木虱、介壳虫等。成虫体型多样，小至大型，体长1.5～110 mm。复眼大，单眼2～3个，或缺如；触角丝状、鬃状、线状或念珠状，伸出或隐藏在复眼下的沟内；头后口式，口器刺吸式，喙1～4节，多为3节或4节；无下颚须和下唇须。前胸背板大，中胸小盾片发达，外露；前翅半鞘翅或质地均一，膜质或革质，休息时常呈屋脊状放置，有些蚜虫和雌性介壳虫无翅，雄性介壳虫后翅退化成平衡棒。跗节1～3节。雌虫常有发达的产卵器。不完全变态，若虫似成虫。本文共记述保护区半翅目45科196属269种。

（一）广翅蜡蝉科 Ricaniidae

张欢、任兰兰、秦道正（西北农林科技大学）

1. 粉黛广翅蜡蝉 *Ricania pulverosa* Stal

分布：中国浙江（景宁、天目山、遂昌）、福建、台湾、广东。

2. 八点广翅蜡蝉 *Ricania speculum*（Walker）

分布：中国浙江（景宁、莫干山、建德、淳安、诸暨、宁海、义乌、天台、临海、黄岩、古田山、常山、江山、遂昌、松阳、青田、龙泉、庆元、温州）、河南、陕西、江苏、湖北、江西、湖南、福建、台湾、广东、广西、云南；印度、斯里兰卡、尼泊尔、印度尼西亚、菲律宾。

（二）蛾蜡蝉科 Flatidae

艾德强、张雅林（西北农林科技大学）

1. 碧蛾蜡蝉 *Geisha distinctissima*（Walker）

分布：中国浙江（景宁、龙王山、莫干山、古田山、百山祖、湖州、长兴、安吉、德清、杭州、临安、桐庐、新昌、兰溪、天台、临海、黄岩、常山、江山、丽水、遂昌、龙泉、庆元、温州、文成、泰顺）、黑龙江、吉林、辽宁、内蒙古、山东、江苏、江西、湖南、福建、台湾、广东、四川、云南；日本。

2. 褐缘蛾蜡蝉 *Salurnis marginella*（Guerin）

分布：中国浙江（景宁、古田山、杭州、富阳、金华、武义、丽水、龙泉、庆元、温州）、江苏、安徽、湖北、江西、湖南、广东、广西、四川、贵州；印度、马来西亚、印度尼西亚。

（三）飞虱科 Delphacidae

张欢、王益梅、秦道正（西北农林科技大学）

1. 白带飞虱 *Delphacodes albifacia* Matsumura

分布：中国浙江（景宁、衢州、开化、丽水、缙云、云和、龙泉、庆元）。

2. 带背飞虱 *Himeunka tateyamaella*（Matsumura）

分布：中国浙江（景宁、丽水、缙云、云和、龙泉、庆元）。

3. 单突剜缘飞虱 *Indozuriel dantur* Kuoh

分布：中国浙江（景宁、丽水、云和、龙泉、庆元）。

4. 灰飞虱 *Laodelphax striatellus*（Fallné）

分布：中国浙江（景宁、龙王山、古田山、安吉、杭州、临安、萧山、富阳、桐庐、绍兴、诸暨、宁波、定海、金华、磐安、兰溪、临海、黄岩、衢州、龙游、常山、江山、丽水、缙云、遂昌、青田、云和、龙泉）及全国各地广布；亚洲其他国家、非洲、欧洲。

5. 拟褐飞虱 *Nilaparvata bakeri*（Muir.）

分布：中国浙江（景宁、古田山、杭州、临安、萧山、丽水、缙云、云和、龙泉、庆元、温州）、河南、江苏、安徽、湖北、江西、湖南、福建、台湾、广东、广西、四川、贵州、云南；韩国、日本、菲律宾、斯里兰卡。

6. 褐飞虱 *Nilaparvata lugens* Stål

分布：中国浙江（景宁、莫干山、古田山、杭州、临安、东阳、丽水、缙云、遂昌、青田、云和、龙泉、庆元）及全国各地广布（黑龙江、内蒙古、青海、新疆、西藏除外）；亚洲其他国家、太平洋岛国。

7. 伪褐飞虱 *Nilapatvata muiri* China

分布：中国浙江（景宁、杭州、萧山、建德、丽水、云和、龙泉、庆元、温州）及全国各地广布（黑龙江、青海、内蒙古、新疆、西藏除外）；日本、韩国。

8. 褐背飞虱 *Opiconsiva sameshimai*（Matsumura *et* Ishihara）

分布：中国浙江（景宁、丽水、缙云、云和、龙泉、庆元）、吉林、山东、河南、江苏、安徽、湖北、江西、湖南、四川；日本。

9. 白颈飞虱 *Paracorbulo sirokata*（Matsumura *et* Ishihara）

分布：中国浙江（景宁、桐庐、丽水、云和、庆元）、江苏、安徽、湖南、广东、广西、四川、贵州、云南；日本。

10. 长绿飞虱 *Saccharosydne procerus*（Matsumura）

分布：中国浙江（景宁、长兴、安吉、龙王山、德清、嘉兴、平湖、杭州、临安、富阳、义乌、东阳、衢州、开化、古田山、常山、丽水、缙云、龙泉、庆元）、黑龙江、吉林、辽宁、内蒙古、山东、陕西、江苏、安徽、江西、湖南、福建、广东、广西、贵州；日本、菲律宾。

11. 白背飞虱 *Sogatella furcifera*（Horvath）

分布：中国浙江（景宁、龙王山、古田山、安吉、德清、杭州、临安、舟山、东阳、丽水、缙云、遂昌、云和、龙泉、庆元）、黑龙江、吉林、辽宁、山东、河南、甘肃、陕西、宁夏、江苏、安徽、湖北、江西、湖南、福建、台湾、广东、广西、四川、云南、西藏；朝鲜、日本、印度、斯里兰卡、马来西亚、印度尼西亚、菲律宾、大洋洲、俄罗斯（滨海地区）。

12. 烟翅白背飞虱 *Sogatella kolophon* (Kirkaldy)

分布：中国浙江（景宁、衢州、开化、江山、丽水、龙泉、庆元）。

13. 白条飞虱 *Terthron albovittatum* (Matsumura)

分布：中国浙江（景宁、临安、桐庐、建德、定海、丽水、缙云、云和、龙泉、庆元）、江苏、安徽、湖北、江西、湖南、福建、台湾、广东、广西、四川、贵州、云南；朝鲜、日本、马来西亚、印度。

14. 黑边黄脊飞虱 *Toya propinqua neopropinqua* (Muir)

分布：中国浙江（景宁、衢州、丽水、缙云、云和、龙泉、庆元）。

15. 黑面黄脊飞虱 *Toya terryi* (Muir)

分布：中国浙江（景宁、金华、龙游、丽水、云和、龙泉）。

16. 二刺匙顶飞虱 *Tropidocephala brunnipennis* Signoret

分布：中国浙江（景宁、古田山、衢州、开化、丽水、云和、龙泉、庆元）、江苏、安徽、江西、湖南、台湾、广东、海南、贵州、云南；朝鲜、日本、印度、马来西亚、印度尼西亚、菲律宾、大洋洲、南欧洲、北非洲。

（四）象蜡蝉科 Dictyopharidae

宋志顺（江苏第二师范学院）

1. 中华象蜡蝉 *Dictyophara sinica* Walker

分布：中国浙江（景宁、龙王山、古田山、百山祖、临安、临海、丽水、青田、龙泉）、陕西、台湾、四川、广东；朝鲜、日本、印度、泰国、印度尼西亚。

2. 丽象蜡蝉 *Orthopagus splendens* (Germar)

分布：中国浙江（景宁、莫干山、古田山、百山祖）、黑龙江、吉林、辽宁、内蒙古、江苏、江西、台湾、广东、贵州；朝鲜、日本、印度、斯里兰卡、缅甸、马来西亚、印度尼西亚、菲律宾。

（五）扁蜡蝉科 Tropiduchidae

门秋雷、王文倩、秦道正（西北农林科技大学）

阿氏蜡蝉 *Padanda atkinsoni* Distant

分布：中国浙江（景宁、百山祖）、四川、西藏；印度。

（六）蝉科 Cicadidae

刘雲祥、魏琮（西北农林科技大学）

1. 蒙古寒蝉 *Meimuna mongolica*（Distant）

分布：中国浙江（景宁、天目山、百山祖、长兴、杭州、桐庐、定海、义乌、兰溪、常山、江山）、河北、陕西、江苏、安徽、江西、湖南、福建；东业其他国家。

2. 松寒蝉（昭蝉）*Meimuna opalifera*（Walker）

分布：中国浙江（景宁、龙王山、莫干山、天目山、百山祖、松阳）、河北、陕西、江苏、山东、江西、湖南、福建、台湾、广东、广西、贵州、四川；日本、朝鲜。

3. 兰草蝉（兰卓春蝉）*Mogannia cyanea* Walker

分布：中国浙江（景宁、天目山、百山祖）、江苏、安徽、湖北、江西、湖南、福建、台湾、广东、广西、四川、贵州、云南；日本、缅甸、印度。

4. 绿草蝉（草春蝉）*Mogannia hebes*（Walker）

分布：中国浙江（景宁、龙王山、天目山、古田山、百山祖、长兴、嘉兴、杭州、淳安、诸暨、奉化、定海、岱山、浦江、义乌、东阳、兰溪、天台、临海、开化、常山、遂昌、松阳、庆元、泰顺）、江苏、安徽、湖北、江西、湖南、福建、广东、广西；朝鲜、日本。

5. 鸣蝉（斑蝉）*Oncotympana maculaticollis*（Motschulsky）

分布：中国浙江（景宁、龙王山、莫干山、天目山、古田山、百山祖、长兴、杭州、定海、兰溪、遂昌、松阳、温州）、辽宁、河北、山西、山东、河南、陕西、江苏、安徽、湖北、江西、湖南、福建、台湾、广东、海南、广西、四川、贵州、云南；朝鲜、日本。

6. 黄蟪蛄 *Platypleura hilpa* Walker

分布：中国浙江（景宁、长兴、安吉、龙王山、德清、海宁、温州）、湖南、福建、广东、广西。

7. 蟪蛄 *Platypleura kaempferi*（Fabricius）

分布：中国浙江（景宁、龙王山、莫干山、天目山、古田山、百山祖、湖州、长兴、嘉兴、杭州、临安、富阳、桐庐、建德、淳安、上虞、新昌、奉化、定海、岱山、普陀、义乌、兰溪、丽水、遂昌、松阳、龙泉、瑞安）、辽宁、河北、山西、山东、河南、陕西、江苏、安徽、湖北、江西、湖南、福建、台湾、广东、广西、四川、贵州、云南；朝鲜、日本、俄罗斯、马来西亚。

8. 红蝉 *Huechys sanguine*（De Geer，1773）

分布：中国浙江、陕西、江苏、安徽、江西、湖北、湖南、福建、台湾、广东、海南、广西、四川、贵州、云南；缅甸、印度、马来西亚。

9. 螂蝉 *Pomponia linearis*（Walker，1850）

分布：中国浙江、安徽、江西、湖南、福建、台湾、广东、广西、四川、西藏；印度、缅甸、日本、菲律宾、马来西亚。

10. 黑蚱蝉 *Cryptotympana atrata* Fabricius

分布：中国浙江、甘肃、河北、山西、陕西、河南、山东、江苏、安徽、江西、湖北、湖南、福建、台湾、广东、广西、四川；朝鲜、越南、老挝。

（七）沫蝉科 Cercopidae

梁爱萍（中国科学院动物研究所）

1. 四斑长头沫蝉 *Abidama contigua*（Walker）

分布：中国浙江（景宁、百山祖）、湖北、江西、湖南、福建、广东、广西、贵州；越南、老挝、柬埔寨、泰国、印度、尼泊尔。

2. 黑斑丽沫蝉 *Cosmoscarta darsimacula Walker*（White）

分布：中国浙江（景宁、龙王山、古田山、百山祖、上虞、诸暨、永康、武义、开化、江山、丽水、遂昌、松阳、云和、龙泉、庆元、温州）、江苏、安徽、江西、福建、台湾、广东、海南、广西、四川、贵州、云南；越南、老挝、柬埔寨、泰国、缅甸、印度、马来西亚。

3. 东方丽沫蝉 *Cosmoscarta heros* （Fabricius）

分布：中国浙江（景宁、百山祖）、江西、福建、广东、海南、广西、四川、贵州、云南；越南。

4. 尤氏曙沫蝉 *Eoscarta assimilis* （Uhler）

分布：中国浙江（景宁、百山祖）、黑龙江、吉林、河北、江苏、安徽、湖北、江西、福建、台湾、广东、广西、四川、贵州；俄罗斯（滨海地区）、日本。

（八）尖胸沫蝉科 Aphrophoridae

1. 点尖胸沫蝉 *Aphrophora bipunctata* Melichar

分布：中国浙江（景宁、百山祖）、安徽、湖北、江西、湖南、福建、台湾、广东、广西、四川、贵州、云南；日本。

2. 宽带尖胸沫蝉 *Aphrophora horizontalis* Kato

分布：中国浙江（景宁、龙王山、百山祖）、安徽、湖北、江西、湖南、福建、台湾、广东、广西、四川、贵州、云南；日本。

3. 滨尖胸沫蝉 *Aphrophora maritima* Matsumura

分布：中国浙江（景宁、百山祖）、陕西、江苏、安徽、湖北、江西、湖南、福建、广东、海南、广西、四川、贵州；日本。

4. 毋忘尖胸沫蝉 *Aphrophora memorabilis* Walker

分布：中国浙江（景宁、百山祖）、陕西、江苏、安徽、湖北、江西、湖南、福建、台湾、广东、广西、四川、贵州、云南；日本。

5. 小白带尖胸沫蝉 *Aphrophora obliqua* Uhler

分布：中国浙江（景宁、百山祖）、甘肃、河南、陕西、安徽、湖北、江西、福建、广西、四川、贵州；日本。

6. 黑点尖胸沫蝉 *Aphrophora tsuratua* Matsumura

分布：中国浙江（景宁、百山祖）、安徽、湖北、江西、湖南、福建、台湾、广东、广西、四川、贵州、云南；日本。

7. 淡白三脊沫蝉 *Jembra pallida* Metcalf *et* Horton

分布：中国浙江（景宁、百山祖）、陕西、江苏、安徽、湖北、江西、湖南、福建、广东、广西、四川、贵州。

8. 岗田圆沫蝉 *Lepyronia okadae*（Matsumura）

分布：中国浙江（景宁、百山祖）、黑龙江、河北、山东、安徽、湖北、福建、四川、贵州；朝鲜、日本。

9. 白纹象沫蝉 *Philagra albinotata* Uhler

分布：中国浙江（景宁、百山祖）、陕西、江苏、安徽、湖北、福建、广西、四川、贵州、云南；日本。

10. 雅氏象沫蝉 *Philagra subrecta* Jacobi

分布：中国浙江（景宁、百山祖）、江西、福建、台湾、广东、海南、广西、四川、云南、西藏；越南。

（九）叶蝉科 Iassidae

张雅林、吕林、戴武、黄敏、秦道正、魏琮（西北农林科技大学）

1. 三角辜小叶蝉 *Aguriahana triangularis*（Matsumura）

寄主：蔷薇、草莓、柿、梨。

分布：中国浙江（景宁、龙王山、天目山、百山祖）、河南、陕西、湖南、贵州；日本。

2. 黑色斑大叶蝉 *Anatkina candidipes*（Walker）

分布：中国浙江（景宁、天目山、百山祖）、江西、福建、广西、贵州。

3. 点翅大叶蝉 *Anatkina illustris*（Distant）

分布：中国浙江（景宁、百山祖）、四川、云南；泰国、印度、马来西亚。

4. 黄色条大叶蝉 *Atkinsoniella sulphurata*（Distant）

分布：中国浙江（景宁、龙王山、天目山、百山祖）、福建、广西、贵州、云南；缅甸、印度、印度尼西亚。

5. 隐纹条大叶蝉 *Atkinsoniella thalia*（Distant）

寄主：禾本科。

分布：中国浙江（景宁、龙王山、天目山、百山祖）、陕西、河北、河南、湖北、湖南、福建、海南、广西、四川、贵州、云南；泰国、缅甸、印度。

6. 华凹大叶蝉 *Bothrogonia sinica* Yang *et* Li

寄主：葛藤、玉米、盐肤木、花椒、杜仲、高粱、甘薯、甘蔗、向日葵、大麻、豆类、油茶、桑、柑橘、枇杷、葡萄、梧桐、竹、油桐。

分布：中国浙江（景宁、龙王山、莫干山、天目山、百山祖、开化、江山、遂昌、松阳、云和）、河南、陕西、安徽、湖北、江西、湖南、福建、贵州、云南。

7. 条翅斜脊叶蝉 *Bundera taeniata* Cai *et* He

分布：中国浙江（景宁、龙王山、天目山、百山祖）、四川。

8. 黄绿短头叶蝉 *Bythoscopus chlorophana* (Melichar)

寄主：茶。

分布：中国浙江（景宁、丽水、缙云、遂昌、云和、龙泉、庆元）。

9. 大青叶蝉 *Cicadella viridis* (Linnaeus)

寄主：梨、李、桃、茶、杨、水稻、小麦、草莓、豆类、桑、玉米、高粱、苎麻、花生。

分布：中国浙江（景宁、龙王山、莫干山、天目山、百山祖、湖州、嘉兴、平湖、杭州、临安、镇海、定海、普陀、金华、义乌、东阳、开化、常山、遂昌、松阳、云和、龙泉、庆元、温州）；世界广布。

10. 苦楝斑叶蝉 *Erythroneura melia* Kuoh

寄主：楝。

分布：中国浙江（景宁、杭州、临安、宁波、三门、天台、临海、黄岩、温岭、开化、庆元）。

11. 褐脊铲头叶蝉 *Hecalus prasinus* (Matsumura)

寄主：柑橘、棉。

分布：中国浙江（景宁、百山祖、丽水）、陕西、河北、广东、贵州、云南；日本、泰国、老挝、菲律宾。

12. 侧刺菱纹叶蝉 *Hishimonus spiniferus* Kuoh

分布：中国浙江（景宁、古田山、开化、龙泉）。

13. 白缘大叶蝉 *Kolla atramentaria* (Motschulsky)

分布：中国浙江（景宁、云和、龙泉、庆元）。

14. 白边大叶蝉 *Kolla paulula* (Walker)

寄主：葛藤、花椒、大麻、大豆、萝卜、水稻、玉米、棉、桑、麻、甘蔗、柑橘、葡萄、樱桃、桃、栎、蔷薇、紫藤。

分布：中国浙江（景宁、龙王山、天目山、百山祖、丽水、云和、龙泉）、河北、河南、陕西、安徽、福建、台湾、广东、海南、广西、四川、贵州、云南、香港；越南、泰国、缅甸、印度、斯里兰卡、马来西亚、印度尼西亚。

15. 东方耳叶蝉 *Ledra orientalis* Ouchi

分布：中国浙江（景宁、古田山、百山祖、龙王山、天目山、安吉、庆元）、河南。

16. 二点叶蝉 *Macrosteles fasciifrons* (Stal)

寄主：水稻、大麦、小麦、黑麦、高粱、玉米、大豆、棉、大麻、甘蔗、葡萄、茶、胡萝卜。

分布：中国浙江（景宁、湖州、长兴、安吉、嘉兴、嘉善、杭州、临安、淳安、衢州、龙游、常山、江山、开化、丽水、遂昌、云和、庆元）、黑龙江、吉林、辽宁、内蒙古、河北、陕西、江苏、福建、贵州；日本、朝鲜、欧洲、北美洲。

17. 黑尾叶蝉 *Nephotettix cincticeps* (Uhler)

寄主：水稻、白菜、油菜、玉米、小麦、稗、茭白、芥菜、萝卜、甘蔗、棉、大豆、胡萝卜、茶、甜菜、紫云英、楝、竹。

分布：中国浙江（景宁、龙王山、莫干山、天目山、百山祖、安吉、杭州、金华、浦江、义乌、东阳、永康、武义、兰溪、衢州、开化、常山、江山、乐清、永嘉、瑞安）及全国各地广布；朝鲜、日本、菲律宾、欧洲、非洲。

18. 黄斑锥头叶蝉 *Onukia flavopunctata* Li *et* Wang

分布：中国浙江（景宁、天目山、百山祖）、贵州。

19. 橙带铲头叶蝉 *Parabolocratus porrecta* (Walker)

寄主：水稻等。

分布：中国浙江（景宁、百山祖）、福建、台湾、广东、云南、贵州；泰国、缅甸、印度、斯里兰卡、菲律宾、印度尼西亚。

20. 肩叶蝉 *Paraconfucius deplavata* (Jacobi)

分布：中国浙江（景宁、天目山、龙泉）、河南、安徽、湖南、福建。

21. **红边片头叶蝉** *Petalocephala manchurica* Kato

分布：中国浙江（景宁、遂昌、龙泉）。

22. **一点木叶蝉（一点炎叶蝉）** *Phlogotettix cyclops*（Mulsant *et* Rey）

寄主：竹、水稻、苎麻、绞股蓝、茶、榆。

分布：中国浙江（景宁、龙王山、天目山、百山祖）、河南、安徽、湖北、福建、台湾、四川、贵州；朝鲜、日本、欧洲、澳大利亚。

23. **庐山拟隐脉叶蝉** *Pseudonirvana lushana* Kuoh

分布：中国浙江（景宁、古田山、开化、龙泉）、江西。

24. **红线拟隐脉叶蝉（红缘拟隐脉叶蝉）** *Pseudonirvana rufolineata* Kuoh

分布：中国浙江（景宁、古田山、开化、云和、龙泉）、江西、陕西、湖北、湖南、广西。

25. **黑环角顶叶蝉（黑环纹叶蝉）** *Recilia schmidtgeni*（Wagner）

分布：中国浙江（景宁、天目山、百山祖）、河北、湖北、广东；欧洲、印度、斯里兰卡。

26. **横带叶蝉** *Scaphoideus festivus* Matsumura

寄主：水稻、柑橘、茶。

分布：中国浙江（景宁、龙王山、天目山、百山祖）、河南、陕西、湖南、福建、台湾、广东、海南、四川、贵州、云南；朝鲜、日本、印度、斯里兰卡。

27. **黑尾大叶蝉** *Tettigoniella ferruginea*（Fabgricius）

寄主：桑、甘蔗、大豆、玉米、茶、油茶、柑橘、梨、桃、葡萄、枇杷、月季、油桐、竹。

分布：中国浙江（景宁、湖州、长兴、安吉、嘉兴、杭州、临安、建德、淳安、诸暨、新昌、镇海、三门、金华、天台、仙居、临海、黄岩、温岭、玉环、开化、丽水、缙云、遂昌、龙泉、庆元）、黑龙江、吉林、辽宁、内蒙古、山东、河南、江苏、安徽、湖北、湖南、台湾、广东、四川；朝鲜、日本、缅甸、菲律宾、印度尼西亚、印度、非洲南部。

28. **凹片叶蝉** *Thagria fossa* Nielson

分布：中国浙江（景宁、百山祖）、河南、江西、湖南、福建、广东、四川、贵州、云南；缅甸。

29. 白边宽额叶蝉 *Usuiranus limbifer* (Matsumura)

寄主：禾本科。

分布：中国浙江（景宁、龙王山、天目山、百山祖）、河南、陕西、贵州；朝鲜、日本。

30. 纵带尖头叶蝉 *Yanocephalus yanonis* (Matsumura)

寄主：葛藤、大豆、水稻。

分布：中国浙江（景宁、天目山、百山祖）、山东、河南、安徽、福建、重庆、四川、贵州；朝鲜、日本。

（十）角蝉科 Membracidae

袁向群、胡凯、袁锋（西北农林科技大学）

1. 油桐三刺角蝉 *Tricentrus aleuritis* Chou

寄主：油桐。

分布：中国浙江（景宁、莫干山、瑞安、庆元）。

2. 撒矛角蝉 *Leptobelus sauteri* Schumacher

分布：中国浙江、江西、福建、安徽。

（十一）蜡蝉科 Fulgoridae

王文倩、徐思龙、秦道正（西北农林科技大学）

斑衣蜡蝉 *Lycorma delicatula* (White, 1845)

寄主：臭椿、苦楝、花椒等；葡萄、梨、桃、猕猴桃、大豆、洋槐、女贞、合欢、樱花、海棠等。

分布：中国浙江、辽宁、河北、北京、陕西、山西、河南、山东、江苏、安徽、湖北、福建、台湾、广东、四川、云南；日本、越南、印度。

（十二）木虱科 Psyllidae

罗心宇、李法圣、彩万志（中国农业大学）

1. 带斑木虱 *Aphalara fasciata* Kuwayama

寄主：蓼、马尾松。

分布：中国浙江（景宁、百山祖）、辽宁、安徽、湖北、湖南、福建、广东、广西；韩国、日本。

2. 柑橘木虱 *Diaphorina citri* Kuwayama

寄主：芸香。

分布：中国浙江（景宁、温岭、丽水、缙云、松阳、青田、云和、庆元、温州、乐清、永嘉、瑞安、文成、平阳、苍南、泰顺），另外，广布于我国柑橘栽培地区。

蚜总科 Aphidoidea

姜立云、陈静、乔格侠（中国科学院动物研究所）

（十三）瘿绵蚜科 Pemphigidae

角倍蚜（五倍子蚜）*Schlectendalia chinensis*（Bell）

寄主：盐肤木、葡灯藓、提灯藓。

分布：中国浙江（景宁、天目山、桐乡、临安、建德、淳安、仙居、庆元）、河南、陕西、江苏、安徽、湖北、江西、湖南、福建、台湾、广东、广西、四川、贵州、云南；日本、朝鲜。

（十四）群蚜科 Thelaxeridae

枫杨刻蚜 *Kurisakia onigurumi*（Shinji）

寄主：枫杨。

分布：中国浙江（景宁、百山祖、安吉、海宁、杭州、余杭、临安、富阳、建德、淳安）、河北、山东、河南、北京、江苏、湖北、湖南；朝鲜、日本。

（十五）毛管蚜科 Greenideidae

1. 松大蚜 *Cinara pinea* Mordwiko

寄主：马尾松、黑松。

分布：中国浙江（景宁、三门、浦江、永康、天台、仙居、临海、黄岩、温岭、玉环、缙云、龙泉、温州）。

2. 柏大蚜 *Cinara tujafilina*（Del Guercio）

寄主：侧柏、金钟柏、铅笔柏。

分布：中国浙江（景宁、天目山、百山祖、杭州）、吉林、辽宁、北京、宁夏、河北、山东、河南、陕西、江苏、湖北、江西、福建、台湾、广东、海南、广西、四川、云南、贵州；马来西亚、朝鲜、日本、尼泊尔、巴基斯坦、土耳其、欧洲、大洋洲、非洲、北美洲。

3. 板栗大蚜 *Lachnus tropicalis*（van der Goot）

寄主：板栗、白栎、麻栎。

分布：中国浙江（景宁、百山祖、临安）、吉林、辽宁、河北、江苏、江西、台湾；朝鲜、日本、马来西亚。

4. 柳瘤大蚜 *Tuberolachnus salignus*（Gmelin）

寄主：柳。

分布：中国浙江（景宁、天目山、百山祖、杭州、富阳、桐庐、建德、绍兴）、吉林、辽宁、内蒙古、北京、河北、山东、河南、陕西、宁夏、江苏、上海、福建、台湾、云南、西藏；朝鲜、日本、印度、伊拉克、黎巴嫩、以色列、土耳其、欧洲、非洲、美洲。

（十六）斑蚜科 Callaphididae

1. 厚朴新丽斑蚜 *Neocalaphis magnolicolens* Takahashi

分布：中国浙江（景宁、丽水、遂昌、松阳、云和、龙泉）。

2. 痣侧棘斑蚜 *Tuberculatus stimatus*（Matsumura）

寄主：栎。

分布：中国浙江（景宁、江山、庆元）、江西、台湾；朝鲜、日本。

（十七）蚜科 Aphididae

1. 豆蚜 *Aphis craccivora* Koch

寄主：蚕豆、苕子、苜蓿。

分布：中国浙江（景宁、龙王山、百山祖、嘉兴、杭州、临安、慈溪、定海、金华、天台、丽水、温州）；世界广布。

2. 柳蚜 *Aphis farinosa* Gmelin

寄主：柳。

分布：中国浙江（景宁、百山祖）、辽宁、河北、山东、河南、江西、台湾；朝鲜、日本、印度尼西亚、亚洲中部、欧洲、北美洲。

3. 大豆蚜 *Aphis glycines* Matsumura

寄主：鼠李、大豆、黑豆。

分布：中国浙江（景宁、天目山、百山祖）、黑龙江、吉林、辽宁、内蒙古、北京、河北、山西、山东、河南、宁夏、台湾、广东；朝鲜、日本、泰国、马来西亚。

4. 棉蚜 *Aphis gossypii* Glover

寄主：石榴、花椒、木槿、棉、瓜类。

分布：中国浙江（景宁、莫干山、杭州、百山祖）；世界广布。

5. 桃粉大尾蚜 *Hyalopterus amygdali*（Blanchard）

寄主：桃、李、榆叶梅。

分布：中国浙江（景宁、百山祖）、黑龙江、吉林、辽宁、内蒙古、北京、天津、河北、山西、山东、江苏、上海、安徽、江西、福建；欧洲。

6. 麦长管蚜 *Macrosiphum avenae*（Fabricius）

寄主：稻、麦、玉米、牛繁缕、荠菜。

分布：中国浙江（景宁、嘉兴、平湖、杭州、余杭、临安、桐庐、绍兴、宁波、定海、普陀、金华、磐安、开化、江山、丽水、松阳、庆元、乐清、苍南）。

7. 玫瑰蚜 *Macrosiphum rosae*（Linnaeus）

寄生：蔷薇。

分布：中国浙江（景宁、百山祖）、辽宁、福建、台湾、四川；日本、印度、澳大利亚、欧洲、非洲、北美洲。

8. 菝葜黑长管蚜 *Macrosiphum smlacifoliae* Takahashi

寄主：菝葜。

分布：中国浙江（景宁、湖州、长兴、金华、开化、庆元、丽水、江山）、江苏、福建、台湾、广东；日本。

9. 菊小长管蚜 *Macrosiphoniella sanborni*（Gillette）

寄主：菊、野菊。

分布：中国浙江（景宁、嘉兴、平湖、杭州、天目山、建德、淳安、宁波、绍兴、定海、临海、丽水、云和、温州、百山祖）、辽宁、北京、河北、山东、河南、江苏、湖南、福建、台湾、广东；世界广布。

10. 山楂圆瘤蚜 *Ovatus crataegarius*（Walker）

寄主：山楂、苹果、海棠、木瓜、薄荷。

分布：中国浙江（景宁、临安、兰溪、庆元）、北京、河北、辽宁、江苏、台湾；朝鲜、日本、印度、欧洲、北美。

11. 玉米蚜 *Rhopalosiphum maidis*（Fitch）

寄主：玉米、高粱、粟、稗、小麦、大麦、燕麦、狗尾草。

分布：中国浙江（景宁、百山祖、嘉兴、嘉善、杭州、临安、富阳、定海、普陀）；世界广布。

12. 莲缢管蚜 *Rhopalosiphum nymphaeae*（Linnaeus）

寄主：桃、李、梅、莲、川泽泻。

分布：中国浙江（景宁、天目山、百山祖）、吉林、辽宁、河北、山东、宁夏、江苏、湖北、江西、湖南、福建、台湾、广东；朝鲜、日本、印度、印度尼西亚、新西兰、欧洲、美洲、非洲、南美洲、北美洲。

13. 禾谷缢管蚜 *Rhopalosiphum padi*（Linnaeus）

寄主：稠李、桃、李、榆叶梅、玉米、高粱、小麦、大麦、水稻。

分布：中国浙江（景宁、百山祖）及全国各地广布；朝鲜、日本、约旦、新西兰、欧洲、北美洲、埃及。

14. 梨二叉蚜 *Schizaphis piricola*（Matsumura）

寄主：梨。

分布：中国浙江（景宁、百山祖）、吉林、辽宁、河北、山东、河南、江苏、台湾；朝鲜、日本、印度。

15. 胡萝卜微管蚜 *Semiaphis heraclei*（Takahashi）

寄主：黄花忍冬、金银花、金银木、芹菜、茴香、香菜、胡萝卜、当归。

分布：中国浙江（景宁、百山祖）、吉林、辽宁、北京、河北、山东、河南、湖北、湖南、福建、台湾、云南；朝鲜、日本、印度、印度尼西亚、夏威夷群岛。

16. 桔二叉蚜 *Toxoptera aurautii*（Boyer de Fonscolombe）

寄主：柑橘、柚、构骨、茶、山茶。

分布：中国浙江（景宁、天目山、百山祖）、山东、江苏、湖南、台湾、广东、广西、云南等；亚洲南部、欧洲南部、大洋洲、北美洲、拉丁美洲、非洲中北部。

17. 桔声蚜 *Toxoptera citricidus*（Kirkaldy）

寄主：柑橘、构橘、柚、枳、花椒、柘、檫、梨、黄杨。

分布：中国浙江（景宁、百山祖）、山东、江苏、江西、湖南、台湾、广东、广西、云南；日本、印度尼西亚、欧洲南部、非洲中北部、大洋洲、美洲。

18. 芒果声蚜（芒果蚜） *Toxoptera odinae*（van der Goot）

寄主：梨、柑橘、无花果、漆树、乌桕、海桐、何首乌、五加、橄榄、重阳木。

分布：中国浙江（景宁、百山祖）、河北、山东、江苏、湖北、江西、湖南、福建、台湾、广东、云南；朝鲜、日本、印度、印度尼西亚。

19. 莴苣指管蚜 *Uroleucon formosanum*（Takahashi）

寄主：莴苣、苦菜。

分布：中国浙江（景宁、百山祖）、吉林、河北、山东、江苏、江西、福建、台湾、广东、广西；朝鲜、日本。

（十八）粉虱科 Aleyrodidae

闫凤鸣（河南农业大学）

1. 黑刺粉虱 *Aleurocanthus spintferus*（Quaintance）

寄主：柑橘、葡萄、梨、柿、枇杷、柳、枫、茶、油茶、板栗、栀子、樟、枫杨。

分布：中国浙江（景宁、杭州、慈溪、镇海、台州、黄岩、衢州、丽水、温州）、江西、河南、江苏、湖南、福建、广西；日本、南洋、印度群岛。

2. 野牡丹棒粉虱 *Aleuroclava melastomae*（Takahashi，1934）

分布：中国浙江（景宁、古田山湿地）、湖北、广西、台湾。

蚧总科

冯纪年、牛敏敏、刘荻（西北农林科技大学）

（十九）珠蚧科 Margarodidae

吹绵蚧（澳洲吹绵蚧） *Icerya purchasi* Maskell

寄主：山茶科、本樨科、天南星科、松科、杉科、相思树、木豆、柿、柑橘、合欢、油桐、油茶、重阳木、檫、马尾松、葡萄、梨。

分布：中国浙江（景宁、龙王山、天目山、百山祖、杭州、余杭、萧山、富阳、建德、宁波、镇海、奉化、仙居、临海、黄岩、温岭、衢州、开化、常山、丽水、缙云、温州），黑龙江、内蒙古、辽宁、甘肃、青海、宁夏、新疆、河北、山西、山东、河南、陕西、江苏、安徽、湖北、江西、湖南、福建、台湾、广东、海南、广西、四川、云南；缅甸、巴基斯坦、越南、老挝、柬埔寨、朝鲜、日本、菲律宾、印度、印度尼西亚、欧洲、大洋洲、非洲、斯里兰卡、北美洲、南美洲。

（二十）镣蚧科 Asterolecaniidae

藤壶镣蚧（日本壶镣蚧）*Asterococcus muratae*（Kuwana）

寄主：茶、柑橘、梨、葡萄、枇杷。

分布：中国浙江（景宁、松阳）。

（二十一）蜡蚧科 Coccidae

1. 角蜡蚧 *Ceroplastes ceriferus*（Anderson）

寄主：油杉、木槿、山茶、茶、油茶、女贞、马尾松、樟、板栗、桑、松、柳、柿。

分布：中国浙江（景宁、龙王山、百山祖、嘉兴、杭州、临安、富阳、宁波、临海、黄岩），山东、河南、江苏、安徽、湖北、江西、湖南、广西、广东、四川、贵州、云南。

2. 龟蜡蚧 *Ceroplastes floridensis* Comstock

寄主：山茶、油茶、茶、枫香、樟、柿、冬青、月桂、柑橘。

分布：中国浙江（景宁、百山祖、临海、黄岩、丽水），河北、山东、江苏、安徽、湖北、江西、湖南、福建、台湾、广东、广西、四川、云南；印度、马来西亚、斯里兰卡、巴基斯坦、伊朗、土耳其、澳大利亚、埃及、法国、美国。

3. 日本蜡蚧（日本龟蜡蚧）*Ceroplastes japonicus* Green

寄主：木莲、木兰、白兰、李、梅、山茶、悬铃木、黄杨、柑橘、桑、柿、茶、油茶、杉、乌桕。

分布：中国浙江（景宁、龙王山、莫干山、百山祖、杭州、奉化、金华、仙居、临海、衢州、丽水），甘肃、河北、山西、山东、河南、陕西、江苏、安徽、湖北、江西、湖南、福建、广东、广西、四川、贵州；俄罗斯、日本。

4. 白蜡蚧（白蜡虫）*Ericerus pela*（Chavannes）

寄主：冬青、漆树、木槿、白蜡树、女贞。

分布：中国浙江（景宁、龙王山、莫干山、杭州、天目山、百山祖、金华），山东、陕西、江苏、辽宁、湖北、江西、湖南、福建、广东、广西、四川、贵州、云南；朝鲜、日本、欧洲。

5. 日本卷毛蜡蚧 *Metaceronema japonica*（Maskell）

寄主：茶、油茶、枵木、蔷薇、柑橘、冬青、山矾、猫儿刺。

分布：中国浙江（景宁、百山祖、宁海、金华、永康、常山、丽水、缙云、遂昌、青田、云和、龙泉）、江西、湖南、台湾、四川、贵州、云南；日本。

（二十二）盾蚧科 Diaspididae

1. 椰圆盾蚧 *Aspidiotus destructor* Signoret

寄主：柑橘、茶、木瓜、棕榈、山茶、朴、葡萄、枇杷、大叶黄杨。

分布：中国浙江（景宁、百山祖、杭州、临海）、辽宁、河北、山西、山东、河南、陕西、湖北、江西、湖南、福建、台湾、广东、广西、四川、贵州、云南；俄罗斯、日本、印度、斯里兰卡、菲律宾、印度尼西亚、澳大利亚、欧洲、非洲、美洲。

2. 长蛎盾蚧 *Insulaspis gloverii*（Packard）

寄主：木兰、桉、柳、茶、棕榈、黄杨、玉兰、珠兰、石榴。

分布：中国浙江（景宁、百山祖、杭州、临安、萧山、金华、临海、衢州、开化、常山）、辽宁、河北、山东、江苏、湖北、江西、湖南、福建、台湾、四川、云南；日本、缅甸、印度、斯里兰卡、伊朗、以色列、土耳其、澳大利亚、欧洲、非洲、美洲。

3. 长白盾蚧 *Lopholecaspis japonica* Cockerell

寄主：茶、槭、油茶、黄杨。

分布：中国浙江（景宁、龙王山、杭州、余杭、慈溪、金华、临海、常山、丽水、龙泉）、辽宁、河北、山西、山东、河南、江苏、湖北、江西、福建、台湾、广东、广西、四川；日本。

4. 糠片盾蚧 *Parlatoria pergandii* Comstock

寄主：柑橘、墨兰、枵木、珍珠莲、榕、桂花、山茶。

分布：中国浙江（景宁、百山祖、杭州、三门、天台、仙居、临海、黄岩、温岭、玉环、丽水、温州）、辽宁、青海、河北、山西、山东、河南、陕西、江苏、安徽、湖北、湖南、福建、台湾、广东、广西、四川、云南；俄罗斯、日本、印度、菲律宾、叙利亚、土耳其、澳大利亚、新西兰、欧洲、非洲、美洲。

5. 黑片盾蚧 *Parlatoria zizyphus*（Lucas）

寄主：柑橘、代代花、枣、柠檬、茶、女贞。

分布：中国浙江（景宁、百山祖、杭州、余杭、余姚、临海、黄岩、丽水）、江苏、福建、广东。

6. 考氏白盾蚧（广菲盾蚧） *Pseudaulacaspis cockerelli* (Cooley)

寄主：山茶、油茶、夜合欢。

分布：中国浙江（景宁、百山祖、遂昌、松阳、龙泉）；俄罗斯、东亚其他国家、斯里兰卡、美国（旧金山、夏威夷群岛）、大洋洲、南非。

7. 蛇眼臀网盾蚧（蛇目网圆蚧） *Pseudaonidia duplex* (Cockerell)

寄主：樟、含笑、茶、桂花、紫楠、柿。

分布：中国浙江（景宁、黄岩、丽水、百山祖）、河北、山东、河南、陕西、江苏、湖北、江西、湖南、福建、台湾、广东、广西、四川、贵州、云南；俄罗斯、日本、印度、斯里兰卡、美国、阿根廷。

8. 桑盾蚧（桑白盾蚧） *Pseudaulacaspis pentagona* (Targioni-Tozzetti)

寄主：苏铁、银杏、棕榈、柳、李、杏、朴、榆、桑、茶、山茶、柑橘、桃、梅、梨、白蜡树、胡桃、葡萄、乌桕、胡桃、泡桐、酸橙、醋栗。

分布：中国浙江（景宁、天目山、百山祖、嘉兴、平湖、桐乡、海盐、杭州、临安、宁波、临海、松阳、庆元）、黑龙江、吉林、辽宁、内蒙古、河北、山西、山东、河南、陕西、新疆、江苏、安徽、湖北、江西、甘肃、宁夏、湖南、福建、台湾、广东、广西、四川、云南、西藏、香港；日本、印度、新加坡、斯里兰卡、叙利亚、以色列、土耳其、澳大利亚、新西兰、欧洲、美洲、非洲。

9. 矢尖盾蚧 *Unaspis yanonensis* (Kuwana)

寄主：松、杉、油茶。

分布：中国浙江（景宁、龙王山、百山祖、杭州、临海、衢州、常山、丽水、温州）、河北、山西、山东、河南、甘肃、陕西、江苏、湖北、江西、湖南、福建、广东、广西、四川、贵州、云南；日本、印度、大洋洲、北美洲。

（二十三）尺蝽科 Hydrometridae

王瑞、刘国卿

丝尺蝽 *Hydrometra albolineata* Scott

寄主：稻飞虱、蚜、叶蝉。

分布：中国浙江（景宁、龙泉）。

(二十四) 划蝽科 Corixidae

谢桐音、刘国卿

江崎烁划蝽 *Sigara esakii* Lundblad

分布：中国浙江（景宁、百山祖）、山西、陕西、江西、湖南、福建、四川、贵州、云南。

(二十五) 蝎蝽科 Nepidae

谢桐音、刘国卿

1. 小螳蝎蝽 *Ranatra unicolor* Scott

分布：中国浙江（景宁、龙王山、天目山、龙泉）、河南、陕西、安徽、湖北、江西、湖南、福建、台湾、广东、海南、广西、四川、贵州、云南、西藏。

2. 卵圆蝎蝽 *Nepa chinensis* Hoffman

分布：中国浙江、辽宁、河北、江苏、江西、山东、湖北、湖南。

(二十六) 负子蝽科 Belostomatidae

谢桐音、刘国卿

负子蝽 *Sphaerodema rustica* Fabricius

分布：中国浙江、辽宁、河北、山西、江苏、湖北、湖南、安徽、福建、江西、广东、四川；缅甸、孟加拉国、斯里兰卡、菲律宾、印度尼西亚、大洋洲。

(二十七) 猎蝽科 Reduviidae

任树芝

1. 艳腹壮猎蝽 *Biasticus confusus* Hsiao

分布：中国浙江（景宁、临安、天目山、建德、遂昌、庆元）。

2. 黑哎猎蝽 *Ectomocoris atrox* Stal

寄主：多种昆虫。

分布：中国浙江（景宁、嵊州、义乌、天台、龙泉）。

3. 黑光猎蝽 *Ectrychotes andreae* （Thunberg）

寄主：多种昆虫。

分布：中国浙江（景宁、莫干山、天目山、百山祖、杭州、淳安、上虞、新昌、鄞州、余姚、镇海、开化、泰顺）、辽宁、河北、甘肃、江苏、湖北、湖南、福建、广东、海南、广西、四川、云南；朝鲜、日本。

4. 彩纹猎蝽 *Euagoras plagiatus* Burmeiter

寄主：蚜等小型昆虫。

分布：中国浙江（景宁、天目山、庆元、遂昌、开化）、江苏、江西、福建、广东、广西、云南；朝鲜、越南、印度尼西亚、斯里兰卡、菲律宾、缅甸、印度。

5. 红彩真猎蝽 *Harpactor fuscipes* （Fabricius）

寄主：同翅目、鳞翅目、稻蛛缘蝽、稻大蛛缘蝽。

分布：中国浙江（景宁、百山祖、建德、鄞州、余姚、镇海、宁海、象山、三门、普陀、东阳、永康、天台、仙居、临海、黄岩、温岭、玉环、遂昌、庆元、温州、洞头、泰顺）、江苏、江西、湖南、福建、台湾、广东、海南、广西、四川、云南、西藏；日本、越南、老挝、泰国、印度尼西亚、缅甸、印度、斯里兰卡。

6. 云斑真猎蝽 *Harpactor incertus* （Distant）

寄主：蛾、蝶。

分布：中国浙江（景宁、莫干山、古田山、百山祖）、陕西、江苏、安徽、湖北、江西、福建、四川、湖南；日本。

7. 环足普猎蝽 *Oncocephalus annulipes* Stål

分布：中国浙江（景宁、四明山、临安、建德、余姚、庆元）。

8. 粗股普猎蝽 *Oncocephalus impudicus* Reuter

分布：中国浙江（景宁、天目山、古田山、龙泉）、江西、福建、广东、海南、云南、贵州；越南、缅甸、印度、斯里兰卡、印度尼西亚。

9. 日月盗猎蝽（日月猎蝽、穹纹盗猎蝽）*Pirates arcuatus* （Stål）

寄主：多种昆虫。

分布：中国浙江（景宁、长兴、临安、桐庐、淳安、慈溪、余姚、定海、天台、仙居、临海、温岭、丽水、缙云、遂昌、龙泉、庆元、永嘉）、江苏、福建、湖北、江西、湖南、台湾、广东、广西、四川、云南；日本、越南、缅甸、印度尼西亚、印度、巴基斯坦、斯里兰卡、菲律宾。

10. 半黄足猎蝽 *Sirthenea dimidiata* Horvath

寄主：鳞翅目。

分布：中国浙江（景宁、莫干山、天目山、四明山、长兴、德清、余杭、新昌、宁波、普陀、天台、缙云、云和、龙泉）。

11. 黄足猎蝽 *Sirthenea flavipes*（Stål）

寄主：蚜、叶蝉、叶甲、象甲、蝽、卷叶虫。

分布：中国浙江、江苏、安徽、福建、湖北、江西、湖南、广东、广西、四川、云南、台湾；日本、越南、马来西亚、印度尼西亚、菲律宾、斯里兰卡、印度。

12. 环斑猛猎蝽 *Sphedanolestes impressicollis*（Stål）

寄主：竹织叶野螟、同翅目。

分布：中国浙江、河北、山东、河南、陕西、江苏、安徽、湖北、江西、湖南、福建、台湾、广东、广西、四川、贵州、云南；朝鲜、日本、印度、越南。

13. 赤腹猛猎蝽 *Sphedanolestes pubinotum* Reuter

分布：中国浙江（景宁、莫干山、古田山、遂昌、庆元）、福建、广东、广西、四川、贵州、云南、西藏；缅甸、印度、马来西亚、印度尼西亚。

（二十八）盲蝽科 Miridae

1. 东亚丽盲蝽 *Apolygus nigritulus*（Linnavuori）

分布：中国浙江（景宁、百山祖）、福建、广东、广西、四川、云南；日本。

2. 斯氏后丽盲蝽 *Apolygus spinolae*（Meyer）

分布：中国浙江（景宁、百山祖）、宁夏、甘肃、河北、山西、山东、河南、陕西、湖北、广东、四川；日本、欧洲、埃及、阿尔及利亚。

3. 狭领纹唇盲蝽 *Charagochilus angusticollis* Linnavuori

寄主：狼把草、枣、蓼、茴香。

分布：中国浙江（景宁、龙王山、天目山、百山祖、杭州）、河北、山西、河南、陕西、安徽、江西、福建、广东、海南、广西、四川、贵州、云南；俄罗斯、朝鲜、日本。

4. 花肢秀盲蝽 *Creontiades coloripes* Hsiao

分布：中国浙江（景宁、百山祖）、河北、山东、河南、湖北、湖南、福建、广东、广西。

5. 黑肩绿盔盲蝽（黑肩绿盲蝽） *Cyrtorrhinus lividipennis* Reuter

寄主：叶蝉、飞虱。

分布：中国浙江（景宁、龙王山、百山祖）、河北、河南、江苏、安徽、湖北、江西、湖南、广东、广西、福建、海南、四川、贵州、云南、台湾；日本、东洋区。

6. 大长盲蝽 *Dolichomiris antennatis* (Distant)

分布：中国浙江（景宁、百山祖）、宁夏、陕西、湖北、江西、湖南、福建、广东、四川、云南；印度。

7. 跃盲蝽（甘薯跃盲蝽） *Ectmetopterus micantulus* (Horvath)

分布：中国浙江（景宁、百山祖）、陕西、河北、河南、江苏、安徽、广西、甘肃、湖北、湖南、四川、福建；日本。

8. 灰黄厚盲蝽 *Eurystulus luteus* Hsiao

分布：中国浙江（景宁、龙王山、百山祖）、安徽、江西、福建、广东、海南、四川、云南；朝鲜。

9. 明翅盲蝽 *Isabel ravana* (Kirby)

分布：中国浙江（景宁、百山祖）、江西、广东、广西、四川、贵州；缅甸、斯里兰卡。

10. 原丽盲蝽 *Lygocoris pabulinus* (Linnaeus)

分布：中国浙江（景宁、百山祖）、河北、河南、甘肃、陕西、湖北、台湾、四川、云南、西藏；朝鲜、日本、印度、斯里兰卡、菲律宾、欧洲、北美洲。

11. 蕨薇盲蝽 *Monalocoris filicis* (Linnaeus)

分布：中国浙江（景宁、百山祖）、黑龙江、安徽、陕西、江西、广东、福建、四川、贵州、云南；俄罗斯（西伯利亚）、日本、朝鲜、马里亚纳群岛、瑞典、丹麦、德国、意大利、法国、英国、亚速尔群岛、古巴。

12. 烟草盲蝽 *Nesidiocoris tenuis* Reuter

寄主：烟草、芝麻、棉、大豆、水茄、泡桐、辣椒、番茄。

分布：中国浙江（景宁、百山祖、平湖、杭州、临安、萧山、绍兴、宁波、慈溪、余姚、定海、金华、开化）、内蒙古、河北、天津、山西、陕西、湖南、江苏、江西、云南、福建、广东、海南、广西、甘肃、山东、河南、湖北、四川；世界各地。

13. 乌毛盲蝽 *Parapantilius thibetanus* Reuter

分布：中国浙江（景宁、百山祖）、宁夏、甘肃、陕西、湖北、湖南、四川、福建。

14. 马来喙盲蝽 *Proboscidocoris malayus*（Reuter）

分布：中国浙江（景宁、龙王山、百山祖）、安徽、湖北、江西、湖南、福建、台湾、广东、海南、广西、四川、云南；菲律宾、印度尼西亚、太平洋岛屿。

15. 山地狭盲蝽 *Stenodema alpestre* Reuter

分布：中国浙江（景宁、龙王山、百山祖）、陕西、湖北、江西、福建、四川。

16. 淡色泰盲蝽 *Taylorilygus pallidulus*（Blanchard）

分布：中国浙江（景宁、百山祖）、江西、湖南、福建、广东、海南、广西、云南；日本、印度、斯里兰卡、爪哇岛、菲律宾、欧洲、大洋洲、非洲、北美洲、南美洲。

（二十九）网蝽科 Tingidae

李传仁

1. 膜肩网蝽 *Hegesidemus habrus* Drake

分布：中国浙江（景宁、百山祖）、甘肃、河北、山西、河南、陕西、湖北、江西、广东、四川。

2. 斑脊冠网蝽 *Stephanitis aperta* Horvath

寄主：樟。

分布：中国浙江（景宁、云和、龙泉、庆元）、江西、台湾。

3. 梨冠网蝽（梨网蝽） *Stephanitis nashi* Esaki *et* Takeya

寄主：梨、苹果、李、樱桃、山楂、桃、海棠、枣。

分布：中国浙江（景宁、湖州、安吉、德清、嘉兴、嘉善、桐乡、杭州、余杭、临安、富阳、建德、余姚、奉化、常山、温州、丽水、龙泉）、吉林、辽宁、北京、河北、山西、山东、河南、甘肃、陕西、江苏、安徽、湖北、江西、湖南、福建、广东、广西、四川、贵州、云南；日本、朝鲜。

4. 硕裸菊网蝽 *Tingis veteris* Drake

寄主：飞帘、蓟。

分布：中国浙江（景宁、龙王山、天目山、百山祖）、内蒙古、陕西、江苏、湖北、福建、台湾、四川；日本、俄罗斯。

（三十）姬蝽科 Nabidae

叶填、任树芝

小翅姬蝽 *Nabis apicalis*（Matsumura）

分布：中国浙江（景宁、天目山、百山祖）、湖北、江西、福建、广东、广西、四川、贵州；韩国、朝鲜、日本。

（三十一）花蝽科 Anthocoridae

卜文俊、张丹丽

1. 黑头叉胸花蝽 *Amphiareus obscuriceps*（Poppius）

分布：中国浙江（景宁、百山祖）、辽宁、河北、山东、河南、陕西、江苏、福建、台湾、广东、海南、四川、云南；俄罗斯（远东地区）、朝鲜、日本。

2. 黄褐刺花蝽 *Physopleurella armata* Poppius

分布：中国浙江（景宁、百山祖）、江苏、台湾、海南；日本、新几内亚。

（三十二）束蝽科 Colobathristidae

高翠青、卜文俊

1. 黑褐微长蝽 *Botocudo flavicornis*（Signoret）

分布：中国浙江（景宁、龙王山、百山祖）、湖北、福建、四川、云南；菲律宾、印度尼西亚、太平洋岛屿。

2. 高粱狭长蝽 *Dimorphopterus japonicus*（Hidaka）

分布：中国浙江（景宁、百山祖）、吉林、辽宁、内蒙古、山东、江西、湖南、福建、广东、四川；日本，欧洲。

3. 白边刺胫长蝽 *Horridipamera lateralis*（Scott）

分布：中国浙江（景宁、龙王山、百山祖）、河北、湖北、江西、广西；日本。

4. 东亚毛肩长蝽 *Neolethaeus dallasi* (Scott)

分布：中国浙江（景宁、龙王山、天目山、四明山、百山祖、鄞州、定海、天台）、河北、山西、山东、江苏、湖北、江西、福建、台湾、广东、广西、四川；日本。

5. 黄足蔺长蝽 *Ninomimus flavipes* (Matsumura)

分布：中国浙江（景宁、天目山、百山祖）、湖北、江西、广西、四川；俄罗斯（远东地区）、日本。

6. 长须梭长蝽 *Pachygrontha autennata antennata* (Uhler)

寄主：大豆、油菜、狗尾草、稗。

分布：中国浙江（景宁、莫干山、天目山、百山祖、金华、龙泉）、河北、山东、江苏、安徽、江西、湖北、湖南、广西、福建；日本。

7. 短须梭长蝽 *Pachygrontha autennata nigriventris* Reuter

分布：中国浙江（景宁、杭州、百山祖）、江苏、湖北、四川；俄罗斯（西伯利亚）、日本。

8. 拟黄纹梭长蝽 *Pachygrontha similis* Uhler

分布：中国浙江（景宁、龙王山、百山祖）、湖北、福建、广西、四川；日本。

9. 斑翅细长蝽 *Paromius excelsus* Bergroth

分布：中国浙江（景宁、百山祖）、福建、广东、海南、广西、四川、云南；菲律宾。

10. 中国斑长蝽 *Scolopstethus chinensis* Zheng

分布：中国浙江（景宁、百山祖）、河北、湖北、江西、四川、云南。

11. 杉木扁长蝽 *Sinorsillus piliferus* Usinger

寄主：杉。

分布：中国浙江（景宁、莫干山、百山祖）、湖北、福建、广东、广西、四川。

12. 小浅缢长蝽 *Stigmatonotum geniculatum* (Motschulsky)

分布：中国浙江（景宁、百山祖）、湖北、湖南、福建、广东、云南；日本。

13. 山地浅缢长蝽 *Stigmatonotum rufipes* (Motschulsky)

分布：中国浙江（景宁、百山祖）、黑龙江、湖北、四川；俄罗斯（远东地区）。

14. 红脊长蝽 *Tropidothorax elegans*（Distant）

寄主：萝摩、牛皮消、长叶冻绿、黄檀、垂柳、刺槐、花椒、小麦、油菜、千金藤、加拿大蓬。

分布：中国浙江（景宁、百山祖）、北京、天津、江苏、河北、河南、江西、台湾、广东、海南、广西、四川、云南；日本。

（三十三）束长蝽科 Malcidae

高翠青、卜文俊

1. 平伸突眼长蝽 *Chauliops horizontalis* Zheng

寄主：豆科。

分布：中国浙江（景宁、天目山、百山祖、临安）、福建、广东、广西。

2. 狭长束长蝽 *Malcus elongatus* Stys

寄主：葛藤。

分布：中国浙江（景宁、天目山、百山祖、遂昌）、江西、福建、广东、广西、云南；缅甸。

（三十四）红蝽科 Pyrrhocoridae

刘国卿

地红蝽 *Pyrrhocoris tibialis* Stal

寄主：十字花科、禾本科、冬葵。

分布：中国浙江（景宁、莫干山、百山祖、杭州、临安、宁波、嵊泗）、辽宁、内蒙古、河北、山东、江苏、西藏；朝鲜。

（三十五）蛛缘蝽科 Alydinae

朱卫兵、伊文博、张海光

中稻缘蝽（华稻缘蝽） *Leptocorisa chinensis* Dallas

寄主：玉米、水稻、粟、小麦、大麦、高粱。

分布：中国浙江（景宁、莫干山、天目山、百山祖、嘉兴、杭州、桐庐、建德、绍兴、上虞、诸暨、嵊州、新昌、镇海、宁海、金华、永康、兰溪、天台、仙居、玉环、常山、丽水、缙云、龙泉、庆元、温州、雁荡山、永嘉）、天津、江苏、安徽、江西、福建、湖北、广东、广西、云南、湖北；日本。

（三十六）缘蝽科 Coreidae

朱卫兵、伊文博、张海光

1. 点伊缘蝽 *Aeschyntelus notatus* Hsiao

寄主：小麦、粟、油菜、大豆、花生、蚕豆、茄子、野燕麦、狗尾草、稗、荠菜、高粱。

分布：中国浙江（景宁、杭州、鄞州、普陀、龙泉）、山西、江西、四川、云南、西藏、甘肃。

2. 红背安缘蝽 *Anoplocnemis phasiana* Fabricius

寄主：栎、合欢、胡枝子、紫穗槐、豆。

分布：中国浙江（景宁、莫干山、古田山、杭州、桐庐、建德、镇海、三门、定海、岱山、普陀、东阳、永康、兰溪、天台、仙居、临海、温岭、黄岩、玉环、衢州、丽水、遂昌、云和、龙泉、庆元、温州、乐清、永嘉、瑞安、洞头、文成、平阳、泰顺）、江西、福建、广东、广西、云南、西藏。

3. 大棒缘蝽 *Clavigralla tuberosa* Hsiao

分布：中国浙江（景宁、天目山、临安、龙泉）。

4. 稻棘缘蝽 *Cletus punctiger*（Dallas）

寄主：水稻、稗、麦。

分布：中国浙江（景宁、湖州、莫干山、龙王山、天目山、百山祖、杭州、临安、绍兴、诸暨、嵊州、鄞州、慈溪、余姚、奉化、宁海、象山、定海、岱山、普陀、义乌、东阳、临海、衢州、江山、常山、丽水、缙云、遂昌、庆元）、河北、山西、山东、河南、陕西、江苏、安徽、上海、湖北、江西、湖南、福建、广东、海南、广西、四川、云南、西藏；日本、印度。

5. 黑须棘缘蝽 *Cletus punctulatus*（Westwood）

寄主：蓼科、禾本科。

分布：中国浙江（景宁、龙王山、天目山、古田山、百山祖、丽水、龙泉）、江西、甘肃、福建、广东、广西、四川、云南、西藏；印度。

6. 宽棘缘蝽 *Cletus rusticus* Stal

寄主：栎、稻、麦、玉米。

分布：中国浙江（景宁、龙王山、天目山、四明山、开化、古田山、丽水、云和、庆元）、陕西、安徽、江西、湖南、台湾、贵州、云南；日本。

7. 褐奇缘蝽 *Derepteryx fulininosa*（Uhler）

寄主：蜂斗菜、悬钩子、莓叶委陵菜、水稻、麻栎、枫香、枫杨、盐肤木。

分布：中国浙江（景宁、天目山、余姚、天台、黄岩、庆元）、黑龙江、江苏、福建、江西、河南、四川、甘肃；朝鲜、日本、俄罗斯。

8. 月肩奇缘蝽 *Derepteryx lunata*（Distant）

寄主：山核桃、西南杭子梢、悬钩子、栎、柏、毛栗、苦莓、油菜。

分布：中国浙江（景宁、龙王山、天目山、四明山、百山祖、天台、丽水、遂昌）、河南、湖北、江西、四川、云南、福建。

9. 广腹同缘蝽 *Homoeocerus dilatatus* Horvath

寄主：胡枝子、大豆。

分布：中国浙江（景宁、龙王山、莫干山、天目山、百山祖、四明山、古田山、嵊州、鄞州、镇海、宁海、象山、天台、缙云、龙泉）、黑龙江、辽宁、北京、江苏、福建、吉林、河北、河南、湖北、江西、湖南、贵州、陕西、广东、四川；俄罗斯（西伯利亚）、朝鲜、日本。

10. 小点同缘蝽 *Homoeocerus marginellus* Herrich-Schaeffer

寄主：大豆、水稻、甘薯。

分布：中国浙江（景宁、莫干山、鄞州、缙云、天目山、古田山、百山祖、雁荡山）、湖北、江西、广东、四川、贵州、云南。

11. 纹须同缘蝽 *Homoeocerus striicornis* Scott

寄主：柑橘、茶、油茶、合欢、茄。

分布：中国浙江（景宁、莫干山、百山祖、雁荡山、杭州、绍兴、鄞州、慈溪、三门、金华、浦江、东阳、兰溪、仙居、衢州、遂昌、松阳）、河北、湖北、甘肃、江西、台湾、广东、四川、海南、云南；日本、印度、斯里兰卡。

12. 一点同缘蝽 *Homoeocerus unipunctatus* Thunberg

寄主：柑橘、合欢、紫径花、水稻、高粱、棉、茄科、豆科。

分布：中国浙江（景宁、龙王山、百山祖、杭州、遂昌、龙泉、庆元）、北京、河北、福建、江西、江苏、湖北、江西、湖南、台湾、广东、四川、甘肃、云南、西藏；印度、斯里兰卡、日本。

13. 暗黑缘蝽 *Hygia opaca* Uhler

寄主：柑橘、蚕豆、马尾松、南瓜、蚕豆、花椒、山莓、黄荆。

分布：中国浙江（景宁、天目山、四明山、百山祖、杭州、宁波、鄞州、奉化、岱山、普陀、天台、丽水、缙云、云和）、江苏、江西、湖南、福建、广东、广西、四川；日本。

14. 环胫黑缘蝽 *Hygia touchei* Distant

寄主：辣椒、茄。

分布：中国浙江（景宁、龙王山、松阳、龙泉）、河北、云南、湖北、江西、湖南、福建、广西、四川、贵州、西藏。

15. 闽曼缘蝽 *Manocoreus vulgaris* Hsiao

寄主：竹。

分布：中国浙江（景宁、龙王山、天目山、百山祖、鄞州、奉化）、江西、福建、广东。

16. 黑胫侏缘蝽 *Mictis fuscipes* Hsiao

寄主：蚕豆。

分布：中国浙江（景宁、天目山、庆元）、福建、江西、广东、广西、四川、云南。

17. 黄胫侏缘蝽 *Mictis serina* Dallas

寄主：闽粤石楠、蚕豆、马尾松、多花木姜子

分布：中国浙江（景宁、天目山、百山祖、余姚、镇海、奉化、象山、仙居、丽水、遂昌、松阳）、福建、江西、广东、广西、四川。

18. 曲胫侏缘蝽 *Mictis tenebrosa* Fabricius

寄主：柿、栗、黑荆树、松、算盘子、栎、苦槠、油茶、花生、拔葜、紫穗槐。

分布：中国浙江（景宁、新昌、鄞州、慈溪、镇海、宁海、象山、舟山、浦江、兰溪、缙云、遂昌、松阳、庆元、温州）、福建、江西、云南、西藏。

(三十七) 姬缘蝽科 Rhopalidae

朱卫兵、伊文博、张海光

1. 褐伊缘蝽 *Rhopalus sapporensis* (Matsumura)

分布：中国浙江（景宁、龙王山、莫干山、百山祖）、黑龙江、内蒙古、河北、山西、陕西、江苏、湖北、江西、福建、广东、广西、四川、贵州、云南、西藏；朝鲜、日本、俄罗斯。

2. 开环缘蝽 *Stictopleurus minutus* Blote

寄主：栗。

分布：中国浙江（景宁、龙王山、莫干山、天目山、百山祖、杭州、建德）、黑龙江、吉林、辽宁、内蒙古、山西、宁夏、甘肃、新疆、河北、山东、河南、陕西、江苏、湖北、江西、福建、广东、云南、台湾、四川、西藏；朝鲜、日本。

3. 大拟棒缘蝽 *Clavigralloides tuberosus* (Hsiao, 1964)

分布：中国浙江（景宁、天目山、临安、龙泉）、福建、四川、云南、西藏。

(三十八) 异蝽科 Urostylidae

1. 亮壮异蝽 *Urochela distincta* Distant

寄主：苎麻、乌桕。

分布：中国浙江（景宁、龙王山、天目山、百山祖）、山西、陕西、江西、湖南、福建、四川、贵州、云南。

2. 角突娇异蝽 *Urostylis chinai* Maa

分布：中国浙江（景宁、遂昌、云和、龙泉、庆元）、湖北、福建、台湾、四川。

(三十九) 同蝽科 Acanthosomatidae

王晓静、刘国卿

1. 宽铗同蝽 *Acanthosoma labiduroides* Jakovlev

寄主：玉米、桧柏、油杉。

分布：中国浙江（景宁、天目山、庆元）、黑龙江、北京、河北、山西、陕西、甘肃、湖北、江西、四川、云南；日本、俄罗斯（西伯利亚）。

2. 钝肩直同蝽 *Elasmostethus nubilum* （Dallas）

寄主：榆、槭。

分布：中国浙江（景宁、莫干山、百山祖）、吉林、北京、河北、山西、安徽、湖北、福建、海南、四川、广西；俄罗斯、日本。

3. 宽肩直同蝽（钝肩直同蝽） *Elasmostethus scotti* Reuter

寄主：榆、向日葵、菊芋、牛蒡、悬钩子。

分布：中国浙江（景宁、天目山、凤阳山、嘉兴、杭州、衢州、龙泉）、湖北、福建、广东、广西；日本。

4. 背匙同蝽 *Elasmucha dorsalis* Jakovlev

寄主：圆锥绣球。

分布：中国浙江（景宁、龙王山、天目山、百山祖）、辽宁、内蒙古、甘肃、河北、山西、陕西、安徽、江西、湖南、福建、贵州、广西；朝鲜、日本、俄罗斯、蒙古。

5. 锡金匙同蝽 *Elasmucha tauricornis* Jensen-Haarup

分布：中国浙江（景宁、天目山、百山祖）、安徽、湖北、四川。

6. 伊锥同蝽 *Sastragala esakii* Hasegawa

寄主：山毛榉、白栎、栗。

分布：中国浙江（景宁、莫干山、龙王山、古田山、百山祖）、河南、河北、陕西、安徽、湖南、湖北、江西、湖南、福建、台湾、广西、四川、贵州、云南；日本。

（四十）土蝽科 Cydnidae

朱耿平、刘国卿

1. 大鳖土蝽 *Adrisa magna* Uhler

寄主：狗牙根、双穗雀稗、禾本科。

分布：中国浙江（景宁、天目山、德清、杭州、余杭、余姚、普陀、龙泉）、北京、四川、江西、广东、云南；越南、缅甸、印度。

2. 侏地土蝽 *Geotomns pygmaeus* （Fabricius）

寄主：麦、豆类、花生、禾本科。

分布：中国浙江（景宁、莫干山、临安、嵊州、宁波、天台、仙居、临海、衢州、庆元）。

3. 日本朱蝽（大红蝽）*Parastrachia japonica*（Scott）

寄主：鳞翅目。

分布：中国浙江（景宁、天目山、庆元）、四川、贵州；朝鲜、日本。

（四十一）龟蝽科 Plataspidae

薛怀君、刘国卿

1. 双痣圆龟蝽 *Coptosoma biguttula* Motschulsky

寄主：大豆、刺槐、葛藤、赤豆、豇豆、刀豆、胡枝子。

分布：中国浙江（景宁、杭州、天目山、建德、淳安、鄞州、镇海、宁海、义乌、天台、开化、遂昌、龙泉、庆元、永嘉）、黑龙江、北京、山西、江西、福建、四川、西藏；朝鲜、日本。

2. 达圆龟蝽 *Coptosoma davidi* Montandon

分布：中国浙江（景宁、奉化、庆元、泰顺）、河南、江西、福建。

3. 显著圆龟蝽 *Copiosoma notabilis* Montandon

寄主：甘薯、小旋花、月光花。

分布：中国浙江（景宁、天目山、四明山、鄞州、东阳、常山、庆元）、湖北、江西、湖南、福建、贵州、西藏、广东、四川。

4. 多变圆龟蝽 *Coptosoma variegata* Herrich-schaeffer

寄主：算盘子、花椒、白栎。

分布：中国浙江（景宁、天目山、松阳、云和、庆元、温州）、山东、山西、河南、陕西、江苏、安徽、江西、湖南、福建、台湾、海南、广西、四川、贵州、云南、西藏；越南、缅甸、印度、斯里兰卡、马来西亚、印度尼西亚、泰国、东帝汶、澳大利亚、新几内亚岛。

5. 双峰豆龟蝽 *Megacopta bituminata*（Montandon）

分布：中国浙江（景宁、龙王山、天目山、百山祖）、湖北、江西、贵州、福建、广东、广西、四川、云南。

6. 和豆龟蝽 *Megacopta horvathi*（Montandon）

寄主：豇豆、云南鸡血藤、刺槐。

分布：中国浙江（景宁、天目山、百山祖、临安、丽水、庆元）、北京、河北、河南、甘肃、陕西、湖北、江西、湖南、福建、台湾、广东、广西、四川、贵州、云南、西藏；印度。

（四十二）盾蝽科 Scutelleridae

韩垚、刘国卿

1. 扁盾蝽 *Eurygaster maurus*（Linnaeus）

寄主：小麦、水稻。

分布：中国浙江（景宁、莫干山、天目山、四明山、古田山、杭州、临安、桐庐、鄞州、定海、岱山、普陀、临海、龙泉）、黑龙江、吉林、辽宁、内蒙古、河北、山西、山东、河南、宁夏、甘肃、陕西、青海、新疆、江苏、湖北、江西、湖南、福建、广东、四川；日本、欧洲、叙利亚、北非。

2. 半球盾蝽（半球宽盾蝽）*Hyperoncus lateritius*（Westwood）

寄主：鸟不踏。

分布：中国浙江（景宁、天目山、仙居、龙泉）、福建、广东、海南、广西、四川、贵州、云南、西藏；印度。

3. 油茶宽盾蝽 *Poecilocoris latus* Dallas

寄主：茶、油茶。

分布：中国浙江（景宁、杭州、青田、龙泉、温州、平阳、泰顺）、江西、湖南、福建、广东、广西、贵州、云南；越南、缅甸、印度。

（四十三）兜蝽科 Dinidoridae

梁京煜、刘国卿

1. 香虫（九香虫）*Aspongopus chinensis* Dallas

寄主：黄豆、四季豆、南瓜、丝瓜、冬瓜、柑橘、桃、竹、油桐、文旦。

分布：中国浙江（景宁、四明山、百山祖、杭州、临安、玉环、云和、龙泉、温州、永嘉、平阳、泰顺）、江苏、河南、安徽、湖北、江西、湖南、福建、台湾、广东、广西、四川、贵州、云南、西藏；越南、缅甸、印度。

2. 大皱蝽 *Cyclopelta obscura*（Lepeletier *et* Serville）

寄主：木荷、刺槐。

分布：中国浙江（景宁、天目山、古田山、百山祖、东阳、常山）、甘肃、河南、江苏、江西、福建、台湾、湖南、海南、广东、广西、四川、贵州、云南；越南、老挝、柬埔寨、缅甸、印度、马来西亚、菲律宾、印度尼西亚。

3. 小皱蝽（刺槐小皱蝽）*Cyclopelta parva* Distant

寄主：西瓜、南瓜、小槐花、扁豆、葛藤、刺槐、胡枝子、紫穗槐。

分布：中国浙江、辽宁、内蒙古、甘肃、河北、山东、河南、江苏、安徽、湖北、江西、湖南、福建、台湾、广东、四川、海南、广西、贵州、云南；缅甸、不丹。

4. 硕蝽（大臭蝽）*Eurostus validus* Dallas

寄主：桑、茶、青杠、黄荆、栗、栎、苦槠、乌桕、梨、油桐、梧桐。

分布：中国浙江、辽宁、河北、山西、山东、河南、甘肃、陕西、江苏、安徽、湖北、江西、湖南、福建、台湾、广东、海南、广西、四川、贵州、云南；老挝。

（四十四）蝽科 Pentatomidae

1. 华麦蝽 *Aelia fieberi* Scott

寄主：水稻、麦类、梨、玉米、芦苇、狗尾草、稗、牛筋草。

分布：中国浙江（景宁、莫干山、天目山、安吉、杭州、临安、宁波、奉化、嵊泗、定海、岱山、庆元）、黑龙江、吉林、辽宁、北京、山西、山东、甘肃、陕西、江苏、福建、江西、河南、湖北、湖南、四川、云南。

2. 宽缘伊蝽（秉氏蝽）*Aenaria pinchii* Yang

寄主：水稻、竹。

分布：中国浙江（景宁、龙王山、莫干山、天目山、长兴、德清、杭州、余杭、富阳、天台、古田山、庆元）、河南、江苏、安徽、湖北、江西、湖南、福建、广东、广西、四川、贵州。

3. 薄蝽（扁体蝽）*Brachymna tenuis* Stål

寄主：稻、竹。

分布：中国浙江（景宁、龙王山、莫干山、天目山、古田山、百山祖、湖州、长兴、德清、杭州、余杭、绍兴、奉化、定海、龙泉、庆元、温州）、河南、江苏、安徽、江西、湖南、福建、广东、四川、贵州、云南。

4. 胡枝子蝽（红角辉蝽）*Carbula crassiventris* Dallas

寄主：水稻、马铃薯、胡枝子。

分布：中国浙江（景宁、天目山、杭州、绍兴、义乌、庆元）、黑龙江、江苏、安徽、江西、福建、广东、四川、贵州、云南；日本、泰国、缅甸、不丹、印度。

5. 辉蝽 *Carbula obtusangula* Reuter

寄主：水稻、大豆、柳、胡枝子。

分布：中国浙江（景宁、龙王山、天目山、百山祖、杭州、建德、鄞州、余姚、镇海、宁海、象山、东阳、天台、缙云、遂昌、云和、龙泉）、北京、河北、山西、河南、陕西、甘肃、青海、安徽、湖北、江西、湖南、福建、广东、广西、四川、贵州、云南。

6. 凹肩辉蝽 *Carbula sinica* Hsiao *et* Cheng

分布：中国浙江（景宁、天目山、百山祖）、甘肃、陕西、四川。

7. 中华岱蝽 *Dalpada cinctipes* Walker

寄主：野蔷薇、楝、泡桐、油桐、栎。

分布：中国浙江（景宁、莫干山、四明山、古田山、百山祖、杭州、桐庐、嵊州、象山、余姚、江山、遂昌、松阳）、河北、河南、甘肃、陕西、江苏、安徽、江西、湖南、福建、广东、海南、广西、四川、贵州、云南。

8. 绿岱蝽（绿背蝽）*Dalpada smaragdina*（Walker）

寄主：桑、大麻、大豆、梨、油桐、油茶、茶、柑橘、梧桐。

分布：中国浙江（景宁、杭州、天目山、古田山、缙云、遂昌、龙泉）、黑龙江、甘肃、河南、陕西、江苏、安徽、湖北、江西、湖南、福建、台湾、广东、广西、四川、贵州、云南。

9. 斑须蝽（细毛蝽、斑角蝽）*Dolycoris baccarum*（Linnaeus）

寄主：棉、烟草、亚麻、桃、梨、李、山楂、柑橘、梅、杨、梓、榛、柳、玉米、大麦、高粱、水稻、豆类、芝麻、胡麻、洋麻、甜菜、草莓、栗、黄花菜、洋葱、白菜、苜蓿、萝卜、胡萝卜、小麦、泡桐。

分布：中国浙江（景宁、莫干山、天目山、古田山、百山祖、新昌、宁波、鄞州、余姚、镇海、宁海、岱山、普陀、浦江、东阳、丽水、遂昌、青田、云和、龙泉、永嘉、洞头、平阳）及全国各地广布；朝鲜、蒙古、越南、印度、克什米尔、阿拉伯、以色列、土耳其、叙利亚、伊拉克、欧洲、北非、北美。

10. 拟二星蝽 *Eysarcoris annamita*（Breddin）

寄主：稻、大麦、小麦、高粱、玉米、甘薯、大豆、芝麻、棉、花生、苋菜、茄、桑、茶、无花果、泡桐、竹、茭白。

分布：中国浙江（景宁、莫干山、龙王山、四明山、杭州、余杭、临安、建德、舟山、天台、永嘉、淳安、余姚、镇海、奉化、宁海、嵊泗、定海、东阳、开化、云和、庆元、温州），河北、山西、山东、陕西、江苏、湖北、江西、湖南、福建、台湾、广东、广西、四川、贵州、云南、西藏；朝鲜、日本、越南、缅甸、印度、斯里兰卡。

11. 麻皮蝽 *Erthesina fullo* (Thunberg)

寄主：柳、梓、合欢、大豆、四季豆、棉、桑、蓖麻、甘蔗、柑橘、梨、桃、杏、樱桃、李、枣、柿、石榴、枫香、槐、悬铃木、松。

分布：中国浙江及全国各地广布（宁夏、新疆、青海、西藏除外）；日本、缅甸、印度、斯里兰卡、阿富汗、印度尼西亚。

12. 黄蝽（稻黄蝽） *Euryaspis flavescens* Distant

寄主：小麦、水稻、玉米、大豆、绿豆、芝麻。

分布：中国浙江（景宁、莫干山、天目山、长兴、杭州、建德、绍兴、嵊州、新昌、义乌、东阳、兰溪、天台、临海、常山、丽水、庆元、平阳）、天津、河北、江苏、安徽、湖北、江西、湖南、福建、贵州；印度尼西亚。

13. 广二星蝽 *Eysarcoris ventralis* (Westwood)

分布：中国浙江（景宁、百山祖）、河北、山西、河南、陕西、湖北、江西、福建、广东、广西、贵州；日本、越南、缅甸、印度、马来西亚、菲律宾、印度尼西亚。

14. 谷蝽（虾色蝽） *Gonopsis affinis* (Uhler)

寄主：水稻、甘蔗、马尾松、杉、茶。

分布：中国浙江（景宁、莫干山、天目山、古田山、百山祖、杭州、桐庐、建德、鄞州、余姚、镇海、奉化、四明山、定海、天台、遂昌、云和、龙泉、温州）、辽宁、北京、河北、山东、河南、陕西、江苏、上海、安徽、湖北、江西、湖南、福建、广东、海南、广西、四川、贵州、云南；朝鲜、日本。

15. 玉蝽（角刺花背蝽） *Hoplistodera fergussoni* Distant

分布：中国浙江（景宁、龙王山、天目山、古田山、庆元）、陕西、湖北、湖南、福建、广西、四川、贵州、云南、西藏。

16. 红玉蝽（红花丽蝽） *Hoplistodera pulchra* Yang

分布：中国浙江（景宁、龙王山、天目山、丽水、龙泉、庆元）、甘肃、陕西、安徽、湖北、江西、湖南、福建、广东、海南、广西、四川、贵州、云南。

17. 广蝽（茼蒿蝽）*Laprius varicornis*（Dallas）

寄主：茼蒿、蒲公英。

分布：中国浙江（景宁、莫干山、百山祖、长兴、德清、杭州、定海、嵊泗、天台、常山、遂昌、龙泉、温州、永嘉、平阳）、陕西、江苏、湖北、江西、福建、广西、四川；日本、越南、缅甸、印度、菲律宾。

18. 弯角蝽 *Lelia decempunctata* Motschulsky

寄主：大豆、糖槭、胡桃楸、榆、杨、板栗、梓、黄醋栗。

分布：中国浙江（景宁、天目山、庆元）、黑龙江、吉林、辽宁、内蒙古、陕西、安徽、江西、四川、西藏；俄罗斯、日本、朝鲜。

19. 平尾梭蝽 *Megarrhamphus truncatus*（Westwood）

寄主：水稻、甘蔗、玉米。

分布：中国浙江（景宁、百山祖、丽水、平阳）、河北、江西、福建、广东、广西、云南；越南、缅甸、印度、马来西亚、印度尼西亚。

20. 紫兰曼蝽（紫蓝蝽）*Menida violacea* Motschulsky

寄主：水稻、玉米、高粱、小麦、蚕豆、油菜、榆、梨、桃、杏、栎、马铃薯。

分布：中国浙江（景宁、龙王山、天目山、百山祖、杭州、金华、丽水、缙云、遂昌、云和、龙泉、庆元、温州）、辽宁、内蒙古、河北、山东、陕西、江苏、湖北、江西、福建、广东、四川、贵州；朝鲜、日本、俄罗斯（西伯利亚东部）。

21. 稻绿蝽 *Nezara viridula*（Linnaeus）

寄主：水稻、豆。

分布：中国浙江（景宁、莫干山、天目山、四明山、古田山、百山祖、杭州、建德、绍兴、诸暨、嵊州、慈溪、余姚、奉化、定海、岱山、普陀、东阳、天台、仙居、临海、丽水、遂昌、云和、龙泉、温州、平阳）、河北、山西、河南、陕西、江苏、安徽、甘肃、湖北、江西、湖南、福建、台湾、广东、四川、海南、广西、贵州、云南、西藏；朝鲜、日本、越南、印度、缅甸、南非、委内瑞拉、圭亚那、斯里兰卡、马来西亚、菲律宾、印度尼西亚、欧洲、大洋洲。

22. 稻绿蝽全绿型 *Nezara viridula forma smaragdula*（Fabricius）

寄主：水稻、麦、玉米、豆类、马铃薯、棉、麻、花生、芝麻、烟草、甘蔗、甜菜、甘蓝、梨、柑橘。

分布：中国浙江（景宁、莫干山、天目山、百山祖、丽水、遂昌、云和、龙泉、庆元）、河北、山西、河南、陕西、江苏、安徽、湖北、江西、湖南、福建、台湾、广东、广西、四川、贵州、云南、西藏；朝鲜、日本、越南、缅甸、印度、斯里兰卡、马来西亚、菲律宾、印度尼西亚、欧洲、大洋洲、非洲、南美洲。

23. 稻绿蝽黄肩型 *Nezara viridula forma torquata* (Fabricius)

寄主：水稻、芝麻、绿豆、菜豆、樟、华山松、梧桐、桉、楝、泡桐、茶、柑橘。

分布：中国浙江（景宁、莫干山、庆元、平阳）、江西、湖南、福建、广东、广西、四川、贵州、云南。

24. 稻褐蝽（白边蝽）*Niphe elongata* (Dallas)

寄主：水稻、玉米、棉、麦、甘蔗、高粱、马唐。

分布：中国浙江（景宁、古田山、湖州、嘉兴、平湖、桐乡、海盐、海宁、杭州、余杭、临安、富阳、桐庐、建德、淳安、慈溪、金华、丽水、遂昌、庆元）、山东、河南、陕西、江苏、安徽、湖北、江西、湖南、福建、台湾、广东、四川、海南、广西、贵州、云南、西藏；日本、越南、老挝、缅甸、印度、菲律宾。

25. 碧蝽（浓绿蝽）*Palomena angulosa* Motschulsky

寄主：臭椿、山毛榉、麻栎、枫杨、水青冈、大麦。

分布：中国浙江（景宁、莫干山、天目山、鄞州、余姚、宁海、镇海、龙泉、庆元）、黑龙江、吉林、陕西、江西、四川；日本、朝鲜。

26. 卷蝽（牯岭卷头蝽）*Paterculus elatus* (Yang)

寄主：竹、栎。

分布：中国浙江（景宁、龙王山、莫干山、天目山、古田山、青田、庆元）、江苏、安徽、江西、湖南、福建、广东、广西、四川、贵州、云南。

27. 斑真蝽（短刺黑蝽）*Pentatoma mosaicus* Hsiao *et* Cheng

寄主：牛膝、桃。

分布：中国浙江（景宁、龙王山、天目山、百山祖、遂昌）、青海、江苏、安徽、江西、湖南、福建。

28. 益蝽 *Picromerus lewisi* Scott

寄主：鳞翅目。

分布：中国浙江（景宁、莫干山、天目山、古田山、百山祖、杭州、绍兴、舟山、丽水）、黑龙江、吉林、辽宁、内蒙古、甘肃、新疆、北京、河北、山西、山东、河南、陕西、江苏、安徽、湖北、江西、湖南、福建、广东、海南、广西、四川、贵州、云南；朝鲜、日本。

29. 绿点益蝽 *Picromerus viridipunctatus* Yang

寄主：水稻、大豆、甘蔗、苎麻。

分布：中国浙江（景宁、杭州、古田山、百山祖）、安徽、江西、湖南、广东、广西、四川、贵州。

30. 莽蝽 *Placosternum taurus*（Fabricius）

寄主：桑。

分布：中国浙江（景宁、龙泉）、云南；印度、泰国、越南、马来西亚。

31. 尖角普蝽 *Priassus spiniger* Haglund

寄主：馒头果、化香、梨。

分布：中国浙江（景宁、龙泉、庆元）、湖北、江西、湖南、广西、四川、贵州、云南、西藏；印度、缅甸、印度尼西亚。

32. 庐山润蝽 *Rhaphigaster genitalia* Yang

分布：中国浙江（景宁、莫干山、天目山、百山祖、龙泉）、河南、江西、福建、广东、海南；斯里兰卡。

33. 珠蝽（肩边蝽）*Rubiconia intermedia*（Wolff）

寄主：水稻、麦类、苹果、枣、柳叶菜、水芹、毛竹、狗尾草。

分布：中国浙江（景宁、莫干山、天目山、杭州、龙泉）、黑龙江、吉林、辽宁、北京、天津、河北、山西、山东、甘肃、陕西、江苏、安徽、湖北、江西、湖南、广西、四川、贵州；欧洲、蒙古、日本。

34. 角胸蝽（四剑蝽）*Tetroda histeroides*（Fabricius）

寄主：稻、玉米、小麦、茭白、稗。

分布：中国浙江（景宁、临海、遂昌、云和、龙泉、平阳、泰顺）、河南、江苏、江西、湖南、湖北、福建、台湾、广东、广西、四川、贵州、云南；缅甸、印度、马来西亚、印度尼西亚。

35. 横带点蝽（横带点星蝽）*Tolumnia basalis*（Dallas）

分布：中国浙江（景宁、衢州、百山祖）、陕西、福建、广东、广西、云南；越南。

36. 碎斑点蝽（点蝽碎斑型） *Tolumnia latipes forma contingens*（Walker）

寄主：油茶。

分布：中国浙江（景宁、龙王山、天目山、龙泉）、河南、陕西、安徽、湖北、江西、湖南、福建、台湾、广东、海南、广西、四川、贵州、云南、西藏；越南。

37. 纯兰蝽（蓝蝽） *Zicrona caerulea*（Linnaeus）

寄主：红苕、花生、大戟、甘草、稻、玉米、豇豆、大豆。

分布：中国浙江（景宁、百山祖、杭州、镇海、磐安、云和、庆元）、黑龙江、吉林、辽宁、内蒙古、河北、山西、山东、甘肃、陕西、新疆、江苏、湖北、江西、福建、台湾、广东、海南、广西、四川、贵州、云南；日本、缅甸、印度、马来西亚、印度尼西亚、欧洲、北美洲。

（四十五）黾蝽科 Gerroidae

叶填

水黾 *Aquarium paludum* Fabr

分布：中国浙江（景宁、龙王山、天目山、龙泉）、河南、陕西、安徽、湖北、江西、湖南、福建、台湾、广东、海南、广西、四川、贵州、云南、西藏。

十四、鞘翅目 Coleoptera

鞘翅目昆虫通称甲虫，体躯坚硬，前翅鞘翅为其主要特征。它是昆虫纲中种类最多、分布最广的一个目。成虫复眼发达，大多种类无单眼，少数种类具有1个中单眼，或具2个背单眼，位于头顶两侧靠近复眼。触角形状多变，口器咀嚼式。前翅鞘翅，后翅膜质，休息时鞘翅平置于胸、腹背面，盖住后翅。跗节3～5节；腹部可见腹板5～8节。雌虫无产卵器，雄性外生殖器有时部分外露。幼虫体狭长，头部高度骨化。单眼0～6对；触角痕迹状或略长；口器咀嚼式。3对胸足发达或退化。腹部8～10节，常无腹足或仅具辅助运动的突出物，无臀足。本文共记述保护区鞘翅目29科192属296种。

（一）虎甲科 Cicindelidae

1. 金斑虎甲（八星虎甲） *Cicindela aurulenta* Fabricius

寄主：蝗虫、棱蝗、蟋蟀。

分布：中国浙江（景宁、莫干山、天目山、四明山、古田山、百山祖、雁荡山、德清、杭州、浦江、永康、武义、江山、开化、缙云、庆元）、江苏、湖南、福建、台湾、广东、四川、海南、贵州、云南、西藏；泰国、缅甸、印度、尼泊尔、不丹、斯里兰卡、马来西亚、新加坡。

2. 中国虎甲（中华虎甲）*Cicindela chinensis* De Geer

寄主：中华负蝗、叶蝉、蜻类。

分布：中国浙江、甘肃、河北、山东、江苏、湖北、江西、福建、广东、广西、四川、贵州、云南。

3. 云纹虎甲（绸纹虎甲、曲纹虎甲）*Cicindela elisae* Motschulsky

寄主：小型昆虫。

分布：中国浙江（景宁、龙王山、天目山、长兴、德清、嘉兴、杭州、余杭、萧山、鄞州、余姚、镇海、奉化、定海、岱山、普陀、义乌、东阳、常山、庆元、温州、平阳）、内蒙古、甘肃、河北、山西、山东、河南、新疆、江苏、安徽、湖北、江西、湖南、台湾、四川；日本、朝鲜。

4. 深山虎甲 *Cicindela sachalinensis* Morawitz

寄主：小型昆虫、小动物。

分布：中国浙江（景宁、临安、桐庐、建德、开化、丽水、缙云、遂昌、青田、龙泉）。

5. 台湾树栖虎甲皱胸亚种 *Collyris formosana rugosior* Horn

分布：中国浙江（景宁、龙王山、百山祖）、湖北、江西、湖南、福建、广东。

（二）步甲科 Carabidae

梁红斌[1]、田明义[2]（1. 中国科学院动物研究所；2. 华南农业大学）

1. 艳大步甲 Carabus *lafossei coelestis* Stew

寄主：鳞翅目幼虫。

分布：中国浙江、江苏、江西、福建。

2. 三齿婪步甲 *Harpalus tridens* Morawitz

分布：中国浙江（景宁、天目山、百山祖）、辽宁、陕西、江苏、安徽、湖北、江西、湖南、福建、四川、贵州、云南；朝鲜、日本、印度、中南半岛。

3. 耶气步甲（短鞘步甲）*Pheropsophus jessoensis* Morawitz

寄主：蝼蛄、菜粉蝶。

分布：中国浙江（景宁、长兴、安吉、鄞州、慈溪、余姚、奉化、三门、天台、仙居、临海、黄岩、温岭、玉环、丽水、缙云、龙泉、温州）。

4. 广屁步甲（夜行步甲）*Pheropsophus occipitalis*（MacLeay）

寄主：黏虫、螟虫、叶蝉、蝼蛄。

分布：中国浙江（景宁、龙王山、莫干山、百山祖、温州）、内蒙古、辽宁、甘肃、河北、江苏、安徽、江西、湖南、福建、台湾、广东、贵州、云南；缅甸、印度、菲律宾、马来西亚、印度尼西亚。

5. 麻头步甲（二星步甲）*Planetes puncticeps* Andrewes

寄主：昆虫。

分布：中国浙江（景宁、百山祖、常山、江山、开化、永嘉、文成、泰顺）、江西、福建、台湾、西藏；朝鲜、日本。

6. 双齿蝼步甲（二齿蝼步甲）*Scarites acutidens* Chaudoir

分布：中国浙江（景宁、天目山、金华、永康、缙云、青田、龙泉）、宁夏、江苏、湖北、江西、湖南、福建、台湾、广东、四川、西藏；日本、越南、老挝、柬埔寨。

（三）豉甲科 Gyrinidae

贾凤龙[1]、梁祖龙[1,2]（1. 中山大学；2. 中国科学院动物研究所）

东方豉甲 *Dineutus orientalis*（Modeer）

分布：中国浙江（景宁、龙王山、百山祖）、江苏、湖南；日本、朝鲜、俄罗斯（西伯利亚）、东南亚。

（四）龙虱科 Dytiscidae

贾凤龙[1]、梁祖龙[1,2]（1. 中山大学；2. 中国科学院动物研究所）

灰龙虱 *Eretes sticticus* Linnaeus

分布：中国浙江（景宁、龙王山、百山祖、奉化、义乌、东阳、永康、兰溪、开化、丽水、龙泉）、湖南、福建、台湾、广东、广西；世界广布。

（五）葬甲科 Silphidae

李利珍、汤亮、殷子为、胡佳耀、彭中（上海师范大学）

1. 亚洲尸葬甲 *Necrodes asiaticus* Portevin

分布：中国浙江（景宁、龙王山、东阳、龙泉）、四川；蒙古、俄罗斯、日本、印度、伊朗、中亚、北亚。

2. 黑负葬甲 *Necrophorus concolor* Kraatz

分布：中国浙江（景宁、龙王山、龙泉）、黑龙江、吉林、辽宁、内蒙古、宁夏、甘肃、河北、山西、山东、河南、江苏、安徽、湖北、江西、湖南、福建、台湾、广东、广西、四川、贵州、云南、西藏；蒙古、朝鲜、日本。

3. 尼负葬甲 *Necrophorus nepalensis* Hope

分布：中国浙江（景宁、龙王山、古田山、百山祖）、河北、山西、山东、江苏、湖北、江西、湖南、台湾、四川、贵州、云南；日本、越南、尼泊尔、印度、孟加拉国、印度尼西亚。

（六）金龟科 Scarabaeidae

刘万岗[1]、高传部[2]、李莎[3]、杜萍萍[3]、白明[3]、路园园[3]（1. 中国科学院地球环境研究所；2. 广东省科学院动物研究所；3. 中国科学院动物研究所）

1. 神农洁蜣螂（神农药蜣螂）*Catharsius molossus*（Linnaeus）

寄主：人、畜粪便。

分布：中国浙江（景宁、莫干山、百山祖、遂昌、松阳、龙泉、庆元）、河北、山西、山东、河南、陕西、江苏、安徽、湖北、江西、湖南、福建、台湾、广东、四川、海南、广西、贵州、云南、西藏；越南、老挝、缅甸、柬埔寨、泰国、尼泊尔、印度、印度尼西亚、斯里兰卡。

2. 福建蜣螂 *Copris fukiensis* Balthasar

分布：中国浙江（景宁、龙王山、百山祖）、福建。

3. 疣侧裸蜣螂 *Gymnopleurus brahminus* Waterhouse

分布：中国浙江（景宁、龙王山、百山祖、雁荡山、长兴、安吉、普陀）、江苏、江西、湖南、福建、台湾、四川、西藏。

4. 牛角利蜣螂 *Liatongus bucerus*（Fairmaire）

分布：中国浙江（景宁、百山祖）、四川、云南。

5. 黑嗡蜣螂 *Onthophagus ater* Waterhouse

分布：中国浙江（景宁、百山祖）、福建、台湾、四川；日本。

6. 娄嗡蜣螂 *Onthophagus lenzi* Harold

寄主：动物粪便。

分布：中国浙江（景宁、四明山、长兴、安吉、杭州、上虞、慈溪、嵊泗、普陀、义乌、永康、仙居、兰溪、常山、江山、缙云、龙泉、庆元、永嘉、瑞安、泰顺）、辽宁、河北、山西、河南、江苏、福建；朝鲜、日本。

（七）犀金龟科 Dynastidae

1. 突背蔗龟 *Alissonotum impressicolle* Arrow

寄主：甘蔗。

分布：中国浙江（景宁、庆元、平阳）、福建、台湾、广东。

2. 双叉犀金龟 *Allomyrina dichotoma*（Linnaeus）

寄主：桑、榆、无花果。

分布：中国浙江（景宁、龙王山、莫干山、天目山、百山祖、湖州、长兴、德清、杭州、上虞、鄞州、镇海、衢州、遂昌、庆元）、吉林、辽宁、河北、山东、河南、江苏、安徽、湖北、江西、湖南、福建、台湾、广东、海南、广西、贵州、云南；朝鲜、日本、老挝。

3. 蒙瘤犀金龟 *Trichogomphus mongol* Arrow

分布：中国浙江（景宁、龙王山、莫干山、天目山、百山祖、湖州、长兴、德清、杭州、上虞、鄞州、镇海、衢州、遂昌、庆元）、吉林、辽宁、河北、山东、河南、江苏、安徽、湖北、江西、湖南、福建、台湾、广东、海南、广西、贵州、云南；朝鲜、日本、老挝。

（八）臂金龟科 Euchiridae

阳彩臂金龟 *Cheirotonus jansoni* Jordan

分布：中国浙江、福建、江苏、江西、湖南、四川、广东、广西、海南；越南。

（九）锹甲科 Lucanidae

万霞[1]、白明[2]、路园园[2]（1.安徽大学；2.中国科学院动物研究所）

***

1. 巴新锹甲 *Neolucanus baladeva* Hope

分布：中国浙江（景宁、百山祖）、福建、台湾、云南；不丹、印度。

2. 库光胫锹甲 *Odontolabis cuvera* Hope

寄主：柑橘、沙田柚、板栗、栎。

分布：中国浙江（景宁、百山祖）、湖南、福建、台湾、广东、海南、广西、云南、西藏；越南、缅甸、印度。

3. 西光胫锹甲 *Odontolabis siva*（Hope *et* Westwood）

寄主：柑橘、沙田柚、板栗、栎。

分布：中国浙江（景宁、百山祖、浦江、义乌、东阳、常山、江山、开化）、湖南、福建、广东、海南、广西、云南、西藏；老挝、缅甸、孟加拉国、印度。

4. 污铜狭锹甲 *Prismognathus dauricus* Motschulsky

分布：中国浙江（景宁、百山祖）、黑龙江、吉林、辽宁、湖南；俄罗斯、朝鲜。

5. 巨锯锹甲 *Serrognathus titanus* Boiscuval

寄主：柑橘、沙田柚、麻栎。

分布：中国浙江（景宁、莫干山、天目山、百山祖、杭州、建德、鄞州、余姚、镇海、奉化、定海、天台、温州、乐清、永嘉、泰顺）、湖北、江西、湖南、福建、台湾、广东、广西、四川、贵州、云南；日本、朝鲜、越南、缅甸、印度。

（十）丽金龟科 Rutelidae

1. 脊绿异丽金龟 *Anomala aulax* Wiedemann

寄主：杉、松。

分布：中国浙江（景宁、龙王山、莫干山、长兴、杭州、诸暨、鄞州、三门、定海、岱山、普陀、义乌、天台、仙居、临海、黄岩、温岭、玉环、丽水、遂昌、云和、龙泉、庆元、永嘉、文成、雁荡山、平阳）、安徽、湖北、江西、湖南、福建、台湾、广东、海南、广西、四川、贵州、云南；越南。

2. 铜绿异丽金龟 *Anomala corpulenta* Motschulsky

寄主：玉米、高粱、甘薯、马铃薯、麻、豆、桃、海棠、梅、李、杏、梨、葡萄、柿、瓜、甜菜、洋槐、柏、榆、麦、花生、棉、胡桃、山楂、茶、松、杉、枫杨、樟、油桐、梓、栎、乌桕、草莓。

分布：中国浙江、黑龙江、吉林、辽宁、内蒙古、河北、山西、山东、河南、宁夏、陕西、江苏、安徽、湖北、江西、四川；朝鲜、蒙古。

3. 红脚异丽金龟 *Anomala cupripes* Hope

寄主：杉、松、杨、油桐、凤凰木、大叶桉、茶、油茶、栎、相思树、柞、柑橘、乌桕、楝、泡桐、檫、樟、桉、栗。

分布：中国浙江、山东、河南、江苏、安徽、江西、广东、海南、广西、四川、云南；越南、柬埔寨、老挝、泰国、缅甸、印度尼西亚、马来西亚。

4. 斑黑异丽金龟 *Anomala ebenina* Fairmaire

分布：中国浙江（景宁、百山祖）、内蒙古、河北、陕西、湖北、江西、福建、广东、广西、四川、贵州、云南；蒙古。

5. 深绿异丽金龟 *Anomala heydeni* Frivaldszky

寄主：乌桕、白杨、梧桐、榆、浙贝母。

分布：中国浙江（景宁、莫干山、百山祖、杭州、上虞）、江苏、江西、福建；越南。

6. 毛褐异丽金龟 *Anomala hirsutula* Nonfried

寄主：马尾松、杉、板栗。

分布：中国浙江（景宁、长兴、龙王山、天目山、四明山、百山祖、杭州、临安、鄞州、慈溪、镇海、象山、缙云、遂昌、龙泉）、江西、福建、广西；越南。

7. 斑翅异丽金龟（横斑异丽金龟、点翅异丽金龟） *Anomala spiloptera* Burmeister

寄主：杉、油桐、松、板栗。

分布：中国浙江（景宁、龙王山、莫干山、天目山、四明山、百山祖、长兴、德清、杭州、绍兴、上虞、诸暨、新昌、鄞州、慈溪、三门、普陀、黄岩、丽水、云和、庆元、平阳）、江西；朝鲜。

8. 黑肩丽金龟 *Blitopertha conspurcata* Harold

分布：中国浙江（景宁、莫干山）、北京、河北；朝鲜、日本、俄罗斯。

9. 蓝边矛丽金龟（斜矛丽金龟、斜斑矛丽金龟）*Callistethus plagiicollis* Fairmaire

寄主：栎。

分布：中国浙江（景宁、龙王山、莫干山、百山祖、遂昌、云和、龙泉、庆元）、山西、河南、陕西、江苏、安徽、湖北、江西、湖南、福建、广东、香港、四川、贵州、云南、西藏；俄罗斯、朝鲜、越南。

10. 中华彩丽金龟 *Mimela chinensis* Kirby

寄主：箬竹。

分布：中国浙江（景宁、天目山、百山祖、安吉、德清、杭州、奉化、缙云、云和）、江西、湖南、福建、广东、海南、广西、四川、贵州、云南；中南半岛。

11. 弯股彩丽金龟 *Mimela excisipes* Reitter

分布：中国浙江（景宁、百山祖、缙云）、山东、河南、陕西、江苏、安徽、湖北、江西、湖南、福建、台湾、四川、广东。

12. 墨绿彩丽金龟（亮绿彩丽金龟）*Mimela splendens*（Gyllenhal）

寄主：油桐、杨、柳、乌桕、栎、木麻黄、泡桐、檫、板栗、李。

分布：中国浙江、黑龙江、吉林、辽宁、河北、山东、陕西、安徽、湖北、江西、湖南、福建、台湾、广东、广西、四川、贵州、云南；朝鲜、日本、越南。

13. 弱斑弧丽金龟 *Popillia histeroidea* Gyllenhal

分布：中国浙江（景宁、百山祖、雁荡山、丽水、云和、庆元、义乌、东阳、兰溪、温岭、衢州、常山、丽水、缙云、遂昌、松阳、青田、云和、龙泉、庆元、温州、永嘉、瑞安、文成、平阳、泰顺）、吉林、辽宁、内蒙古、宁夏、甘肃、河北、山西、山东、河南、陕西、江苏、安徽、湖北、江西、湖南、福建、台湾、四川；朝鲜、日本、越南。

14. 曲带弧丽金龟 *Popillia pustulata* Fairmaire

寄主：栎、乌桕、葡萄。

分布：中国浙江（景宁、龙王山、莫干山、天目山、四明山、杭州、安吉、建德、嵊州、诸暨、鄞州、余姚、奉化、宁海、三门、嵊泗、定海、岱山、普陀、天台、仙居、临海、黄岩、温岭、玉环、常山、丽水、遂昌、松阳、云和、龙泉、庆元）、山东、河南、陕西、江苏、湖北、江西、湖南、福建、广东、广西、四川、贵州、云南；越南。

15. 中华弧丽金龟 *Popillia quadriguttata* Fabricius

寄主：榆、柳、棉、梨、葡萄、栗、杨、槐、山花椒、栎、乌桕、花生、大豆、玉米、高粱。

分布：中国浙江（景宁、安吉、长兴、萧山、桐庐、建德、淳安、诸暨、嵊州、宁海、普陀、兰溪、仙居、黄岩、江山、开化、丽水、缙云、遂昌、庆元、温州、永嘉、瑞安、平阳）、黑龙江、吉林、辽宁、内蒙古、江苏、安徽、湖北、江西、福建、台湾、广东、广西、四川、贵州、云南；朝鲜、越南。

（十一）鳃金龟科 Melolonthidae

1. 筛阿鳃金龟 *Apigonia cribricollis* Burmeister

寄主：梨、柑橘、芭蕉、梅、无花果、乌桕、蓖麻、樟、泡桐、檫、重阳木、相思树、桉、玉桂、女贞、板栗、油桐、油茶。

分布：中国浙江（景宁、天目山、四明山、长兴、安吉、杭州、缙云、庆元、永嘉）、江苏、湖北、江西、湖南、福建、广东、四川、云南；越南。

2. 尾歪鳃金龟（粉白鳃金龟） *Cyphochilus apicalis* Waterhouse

寄主：栎、樟、板栗、油茶、桂花、刺槐、枫杨。

分布：中国浙江（景宁、莫干山、德清、慈溪、定海、龙泉、云和、庆元）、江西、湖南、福建、广西。

3. 粉歪鳃金龟（粉歪唇鳃金龟） *Cyphochilus farinosus* Waterhouse

寄主：栎类、油茶。

分布：中国浙江（景宁、龙王山、四明山、仙居、玉环、云和、庆元）、江苏、广西、云南；朝鲜。

4. 大等鳃金龟（齿缘鳃金龟） *Exolontha serrulata* Gyllenhal

寄主：松、梧桐、油桐、板栗、乌桕、油茶、楝、泡桐、化香、盐肤木。

分布：中国浙江（景宁、龙王山、莫干山、天目山、四明山、长兴、上虞、新昌、定海、岱山、普陀、金华、东阳、庆元、泰顺）、湖北、江西、湖南、福建、广东、贵州；印度、菲律宾。

5. 拟毛黄鳃金龟（台脊鳃金龟、拟毛黄脊鳃金龟） *Holotrichia formosana* Moser

寄主：甜高粱、蔬菜、甘蔗、花生、小麦。

分布：中国浙江（景宁、莫干山、鄞州、庆元）、福建、台湾。

6. 江南大黑鳃金龟 *Holotrichia gebleri*（Faldermann）

寄主：茉莉花、胡桃、乌柏、榆、杭菊。

分布：中国浙江（景宁、龙王山、莫干山、天目山、四明山、长兴、德清、嘉兴、杭州、临安、宁波、鄞州、余姚、奉化、象山、嵊泗、定海、岱山、普陀、东阳、遂昌、龙泉、温州、瑞安、文成、泰顺）、内蒙古、山西、山东、江苏、安徽。

7. 宽齿爪鳃金龟（宽褐齿爪鳃金龟）*Holotrichia lata* Brenske

寄主：榆、杨、槭、刺槐、油桐、板栗、麻栎、楝、柳、乌柏、梨、紫藤、白杨、樱桃、沙果、梅。

分布：中国浙江（景宁、龙王山、莫干山、天目山、百山祖、湖州、长兴、德清、杭州、建德、诸暨、鄞州、慈溪、余姚、奉化、宁海、象山、三门、定海、普陀、浦江、龙泉）、江苏、安徽、湖北、江西、湖南、福建、台湾、广东、广西、四川、贵州、云南；越南。

8. 暗黑鳃金龟（暗黑齿爪鳃金龟）*Holotrichia parallela* Motschulsky

寄主：棉、麻、向日葵、蓖麻、大豆、花生、甘薯、玉米、桑、梨、柑橘、杨、榆、乌柏、胡桃、柳、槐、柞。

分布：中国浙江（景宁、莫干山、天目山、雁荡山、长兴、安吉、德清、杭州、淳安、诸暨、新昌、鄞州、奉化、三门、定海、普陀、东阳、天台、仙居、临海、黄岩、温岭、玉环、常山、缙云、龙泉、温州、平阳）、黑龙江、吉林、辽宁、河北、山西、山东、河南、甘肃、陕西、青海、江苏、安徽、湖北、江西、湖南、福建、四川、贵州；俄罗斯（远东地区）、朝鲜、日本。

9. 铅灰齿爪鳃金龟 *Holotrichia plumbea* Hope

寄主：乌柏、榆。

分布：中国浙江（景宁、龙王山、莫干山、天目山、百山祖、长兴、德清、海宁、杭州、绍兴、诸暨、新昌、鄞州、慈溪、余姚、奉化、象山、宁海、临海、丽水、庆元）、江苏、安徽、江西、福建、贵州。

10. 红褐大黑鳃金龟（棕红齿爪鳃金龟）*Holotrichia rubida* Chang

寄主：乌柏。

分布：中国浙江（景宁、百山祖、海宁、杭州、宁波、舟山、嵊泗、普陀、天台、文成）。

11. 华脊鳃金龟（中华鳃金龟）*Holotrichia sinensis* Hope

寄主：柑橘、金橘、文旦、板栗、楝、桉、乌桕、枫、槭、盐肤木、化香。

分布：中国浙江（景宁、莫干山、天目山、雁荡山、长兴、安吉、德清、平湖、建德、上虞、鄞州、镇海、三门、普陀、天台、仙居、临海、黄岩、温岭、玉环、丽水、庆元、文成、平阳、泰顺）、江西、福建、广东。

12. 毛黄脊鳃金龟 *Holotrichia trichophora*（Fairmaire）

寄主：杨、柳、泡桐、水杉、乌桕、茶、梨、小麦、高粱、玉米、花生、豆类、薯类、蔬菜。

分布：中国浙江（景宁、安吉、德清、莫干山、嘉兴、平湖、杭州、临安、绍兴、鄞州、余姚、浦江、东阳、兰溪、临海、丽水、龙泉、瑞安、平阳、泰顺）、内蒙古、河北、山西、山东、河南、陕西、江苏、安徽、湖北、江西、福建、四川。

13. 灰胸突鳃金龟（灰粉鳃金龟）*Hoplosternus incanus* Motschulsky

寄主：杨、柳、榆。

分布：中国浙江（景宁、龙王山、德清、杭州、临安、普陀、金华、义乌、东阳、临海、庆元、平阳）、黑龙江、吉林、辽宁、内蒙古、河北、山西、山东、宁夏、河南、陕西、湖北、江西、四川、贵州；朝鲜、俄罗斯（远东地区）。

14. 毛鳞鳃金龟 *Lepidiota hirsuta* Brenske

分布：中国浙江（景宁、永康、缙云、青田、庆元）、山东、广东、广西。

15. 日本玛绢金龟 *Maladera japonica*（Motschulsky）

分布：中国浙江（景宁、龙王山、百山祖、兰溪）、湖北、湖南；日本。

16. 黑绒绢金龟（黑绒金龟）*Serica orientalis* Motschulsky

寄主：水稻、梨、梅、棉、豆类、花生、麦类、玉米、甘薯、栗、苜蓿、甜菜、麻、芝麻、茄、榆、槐、白杨、柳、桑、马铃薯、烟、白菜、胡萝卜、葱、西瓜、番茄、苎麻、葡萄、桃、李、樱桃、柿、山楂、乌桕。

分布：中国浙江、黑龙江、吉林、辽宁、内蒙古、甘肃、宁夏、河北、山西、山东、河南、江苏、安徽；蒙古、俄罗斯（远东地区）、朝鲜、日本。

17. 锈褐鳃金龟 *Melolontha rubiginosa* Fairmaire

寄主：乌桕。

分布：中国浙江（景宁、长兴、湖州、余杭、临安、上虞、鄞州、慈溪、余姚、三门、嵊泗、定海、东阳、兰溪、庆元）。

18. **小黄鳃金龟** *Metabolus flavescens* Brenske

寄主：山楂、梨。

分布：中国浙江（景宁、百山祖、杭州、慈溪、鄞州、庆元、云和）、河北、山西、山东、河南、陕西、江苏。

19. **鲜黄鳃金龟** *Metabolus tumidifrons* Fairmaire

寄主：乌桕、栎、榆、棉、麻。

分布：中国浙江（景宁、莫干山、天目山、四明山、长兴、安吉、杭州、萧山、上虞、鄞州、奉化、嵊泗、定海、普陀、丽水、缙云、云和、庆元、平阳）、吉林、辽宁、河北、山西、山东、江西；朝鲜。

20. **戴云鳃金龟** *Polyphylla davidis* Fairmaire

分布：中国浙江（景宁、龙王山、天目山、四明山、长兴、东阳、缙云、庆元）、湖北、福建、四川。

21. **大云鳃金龟（云斑鳃金龟）** *Polyphylla laticollis* Lewis

寄主：松、杉、刺槐、油桐、杨、柳、苹果。

分布：中国浙江（景宁、莫干山、安吉、桐庐、上虞、新昌、余姚、宁海、三门、浦江、东阳、永康、龙泉、庆元、云和）、黑龙江、吉林、辽宁、内蒙古、河北、山西、山东、河南、陕西、江苏、安徽、四川、云南；朝鲜、日本。

（十二）花金龟科 Cetoniidae

1. **毛鳞花金龟（钝毛鳞花金龟）** *Cosmiomorpha setulosa* Westwood

分布：中国浙江（景宁、永康、龙泉、凤阳山）、江苏、江西、广东、广西。

2. **斑青花金龟** *Oxycetonia bealiae* (Gory *et* Percheron)

寄主：梨、栗、乌桕、柳、柑橘、栎、女贞。

分布：中国浙江（景宁、天目山、百山祖、长兴、安吉、杭州、余杭、上虞、诸暨、嵊州、新昌、宁波、鄞州、慈溪、余姚、奉化、宁海、象山、三门、嵊泗、定海、岱山、普陀、浦江、义乌、东阳、开化、江山、缙云、遂昌）、江苏、安徽、湖北、江西、湖南、福建、广东、海南、广西、四川、云南、西藏；越南、印度。

3. **小青花金龟** *Oxycetonia jucunda* Faldermann

寄主：栎、栗、杨、乌桕、油桐、湿地松、棉、梨、海棠、甜菜、锦葵、柑橘、杏、桃、梅、葡萄、樟、柏、松、竹、榆、桉、油茶、胡桃。

分布：中国浙江（景宁、天目山、桐乡、杭州、桐庐、鄞州、慈溪、嵊泗、定海、普陀、金华、开化、常山、江山、丽水、缙云、庆元、文成、泰顺）、黑龙江、吉林、辽宁、北京、天津、山西、山东、河南、甘肃、陕西、湖北、上海、安徽、湖北、江西、湖南、福建、广东、四川、贵州、云南；日本、朝鲜、印度、斯里兰卡、尼泊尔、北美洲。

4. 横纹罗花金龟 *Rhomborrhina fortunei*（Sauders）

寄主：栗、栎。

分布：中国浙江（景宁、百山祖）、江苏、江西、福建、广东、广西、四川、贵州、云南；日本。

5. 日铜罗花金龟 *Rhomborrhina japonica* Hope

寄主：茶、柑橘、文旦、金橘、松、玉米。

分布：中国浙江（景宁、长兴、义乌、永康、兰溪、丽水、龙泉、温州、洞头、平阳）、河南、江苏、安徽、湖北、江西、福建、广东、广西、四川、贵州、云南；朝鲜、日本。

6. 黑罗花金龟 *Rhomborrhina nigra* Saunders

寄主：柑橘、麻、青冈、松。

分布：中国浙江（景宁、古田山、江山、庆元）、江西、福建。

（十三）溪泥甲科 Elmidae

1. 厚缘溪泥甲 *Stenelmis grossimarginata* Yang *et* Zhang

分布：中国浙江（景宁、古田山、百山祖）、福建。

2. 中华溪泥甲 *Stenelmis sinica* Yang *et* Zhang

分布：中国浙江（景宁、古田山、百山祖）、甘肃、安徽、湖北、湖南、福建、广西、四川、贵州。

3. 沟脊溪泥甲 *Stenelmis sulcaticarinata* Yang *et* Zhang

分布：中国浙江（景宁、古田山、百山祖）、福建。

4. 俗溪泥甲 *Stenelmis sulmo* Hinton

分布：中国浙江（景宁、古田山、百山祖）、福建。

（十四）吉丁虫科 Buprestidae

石爱民、魏中华（西华师范大学）

1. 日本脊吉丁 *Chalcophora japonica chinensis* Schauffuss

寄主：马尾松、杉、木荷。

分布：中国浙江（景宁、桐庐、嵊州、东阳、天台、丽水、遂昌、龙泉、庆元、永嘉）。

2. 六星吉丁虫 *Chrysobothris succedanea* Saunders

寄主：五角枫、杨、枣、槐、杏、苹果、梨、桃。

分布：中国浙江（景宁、龙泉）。

3. 红缘绿吉丁（梨绿吉丁虫）*Lampra bellula* Lewis

寄主：梨、杏、桃、苹果。

分布：中国浙江（景宁、临海、龙泉）。

（十五）叩甲科 Elateridae

江世宏[1]、杨玉霞[2]、席华聪[2]、江世宏[1]、阮用颖[1]、陈晓琴[1]、孟子烨[1]、杨星科[3]（1.深圳职业技术学院；2.河北大学；3.中国科学院动物研究所）

1. 斑鞘灿叩甲 *Actenicerus maculipennis* Schwarz

分布：中国浙江（景宁、天目山、百山祖）、安徽、湖北、江西、湖南、福建、台湾、广西、四川、云南；越南、柬埔寨。

2. 松丽叩甲（大绿叩甲、大青叩甲、丽叩甲）*Campsosternus auratus*（Drury）

寄主：松。

分布：中国浙江（景宁、莫干山、杭州、天目山、桐庐、建德、上虞、象山、三门、定海、金华、永康、武义、开化、丽水、缙云、遂昌、龙泉、庆元、永嘉）、湖北、江西、湖南、福建、台湾、广东、海南、广西、四川、云南、贵州；越南、老挝、柬埔寨、日本。

3. 朱鞘丽叩甲（朱肩丽叩甲）*Campsosternus gemma* Candeze

寄主：柑橘、棉、玉米、花生、黄荆、青冈。

分布：中国浙江（景宁、天目山、百山祖）、江苏、安徽、湖北、江西、湖南、福建、台湾、四川、贵州。

4. 暗足重脊叩甲 *Chiagosnius obscuripes*（Gyllenhal）

寄主：甘蔗。

分布：中国浙江（景宁、庆元、龙王山、天台、古田山）、内蒙古、河北、江苏、安徽、湖北、江西、湖南、福建、台湾、广东、广西、四川、云南、西藏；俄罗斯（高加索地区）、朝鲜、越南、印度、日本。

5. 眼纹斑叩甲 *Crytalaus larvatus*（Candeze）

分布：中国浙江（景宁、古田山、百山祖）、广西、江苏、江西、湖南、福建、台湾、广东、海南、四川；越南、老挝。

6. 变色平尾叩甲 *Gamepenthes versipellis*（Lewis）

分布：中国浙江（景宁、天目山、百山祖）、湖北、福建；日本、老挝。

7. 拉氏梳叩甲 *Melanotus lameyi* Fleutiaux

分布：中国浙江（景宁、龙王山、百山祖）、河南、湖北、广东、广西、贵州；越南。

8. 筛头梳爪叩甲 *Melanotus legatus* Candeze

寄主：大麦、花生。

分布：中国浙江（景宁、天目山、百山祖）、黑龙江、吉林、辽宁、内蒙古、江苏、江西、福建、台湾、广东、广西；日本、朝鲜。

9. 脉鞘梳爪叩甲 *Melanotus venalis* Candeze

分布：中国浙江（景宁、龙王山、古田山、百山祖）、内蒙古、江西。

10. 巨四叶叩甲 *Tetralobus perroti* Fleutiaux

分布：中国浙江（景宁、古田山、百山祖）、湖北、江西、福建、广西、四川；越南。

11. 粗体土叩甲 *Xanthopenthes robustus*（Miwa）

分布：中国浙江（景宁、龙王山、古田山、百山祖）、湖北、湖南、台湾、贵州。

（十六）瓢虫科 Coccinellidae

任国栋[1]、李文静[1]、黄敏[2]、任玲玲[2]、王兴民[3]、常凌小[4]
（1.河北大学；2.西北农林科技大学；3.华南农业大学；4.北京自然博物馆）

1.细纹裸瓢虫 *Calvia albolineata* Schoenherr

寄主：松蚜、棉蚜、麦长管蚜、禾谷缢管蚜、桃蚜、萝卜蚜、菜蚜。

分布：中国浙江（景宁、百山祖、庆元、永嘉、瑞安、平阳）、福建、广东、广西、云南。

2.十五星裸瓢虫 *Calvia quinquedecimguttata* （Fabricius）

寄主：蚜。

分布：中国浙江（景宁、百山祖、杭州、桐庐、淳安、上虞、诸暨、新昌、定海、岱山、东阳、丽水、庆元、温州）、河南、陕西、甘肃、湖南、广东、广西、江西、福建、四川、贵州、云南；蒙古、日本、印度、欧洲。

3.黑缘红瓢虫 *Chilocorus rubidus* Hope

寄主：蚧。

分布：中国浙江（景宁、龙王山、长兴、建德、淳安、诸暨、余姚、镇海、宁海、定海、岱山、普陀、衢州、常山、江山、丽水、缙云、遂昌、青田、庆元、温州、乐清、永嘉）、黑龙江、吉林、辽宁、内蒙古、北京、河北、山东、河南、宁夏、甘肃、陕西、江苏、湖南、福建、海南、四川、贵州、西藏、云南；日本、俄罗斯、蒙古、印度、朝鲜、尼泊尔、印度尼西亚、大洋洲。

4.宽缘唇瓢虫 *Chilocorus rufitarsus* Motschulsky

寄主：刺绵蚧、蚜、茶绵蚧、杏球蚧、堆蜡粉蚧。

分布：中国浙江（景宁、杭州、临安、余姚、丽水、遂昌、龙泉、庆元）、福建、广东、云南。

5.六斑月瓢虫 *Chilomoenes sexmaculata* （Fabricius）

寄主：桃蚜、麦蚜、菜蚜、橘蚜。

分布：中国浙江（景宁、丽水、缙云、青田）。

6.七星瓢虫 *Coccinella septempunctata* Linnaeus

寄主：麦二叉蚜、槐蚜、桃蚜、松蚜、桑木虱、棉蚜、豆蚜、菜缢管蚜、麦蚜、杨蚜、大麻黄毒蛾。

分布：中国浙江、黑龙江、吉林、辽宁、河北、山西、山东、陕西、河南、新疆、江苏、湖北、江西、湖南、福建、广东、四川、云南、西藏；蒙古、朝鲜、日本、印度、欧洲。

7. 双带盘瓢虫 *Coelophora biplagiata* （Swartz）

寄主：松干蚧、柏蚜、鬼针蚜、萝卜蚜、甘蔗角粉蚜、橘蚜、竹蚜、麦蚜、菜蚜、桃蚜。

分布：中国浙江（景宁、龙王山、古田山、百山祖、常山）、江西、福建、台湾、广东、云南、西藏；朝鲜、日本、菲律宾、印度、印度尼西亚。

8. 瓜茄瓢虫 *Epilachna admirabilis* Crotch

寄主：茄、酸浆、瓜、绞股蓝、木通。

分布：中国浙江（景宁、龙王山、莫干山、天目山、百山祖、杭州）、陕西、江苏、安徽、湖北、江西、福建、台湾、广东、广西、四川、云南；越南（北部地区）、日本、缅甸、尼泊尔、印度、孟加拉国、泰国。

9. 酸浆瓢虫 *Epilachna sparsa orientaeis* Diere

寄主：马铃薯、茄子、大豆、辣椒、丝瓜。

分布：中国浙江（景宁、百山祖）、内蒙古、北京、天津、河北、山西、陕西、江苏、安徽、江西、福建、广西、四川、云南；日本。

10. 黑缘光瓢虫 *Exochomus nigromarginatus* Miyatake

寄主：蚧。

分布：中国浙江（景宁、莫干山、丽水、龙泉）、江西、福建。

11. 异色瓢虫 *Harmonia axyridis* （Pallas）

寄主：木虱、螨、榆紫叶甲、蚜、叶螨、木虱、三化螟、棉铃虫、松干蚧、粉蚧。

分布：中国浙江及全国各地广布；东亚其他国家、俄罗斯、印度。

12. 红肩瓢虫豹纹类型 *Harmonia dimidata absicadi* Mader

寄主：粉虱、蚜。

分布：中国浙江（景宁、龙王山、百山祖、淳安、龙泉）、福建、台湾、广西、四川、云南；日本、尼泊尔。

13. 八斑和瓢虫 *Harmonia octomaculata* （Fabricius）

寄主：麦蚜、豆蚜、菜蚜。

分布：中国浙江（景宁、百山祖）、湖北、江西、湖南、福建、台湾、广东、广西、云南；日本、印度、菲律宾、印度尼西亚、大洋洲。

14. 梵文菌瓢虫 *Halyzia sanscrita* Mulsart

寄主：白粉菌、真菌。

分布：中国浙江（景宁、天目山、百山祖）、甘肃、河北、陕西、福建、台湾、广西、湖北、四川、云南、贵州、西藏；印度、也门、不丹。

15. 马铃薯瓢虫 *Henosepilachna vigitioctomaculata* （Motschulsky）

寄主：茄、番茄、黄瓜、大豆、葡萄、苹果、柑橘、马铃薯。

分布：中国浙江（景宁、丽水、缙云、龙泉）、黑龙江、吉林、辽宁、北京、河北、山西、山东、河南、甘肃、陕西、江苏、福建、广西、四川、云南、西藏；日本、朝鲜、俄罗斯、越南、尼泊尔、印度。

16. 中华显盾瓢虫 *Hyperaspis sinensis* （Crotch）

寄主：蚜、粉虱、叶甲、油茶刺绵蚧。

分布：中国浙江（景宁、建德、常山、遂昌、青田、庆元、温州）、北京、河南、江苏、安徽、江西、福建、广东、广西、四川、贵州；俄罗斯（西伯利亚）、韩国。

17. 素鞘瓢虫 *Illeis cincta* （Fabricius）

寄主：南瓜白粉病病菌、橡胶白粉病病菌。

分布：中国浙江（景宁、杭州、东阳、丽水、缙云、龙泉）。

18. 黄斑盘瓢虫 *Lemnia saucia* Mulsant

寄主：蚜、蚧。

分布：中国浙江（景宁、龙王山、天目山、古田山、百山祖）、山东、河南、甘肃、陕西、上海、湖北、湖南、福建、台湾、广东、广西、四川、贵州、云南；日本、尼泊尔、泰国、印度、印度尼西亚、菲律宾。

19. 稻红瓢虫 *Micraspis discolor* （Fabricius）

寄主：飞虱、叶蝉、稻蚜、菜缢管蚜、蓟马。

分布：中国浙江（景宁、龙王山、百山祖、嘉善、平湖、杭州、临安、富阳、桐庐、淳安、江山、遂昌）、江苏、湖北、江西、湖南、福建、台湾、广东、广西、四

20. 黄缘巧瓢虫 *Oenopia sauzeti* Mulsant

寄主：柳蚜、球蚜。

分布：中国浙江（景宁、丽水、龙泉）。

21. 黄褐刻眼瓢虫（黄黑刻眼瓢虫）*Ortalia pectordlis* Weise

寄主：蚜。

分布：中国浙江（景宁、百山祖、桐庐、丽水）、广西、云南；印度。

22. 红星盘瓢虫 *Phrynocaria congerer*（Bilberg）

寄主：蚜。

分布：中国浙江（景宁、百山祖、三门、庆元）、福建、广东、四川、云南；印度。

23. 四斑广盾瓢虫 *Platynaspis maculosa* Weise

寄主：蚜、蚧。

分布：中国浙江（景宁、百山祖、鄞州、奉化、象山、青田）、江苏、湖北、福建、广东、广西、四川；日本。

24. 龟纹瓢虫 *Propylaea japonica*（Thunberg）

寄主：松干蚧、蚜、叶螨、木虱、棉铃虫。

分布：中国浙江（景宁、莫干山、天目山、古田山、百山祖、杭州、余杭、桐庐、建德、淳安、绍兴、上虞、诸暨、鄞州、慈溪、余姚、镇海、奉化、宁海、象山、三门、定海、岱山、东阳、天台、仙居、临海、黄岩、温岭、玉环、常山、丽水、温州、平阳）、黑龙江、吉林、辽宁、内蒙古、北京、河北、山东、河南、宁夏、甘肃、陕西、新疆、江苏、上海、湖北、江西、湖南、福建、台湾、广东、广西、四川、贵州、云南；日本、印度、朝鲜、越南、俄罗斯。

25. 方斑瓢虫 *Propylaea quatuordecimpunctata*（Linnaeus）

寄主：蚜、蚧、粉虱。

分布：中国浙江（景宁、遂昌、百山祖）、黑龙江、辽宁、内蒙古、甘肃、陕西、新疆、江苏；欧洲。

26. 黑方褐突瓢虫 *Pseudoscymnus kurohime*（Miyatake）

寄主：粉蚧。

分布：中国浙江（景宁、缙云、百山祖）、湖北、福建、台湾、广东、云南；琉球群岛、密克罗尼西亚。

27. 小红瓢虫 *Rodolia pumila* Weise

寄主：吹绵蚧。

分布：中国浙江（景宁、百山祖、江山、云和、庆元、温州、平阳）、福建、广东、云南；日本、密克罗尼西亚。

28. 大红瓢虫 *Rodolia rufopilosa* Mulsant

寄主：吹绵蚧、银毛吹绵蚧、螨、蚜。

分布：中国浙江（景宁、龙王山、百山祖、宁海、温州）、陕西、江苏、湖北、湖南、福建、广东、广西、四川；日本、缅甸、印度、菲律宾、印度尼西亚。

29. 弯突毛瓢虫（长突毛瓢虫）*Scymnus yamato* Kamiya

寄主：蚜。

分布：中国浙江（景宁、百山祖、建德、温州）、河北、河南、湖北、四川、福建；日本。

（十七）拟步甲科 Tenebrionidae

巴义彬[1]、牛一平[1]、李翌旭[1]、苑彩霞[2]（1. 河北大学；2. 延安大学）

1. 吴氏土甲 *Gonocephalum wui* Ren

分布：中国浙江（景宁、天目山、百山祖）。

2. 红带近烁甲 *Plesiophthalmus rubrofasciatus* Ren

分布：中国浙江（景宁、天目山、百山祖）。

（十八）花蚤科 Mordellidae

1. 黄肖小花蚤 *Falsomordellina luteloides*（Nomura）

分布：中国浙江（景宁、古田山、百山祖）、福建、台湾；日本。

2. 皮氏带花蚤 *Glipa pici* Ermisch

分布：中国浙江（景宁、古田山、百山祖）、陕西、湖北、江西、湖南、福建、台湾、广东、四川、海南、广西、贵州、云南；日本。

（十九）芫菁科 Meloidae

1. 短翅豆芫菁 *Epicauta aptera* Kaszab

寄主：槐花、桃花、豆类、水稻。

分布：中国浙江（景宁、龙王山、杭州、浦江、丽水、缙云、遂昌、云和、龙泉）、福建、广西、四川。

2. 眼斑芫菁（黄黑小芫菁）*Mylabris cichorii* Linnaeus

寄主：刺槐、香椿、楝、豆类、花生、棉、南瓜、茄、番茄、泡桐、刺苋。

分布：中国浙江（景宁、杭州、桐庐、建德、上虞、新昌、鄞州、慈溪、余姚、镇海、奉化、宁海、象山、定海、普陀、临海、开化、丽水、遂昌、青田、龙泉、庆元、温州、乐清、永嘉、瑞安、洞头、文成、平阳、泰顺）。

3. 大斑芫菁（黄黑大芫菁）*Mylabris phalerata* (Pallas)

寄主：大豆、花生、茄、番茄、南瓜、芝麻、棉、油茶、桉、泡桐、甘棠、木麻黄、湿地松、竹、田菁。

分布：中国浙江（景宁、杭州、桐庐、建德、诸暨、鄞州、慈溪、余姚、镇海、奉化、宁海、象山、三门、普陀、义乌、东阳、永康、武义、兰溪、天台、仙居、临海、黄岩、温岭、玉环、丽水、遂昌、青田、龙泉、庆元、温州、乐清、永嘉、瑞安、洞头、文成、平阳、泰顺）。

（二十）天牛科 Cerambycida

林美英、方咚咚（中国科学院动物研究所）

1. 栗灰锦天牛 *Acalolepta degener* (Bates)

分布：中国浙江（景宁、天目山、古田山、凤阳山、百山祖）、黑龙江、吉林、山东、陕西、江苏、湖北、江西、湖南、福建、台湾、广东、四川、贵州、云南；朝鲜、日本。

2. 无芒锦天牛 *Acalolepta floculata pansisetosus* (Gressitt)

寄主：松、花椒。

分布：中国浙江（景宁、凤阳山、百山祖、定海）、贵州。

3. 金绒锦天牛（锦缎天牛）*Acalolepta permutans* (Pascoe)

寄主：大叶黄杨、桑、马尾松。

分布：中国浙江（景宁、百山祖、奉化、宁海、天台、丽水、庆元）、内蒙古、北京、天津、河北、河南、山西、陕西、安徽、江苏、江西、湖南、福建、广东、香港、广西、四川、云南；日本、越南。

4. 南方锦天牛（南方天牛）*Acalolepta speciosns* Gahan

寄主：柯。

分布：中国浙江（景宁、百山祖、松阳、庆元）、安徽、江西、台湾、广东、海南；越南。

5. 双斑锦天牛 *Acalolipta sublusca* Thomson

寄主：大叶黄杨、算盘子、丝绵木。

分布：中国浙江（景宁、天目山、古田山、百山祖、杭州、天台、丽水、龙泉、庆元）、北京、河北、山东、江苏、上海、江西、四川、福建；越南、老挝、柬埔寨、马米西亚。

6. 小长角灰天牛（小灰长角天牛）*Acanthocinus griseus* Fabrieius

寄主：云杉、栎、马尾松、华山松。

分布：中国浙江（景宁、古田山、百山祖）、黑龙江、吉林、辽宁、河北、山东、陕西；朝鲜、欧洲。

7. 绿绒星天牛 *Anoplophora berynina* Hope

寄主：栎。

分布：中国浙江（景宁、古田山、百山祖）、台湾、广西、云南；越南、缅甸、印度。

8. 星天牛 *Anoplophora chinensis*（Forster）

寄主：柳、杏、李、桃、杉、茶、槭、乌桕、木麻黄、樟、板栗、无患子、槐、悬铃木、榆、梨、无花果、樱桃、柑橘、枇杷、白杨、桑、楝、木荷、桤木。

分布：中国浙江（景宁、龙王山、莫干山、百山祖、平阳）、吉林、辽宁、北京、河北、河南、山西、山东、甘肃、陕西、江苏、湖北、江西、湖南、福建、台湾、广东、海南、广西、四川、贵州、云南；朝鲜、缅甸、日本、北美。

9. 星天牛胸斑亚种 *Anoplophora chinensismacularia* Thoms

寄主：柑橘、梨、无花果、樱桃、枇杷、柳、白杨、桑、悬铃木。

分布：中国浙江（景宁、百山祖）、河北、山西、山东、甘肃、陕西、江苏、湖北、湖南、福建、广东、海南、香港、广西、四川、贵州；朝鲜、缅甸。

10. 光肩星天牛 *Anoplophora glabripennis* Motsch

寄主：梨、李、梅、柑橘、糖槭、杨、柳、榆、桑、木麻黄、楝、水杉、刺槐、乌桕。

分布：中国浙江（景宁、百山祖）、辽宁、内蒙古、宁夏、甘肃、河北、山西、山东、陕西、江苏、安徽、湖北、江西、福建、广西、四川；朝鲜、日本。

11. 拟星天牛 *Anoplophora imitatrix*（White）

寄主：板栗、柑橘、桃、西南桤木、麻栎。

分布：中国浙江（景宁、古田山、百山祖、黄岩、丽水、云和、龙泉、庆元）、江苏、福建、广东、海南、广西、四川、贵州。

12. 黑星天牛 *Anoplophora leechi*（Gahan）

寄主：板栗、桉、柳。

分布：中国浙江（景宁、龙王山、古田山、百山祖、长兴、杭州、临安、桐庐、浦江、丽水、庆元、温州）、河北、河南、江苏、湖北、江西、广西。

13. 槐星天牛 *Anoplophora lurida*（Pascoe）

寄主：槐。

分布：中国浙江（景宁、天目山、四明山、长兴、杭州、嵊州、宁波、鄞州、慈溪、镇海、奉化、宁海、三门、定海、天台、仙居、临海、黄岩、温岭、玉环、丽水、云和、庆元、永嘉）、甘肃、江苏、湖北、江西、台湾。

14. 赤缘花天牛 *Anoplodera rubra*（Blanchard）

寄主：松、杨、柏、栎、柳、柿。

分布：中国浙江（景宁、松阳、庆元、百山祖）、黑龙江、吉林、辽宁、内蒙古、河北、河南、陕西、湖北、江西、湖南、四川；俄罗斯、朝鲜、日本。

15. 黑缘花天牛 *Anoplodera sequeusi*（Reitter）

寄主：松。

分布：中国浙江（景宁、百山祖）、黑龙江、吉林、辽宁、内蒙古、河北、陕西、湖南、西藏；俄罗斯、蒙古、朝鲜、日本。

16. 粒肩天牛（桑天牛、刺肩天牛） *Apriona germari*（Hope）

寄主：桑、梨、杏、桃、樱桃、枇杷、无花果、海棠、乌桕、楝、樟、栎、柑橘、杨、柳、榆、青杠、油茶、枫杨、刺槐、花红、椿、油桐。

分布：中国浙江（景宁、古田山、百山祖）、辽宁、河北、山西、山东、河南、陕西、江苏、安徽、湖北、江西、湖南、福建、台湾、广东、海南、广西、四川、云南；越南、缅甸、印度、日本、朝鲜、老挝。

17. 褐短梗天牛 *Arhopalus rusticus* (Linnaeus)

寄主：冷杉、柳杉、日本赤松、日本扁柏、马尾松。

分布：中国浙江（景宁、百山祖、丽水、龙泉、庆元）、黑龙江、吉林、辽宁、内蒙古、河南、陕西、湖北、江西、四川、云南；朝鲜、日本、欧洲。

18. 赤短梗天牛 *Arhopalus unicolor* (Gahan)

分布：中国浙江（景宁、天目山、杭州、丽水、龙泉）、上海、福建、广东、云南；缅甸、印度、老挝、日本、朝鲜。

19. 桃红颈天牛 *Aromia bungli* Fald

寄主：桃、杏、樱桃、梅、柳、柿、梨、枹、胡桃、苦楝。

分布：中国浙江（景宁、百山祖、嘉兴、平湖、海宁、杭州、余杭、临安、富阳、淳安、上虞、嵊州、鄞州、镇海、奉化、三门、嵊泗、定海、岱山、普陀、金华、兰溪、天台、仙居、临海、黄岩、温岭、玉环、常山、丽水、龙泉、庆元、温州、永嘉、平阳）、辽宁、内蒙古、河北、山东、甘肃、陕西、江苏、湖北、福建、广东、广西、四川；朝鲜。

20. 杨红颈天牛 *Aromia moschata orientalis* Plavils

寄主：杨、柳、李。

分布：中国浙江（景宁、百山祖、龙泉、庆元）、黑龙江、吉林、辽宁、内蒙古、河北、河南、甘肃、陕西、江西；俄罗斯、朝鲜、日本。

21. 红缘亚天牛 *Asias halodendri* (Pallas)

寄主：枣、梨、油茶、葡萄、小叶榆、刺槐、枸杞。

分布：中国浙江（景宁、百山祖）、内蒙古、河北、山西、山东、陕西、宁夏、甘肃、江苏、湖北、江西、贵州；俄罗斯、蒙古、朝鲜。

22. 黄荆重突天牛（黄荆眼天牛、黄荆蓝翅天牛）*Astathes episcopalism* (Chevrelat)

寄主：竹、油茶、泡桐、油桐、黄荆。

分布：中国浙江（景宁、古田山、长兴、杭州、淳安、丽水、庆元、泰顺）、内蒙古、河北、山西、河南、陕西、新疆、江苏、安徽、江西、福建、台湾、湖北、广东、香港、广西、四川、贵州、云南；朝鲜。

23. 梨眼天牛 *Bacchisa fortunei* Thomson

寄主：苹果、梨、梅、杏、桃、李、海棠、石楠、野山楂、石榴。

分布：中国浙江（景宁、龙王山、百山祖、古田山、杭州、临安、上虞、奉化、义乌、东阳、临海、黄岩、丽水）、黑龙江、吉林、辽宁、内蒙古、山西、山东、陕西、江苏、安徽、江西、福建、台湾；朝鲜、日本。

24. 云斑白条天牛（云斑天牛）*Batocera horsfieldi*（Hope）

寄主：栗、胡桃、枇杷、梨、杨、柳、泡桐、无花果、山毛榉、桑、榆、油桐、乌桕、木麻黄、栎。

分布：中国浙江、河北、山东、河南、陕西、江苏、安徽、湖北、江西、湖南、福建、台湾、广东、广西、四川、贵州、云南；日本、越南、印度（东北部）、朝鲜。

25. 深斑灰天牛 *Blepephaeus succinctor*（Chevrolat）

寄主：柑橘、油桐、栎、合欢、槐、相思树、樟、杉、竹、红豆杉、泡桐、黄檀、桑。

分布：中国浙江（景宁、杭州、嵊州、龙泉、平阳）、江苏、江西、湖南、广东、广西、四川、云南；越南、印度、印度尼西亚。

26. 二斑黑绒天牛 *Embrikstrandia bimaculata*（White）

寄主：花椒、吴茱萸、山胡椒。

分布：中国浙江（景宁、天目山、杭州、龙泉）、陕西、江苏、湖南、福建、台湾、广东、广西、四川、贵州、云南。

27. 红天牛 *Erythrus championi* White

分布：中国浙江（景宁、莫干山、天目山、古田山、百山祖、杭州、丽水）、湖北、江西、福建、广东、四川、云南；老挝、柬埔寨。

28. 弧斑红天牛（弧斑天牛）*Erythrus forunei* Wheti

寄主：葡萄。

分布：中国浙江（景宁、龙王山、百山祖、长兴、杭州、桐庐、余姚、象山）、江苏、福建、台湾、广东、香港、广西、四川。

29. 榆并脊天牛（榆棺天牛）*Glenea relicta* Poscoe

寄主：榆、油桐。

分布：中国浙江（景宁、天目山、四明山、奉化、天台、松阳、云和、龙泉）。

30. 曲纹花天牛 *Leptura arcuata* Panzer

寄主：云杉、冷杉、雪松、油松、华山松。

分布：中国浙江（景宁、百山祖、仙居、文成）、黑龙江、吉林、辽宁、山东、陕西；俄罗斯、朝鲜。

31. 十二斑花天牛 *Leptura duodecimguttata duodecimguttata* Fabricius

寄主：柳。

分布：中国浙江（景宁、古田山、百山祖、丽水、龙泉）、黑龙江、吉林、辽宁；朝鲜、俄罗斯、蒙古、日本。

32. 异色花天牛 *Leptura thoracica* Creutzer

寄主：白杨、桦、冷杉、松。

分布：中国浙江（景宁、古田山、凤阳山、百山祖）、黑龙江、吉林、辽宁、内蒙古、新疆、河北、湖北；俄罗斯、朝鲜、日本。

33. 黑角瘤筒天牛 *Linda atricornis* Pic

寄主：桃、梨、李、梅、海棠。

分布：中国浙江（景宁、凤阳山、杭州、临海、丽水、庆元）。

34. 瘤筒天牛（瘤胸筒天牛） *Linda femorata*（Chevrolat）

寄主：梨、桃、悬钩子。

分布：中国浙江（景宁、天目山、古田山、凤阳山、丽水、龙泉）、陕西、江苏、上海、湖北、江西、福建、台湾、广东、广西、四川、贵州、云南。

35. 顶斑瘤筒天牛（顶斑筒天牛） *Linda fraterna*（Chevrolat）

寄主：苹果、梨、桃、李、杏、梅、樱桃、板栗、海棠。

分布：中国浙江（景宁、天目山、长兴、杭州、临安、建德、余姚、奉化、三门、舟山、岱山、东阳、天台、仙居、临海、黄岩、温岭、玉环、常山、江山、云和、龙泉、平阳）、黑龙江、吉林、辽宁、内蒙古、河北、河南、江苏、福建、台湾、江西、广东、广西、云南。

36. 密齿锯天牛 *Macrotoma fisheri* Waterh

寄主：栓皮栎、栗、柿、沙梨、杏、桃、黄连木。

分布：中国浙江（景宁、古田山、百山祖）、四川、云南、西藏；缅甸、越南、中亚。

37. 毛角薄翅天牛 *Megopis marginalis* (Fabricius)

分布：中国浙江（景宁、百山祖）、福建、台湾、广东、广西、云南；老挝、泰国、马来西亚。

38. 中华薄翅天牛（薄翅锯天牛）*Megopis sinica sinica* (White)

寄主：油桐、楝、胡桃、榆、松、栎、白蜡、栗、桑、杨、柳、枫杨、泡桐、柿、枣、枫、梧桐。

分布：中国浙江（景宁、龙王山、湖州、长兴、德清、海宁、淳安、三门、定海、义乌、东阳、永康、兰溪、天台、仙居、黄岩、温岭、玉环、龙泉、平阳、泰顺）、黑龙江、吉林、辽宁、内蒙古、河北、山西、河南、甘肃、陕西、江苏、安徽、湖北、江西、湖南、福建、台湾、广西、四川、贵州、云南；日本、朝鲜、越南、老挝、缅甸。

39. 松墨天牛 *Monochamus alternatus* Hope

寄主：鸡眼藤、落叶松、栎、云南松、桧、刺柏、华山松、花红、马尾松、冷杉、云杉、雪松。

分布：中国浙江（景宁、百山祖）、河北、山东、河南、陕西、江苏、湖北、江西、湖南、福建、台湾、广东、香港、广西、四川、贵州、云南、西藏；日本、老挝。

40. 云杉花墨天牛 *Monochamus saltnarius* Gebl

寄主：云杉。

分布：中国浙江（景宁、古田山、百山祖、建德）、黑龙江、吉林、河北、山东；朝鲜、日本、欧洲。

41. 麻斑墨天牛 *Monochamus sparsutus* Fairmaire

分布：中国浙江（景宁、天目山、古田山、百山祖）、湖北、福建、台湾、四川、云南；日本。

42. 云杉小墨天牛 *Monochamus sutor* (Linneaus)

寄主：云杉、落叶松。

分布：中国浙江（景宁、天目山、古田山、百山祖、兰溪）、吉林、山东；朝鲜、日本、欧洲。

43. 樱红天牛 *Neocerambyx oenochrous* Fairmaire

寄主：樱桃。

分布：中国浙江（景宁、凤阳山、百山祖）、安徽、福建、台湾、四川、西藏。

44. 台湾筒天牛 *Oberea formosana* Pic

寄主：樱桃、川黄、樟。

分布：中国浙江（景宁、龙王山、莫干山、四明山、古田山、百山祖、宁海、定海、丽水、遂昌、松阳、庆元、平阳）、吉林、辽宁、山东、河南、江西、台湾；朝鲜、日本。

45. 日本筒天牛 *Oberea japonica*（Thunberg）

寄主：满院春、桃、梅、杉、杏、李、樱、梨、茶、桑、山楂。

分布：中国浙江（景宁、龙王山、莫干山、古田山、百山祖、杭州、鄞州、慈溪、镇海、奉化、象山、定海、浦江、温岭、丽水、龙泉、庆元、永嘉）、吉林、辽宁、山东、河南、江西、台湾；朝鲜、日本。

46. 黑头筒天牛（粗点筒天牛） *Oberea nigricep*（White）

分布：中国浙江（景宁、天目山、百山祖、杭州、遂昌、松阳、庆元）、江苏、湖北、广东、海南、广西。

47. 短足筒天牛（一点筒天牛） *Oberea uninotacollis* Pic

寄主：樟。

分布：中国浙江（景宁、天目山、古田山、百山祖、松阳）、江西、福建、广东、广西、云南；越南、老挝。

48. 八星粉天牛 *Olenecamptus octopustulatus*（Motschulsky）

寄主：枫杨、栎、桑、胡桃、紫檀。

分布：中国浙江（景宁、莫干山、德清、海宁、杭州、临安、宁海、龙泉、平阳）。

49. 蜡斑齿胫天牛 *Paraleprodera carolina*（Fairmaire）

寄主：悬钩子。

分布：中国浙江（景宁、龙王山、百山祖、龙泉）、湖北、湖南、福建、四川、贵州、云南。

50. 眼斑齿胫天牛（眼斑栗天牛） *Paraleprodera diophthelma*（Pascoe）

寄主：栗、栎、胡桃、油桐、虎榛子、四照花、猕猴桃。

分布：中国浙江（景宁、莫干山、天目山、百山祖、杭州、桐庐、淳安、嵊州、三门、天台、仙居、临海、黄岩、温岭、玉环、开化、丽水、文成、泰顺）、河北、陕西、江苏、福建、四川、贵州。

51. 苎麻双脊天牛（苎麻天牛） *Paraglenea fortunei*（Saunders）

寄主：苎麻、桑、木槿。

分布：中国浙江（景宁、龙王山、百山祖）、河北、河南、陕西、江苏、安徽、湖北、江西、湖南、福建、广东、广西、四川、贵州、云南；日本、越南。

52. 狭胸橘天牛（桔狭胸天牛） *Philus autennatus*（Gyllenhal）

寄主：柑橘、茶、乌桕、榆、桑、马尾松。

分布：中国浙江（景宁、百山祖、安吉、杭州、鄞州、奉化、象山、三门、定海、普陀、天台、仙居、临海、黄岩、温岭、玉环、丽水、缙云、龙泉、庆元、温州、永嘉、文成、平阳）、河北、江西、湖南、福建、海南、香港；印度。

53. 蔗狭胸天牛 *Philus pallescens* Bates

寄主：甘蔗、油茶、板栗。

分布：中国浙江（景宁、四明山、湖州、长兴、德清、杭州、建德、青田、龙泉、庆元、温州、瑞安、平阳）。

54. 多带天牛（黄带多天牛、黄带蓝天牛） *Polyzonus fasciatus* Fabricius

寄主：柳、竹、菊、伞形花科。

分布：中国浙江（景宁、四明山、古田山、百山祖、杭州、桐庐、余姚、奉化、三门、定海、东阳、兰溪、天台、仙居、临海、黄岩、温岭、玉环、衢州、丽水、遂昌、青田、龙泉、庆元、永嘉）、黑龙江、吉林、辽宁、内蒙古、河北、山西、山东、河南、陕西、江苏、江西、福建、广东、香港；日本、俄罗斯、朝鲜。

55. 糙额驴天牛 *Pothyne rugifrons* Gressitt

分布：中国浙江（景宁、古田山、百山祖）、福建、广东。

56. 锯天牛 *Prionus insularis* Motschulsky

寄主：松、柳杉、冷杉、云杉、柏、榆、柳、槐、山毛榉、梨。

分布：中国浙江（景宁、长兴、余姚、丽水、龙泉、平阳）。

57. 柑橘锯天牛（桔根锯天牛） *Priotyrranus closteroides* Thomson

寄主：柑橘。

分布：中国浙江（景宁、长兴、德清、余姚、兰溪、龙泉、平阳）。

58. 黄星桑天牛（黄星天牛、黄点天牛） *Psacothea hilaris*（Pascoe）

寄主：杨、桑、油桐、枫、柳、枇杷。

分布：中国浙江（景宁、龙王山、百山祖、湖州、长兴、嘉兴、桐乡、杭州、临安、富阳、桐庐、建德、绍兴、上虞、诸暨、嵊州、天台、仙居、临海、黄岩、平阳）、黑龙江、吉林、辽宁、内蒙古、河北、河南、陕西、江苏、安徽、湖北、江西、湖南、台湾、广东、广西、四川、贵州、云南；日本、朝鲜、越南。

59. 暗红折天牛（樟暗红天牛）*Pyrestes naematica* Pascoe

寄主：樟、楠、乌药、肉桂。

分布：中国浙江（景宁、凤阳山、天目山、龙泉）。

60. 肖双条杉天牛 *Semanotus bifasciatus* Gressitt

寄主：杉、柳杉、柏、罗汉松。

分布：中国浙江（景宁、德清、杭州、建德、绍兴、新昌、鄞州、慈溪、余姚、镇海、奉化、宁海、象山、三门、武义、兰溪、天台、仙居、临海、黄岩、温岭、玉环、丽水、缙云、遂昌、青田、云和、龙泉、庆元、温州、乐清、永嘉、瑞安、文成、平阳、泰顺）。

61. 粗鞘双条杉天牛 *Semanotus sinoauster*（Gressitt）

寄主：杉、柳杉。

分布：中国浙江（景宁、龙王山、杭州、临安、富阳、桐庐、建德、淳安、仙居、开化、常山、江山、缙云、青田、云和、龙泉、庆元）、江苏、湖北、江西、湖南、福建、台湾、广东、广西、四川。

62. 椎天牛（短角幽天牛）*Spondylis buprestoides*（Linnaeus）

寄主：云杉、马尾松、柳杉、扁柏、无花果、泡桐、冷杉。

分布：中国浙江（景宁、龙王山、莫干山、百山祖、长兴、德清、杭州、富阳、桐庐、建德、上虞、鄞州、宁海、三门、义乌、武义、天台、丽水、缙云、遂昌、龙泉、庆元、永嘉、文成、泰顺）、黑龙江、内蒙古、河北、陕西、江苏、安徽、福建、台湾、广东、云南；日本、朝鲜、欧洲。

63. 拟蜡天牛（四星栗天牛）*Stenygrinum quadrinotatum* Bates

寄主：栗、栎、油松、冷杉、槐、枫杨、槲、榉、桃、茶、桑。

分布：中国浙江（景宁、龙王山、莫干山、长兴、德清、海宁、杭州、临安、建德、淳安、绍兴、诸暨、慈溪、余姚、镇海、宁海、象山、三门、定海、岱山、天台、临海、丽水、缙云、龙泉、平阳）、吉林、甘肃、黑龙江、河北、山东、河南、陕西、江苏、上海、安徽、湖北、江西、湖南、台湾、广西、四川、贵州、云南；日本、朝鲜、老挝、缅甸、印度。

64. 蚤瘦花天牛 *Strangalia fortunei* Pascoe

分布：中国浙江（景宁、龙王山、天目山、古田山、百山祖、丽水）、辽宁、内蒙古、北京、天津、河北、山西、河南、江苏、上海、安徽、江西、湖北、湖南、福建、广东、四川、贵州。

65. 黄带刺楔天牛 *Thermistis croceocincta*（Saunders）

分布：中国浙江（景宁、百山祖）、陕西、江西、湖南、福建、广东、广西、四川、云南；越南、印度。

66. 胡桃背虑天牛（胡桃虎脊天牛）*Xylotrechus contortus* Gahan

寄主：胡桃、杜鹃。

分布：中国浙江（景宁、松阳、龙泉）。

67. 合欢双条天牛 *Xystrocera globosa*（Olivier）

寄主：槐、桑、柑橘、木棉、羊蹄甲、梅、云南松、合欢、李、杏、桃、樱桃。

分布：中国浙江（景宁、龙王山、天目山、四明山、长兴、平湖、杭州、绍兴、定海、龙泉、平阳）、河北、山东、江苏、福建、台湾、广东、广西、四川、云南；日本、朝鲜、老挝、缅甸、泰国、印度、斯里兰卡、马来西亚、印度尼西亚、菲律宾、埃及、夏威夷群岛。

（二十一）负泥虫科 Crioceridae

梁红斌、徐源（中国科学院动物研究所）

1. 十四点负泥虫 *Crioceris quatuordecimpunctata*（Scopoli）

寄主：小麦、龙须菜、天门冬。

分布：中国浙江（景宁、庆元、平阳）、黑龙江、吉林、辽宁、内蒙古、北京、河北、山东、福建、广西；俄罗斯（西伯利亚）、朝鲜、日本。

2. 红顶负泥虫 *Lema coronata* Baly

寄主：鸭跖草、竹叶草、菊。

分布：中国浙江（景宁、嘉兴、杭州、庆元）、江苏、湖北、福建、广东、广西、四川；日本。

3. 紫茎甲 *Sagra femoratapurpurea* Lichtenstein

寄主：豇豆、刀豆、薯蓣、决明、木蓝、葛、油麻藤、菜豆。

分布：中国浙江（景宁、丽水、庆元）、江西、福建、广东、海南、广西、四川、云南；越南。

（二十二）萤叶甲亚科 Galerucinae

聂瑞娥、雷启龙、徐思远（中国科学院动物研究所）

1. 丽萤叶甲 *Clitenella fulminans*（Faldermann，1835）

分布：中国浙江（景宁、安吉、开化、龙泉、平阳）、内蒙古、河北、山东、陕西、湖北、江西、湖南、福建、台湾、四川、贵州、云南；蒙古、越南。

2. 旋心异跗萤叶甲 *Apophylia flavovirens*（Fairmaire，1878）

分布：中国浙江（景宁、莫干山、临安、永康、仙居）、吉林、河北、山西、陕西、安徽、湖北、江西、湖南、福建、台湾、广东、海南、广西、四川、贵州；朝鲜、越南。

3. 黑头异跗萤叶甲 *Apophylia nigriceps* Laboissière，1927

分布：中国浙江（景宁）、湖南、福建、台湾、云南；日本、越南。

4. 中华德萤叶甲 *Dercetina chinensis*（Weise，1889）

分布：中国浙江（景宁、临安、庆元、龙泉）、河北、甘肃、陕西、江苏、安徽、湖北、江西、湖南、福建、台湾、广东、四川、贵州、云南；越南、老挝、泰国、印度、尼泊尔。

5. 黄斑德萤叶甲 *Dercetina flavocincta*（Hope）

寄主：榆、千屈菜科、紫薇。

分布：中国浙江（景宁、莫干山、百山祖）、甘肃、河北、安徽、湖北、江西、湖南、福建、台湾、广东、四川、贵州、云南；越南、老挝、柬埔寨、泰国、印度、尼泊尔。

6. 马氏阿萤叶甲 *Arthrotus maai* Gressitt *et* Kimoto，1963

分布：中国浙江（景宁）、福建、广东。

7. 赭黄阿萤叶甲 *Arthrotus ochreipennis* Gressitt *et* Kimoto，1963

分布：中国浙江（景宁）、湖南、福建。

8. 水杉阿萤叶甲 *Arthrotus nigrofasciatus*（Jacoby）

寄主：枫香、细圆齿火棘、芸薹、水杉、枫杨、杨、柳。

分布：中国浙江（景宁、龙王山、百山祖）、安徽、湖北、江西、湖南、福建、广东、四川。

9. 黄褐阿萤叶甲 *Arthrotus testaceus* Gressitt *et* Kimoto

寄主：野毛豆。

分布：中国浙江（景宁、莫干山、百山祖）、湖北、福建、四川。

10. 黑足黑守瓜 *Aulacophora nigripennis* Motschulsky，1857

分布：中国浙江（景宁、德清、长兴、安吉、杭州、丽水）、黑龙江、河北、山西、山东、甘肃、陕西、江苏、安徽、湖北、江西、湖南、福建、台湾、广东、海南、广西、四川、贵州、云南；俄罗斯、韩国、日本、越南。

11. 黑跗黄守瓜 *Aulacophora tibialis* Chapuis，1876

分布：中国浙江（景宁）、湖北、江西、湖南、福建、台湾、海南、广西、四川、贵州、云南、西藏；越南、老挝、泰国、缅甸、印度、尼泊尔、马来西亚、印度尼西亚。

12. 印度黄守瓜 *Aulacophora indica*（Gmelin）

寄主：瓜类、桃、梨、柑橘、葫芦科。

分布：中国浙江（景宁、莫干山、古田山、百山祖）、河北、山东、陕西、江苏、湖北、江西、湖南、福建、台湾、广东、广西、四川、贵州、云南、西藏；俄罗斯、朝鲜、日本、越南、老挝、柬埔寨、泰国、缅甸、印度、尼泊尔、不丹、斯里兰卡、菲律宾、巴布亚新几内亚、斐济。

13. 柳氏黑守瓜（黄足黑守瓜） *Aulacophora lewisii* Baly

寄主：葫芦科。

分布：中国浙江（景宁、莫干山、百山祖、嘉兴、杭州、余杭、临安、萧山、余姚、奉化、金华、兰溪、天台、缙云）、江苏、安徽、湖北、江西、湖南、福建、台湾、广东、海南、广西、四川、贵州、云南；日本、越南、老挝、柬埔寨、泰国、缅甸、印度、尼泊尔、斯里兰卡。

14. 黑盾黄守瓜 *Aulacophora semifusca* Jacoby

寄主：葫芦科。

分布：中国浙江（景宁、百山祖）、湖北、江西、湖南、福建、台湾、海南、广西、四川、贵州、云南、西藏；印度、越南、老挝、泰国、尼泊尔、缅甸。

15. 丝殊角萤叶甲 *Agetocera filicornis* Laboissière，1927

分布：中国浙江（景宁、莫干山、临安）、甘肃、陕西、湖北、江西、湖南、福建、广西、四川、贵州、云南；越南。

16. 日本凯瑞萤叶甲 *Charaea chujoi*（Nakane，1958）

分布：中国浙江（景宁、临安、庆元）、河南、甘肃、湖北、湖南、福建、台湾、四川、贵州；日本。

17. 卡氏凯瑞萤叶甲 *Charaea kelloggi*（Gressitt *et* Kimoto，1963）

分布：中国浙江（景宁）、福建、台湾、广东、香港、贵州。

18. 波萤叶甲 *Brachyphora nigrovittata* Jacoby，1890

分布：中国浙江（景宁、德清、安吉、临安）、山西、陕西、江苏、湖北、江西、湖南、福建、广东、广西、四川、贵州。

19. 邵武长跗萤叶甲 *Monolepta shaowuensis* Gressitt *et* Kimoto，1963

分布：中国浙江（景宁）、湖北、江西、湖南、福建、广东。

20. 凹翅长跗萤叶甲 *Monolepta bicavipennis* Chen

寄主：胡桃、水杉、栗、银杏、柳、枫杨。

分布：中国浙江（景宁、龙王山、百山祖）、山西、陕西、湖北、江西、湖南、贵州、云南。

21. 双斑长跗萤叶甲 *Monolepta hieroglyphica*（Motschulsky）

寄主：禾本科、豆科、十字花科、杨柳科、杨、棉、马铃薯、大豆、向日葵、蓖麻、苍耳、玉米、高粱、桃、荞麦。

分布：中国浙江（景宁、古田山、百山祖、杭州）及全国绝大多省份均有分布；俄罗斯、朝鲜、日本、菲律宾、越南、缅甸、印度、马来西亚、新加坡、印度尼西亚。

22. 竹长跗萤叶甲（茉莉长跗叶甲）*Monolepta pallidula*（Baly）

寄主：安息香、野茉莉、松、杉、竹、枫杨。

分布：中国浙江（景宁、莫干山、龙王山、古田山、百山祖、长兴、德清、余杭、龙泉、庆元）、河南、安徽、湖北、江西、湖南、福建、台湾、广东、四川、海南、广西、贵州、云南；朝鲜、日本。

23. 双色长刺萤叶甲 *Atrachya bipartita* (Jacoby，1890)

分布：中国浙江（景宁、德清、安吉）、陕西、湖北、福建、广西、四川。

24. 豆长刺萤叶甲 *Atrachya menetriesi* (Faldermann，1835)

分布：中国浙江（景宁、安吉）、黑龙江、吉林、内蒙古、河北、山西、甘肃、陕西、青海、江苏、湖北、江西、湖南、福建、广东、广西、四川、贵州、云南；俄罗斯（西伯利亚）、日本。

25. 三色长刺萤叶甲 *Atrachya tricolor* Gressitt *et* Kimoto，1963

分布：中国浙江（景宁）、湖南、福建。

26. 蓝翅边毛萤叶甲 *Cneorella spuria* (Gressitt *et* Kimoto，1963)

分布：中国浙江（景宁）、江西、福建、台湾、广东、海南。

27. 黄缘樟萤叶甲 *Atysa marginata* (Hope)

寄主：樟。

分布：中国浙江（景宁、百山祖）、湖北、江西、福建、四川、贵州；缅甸、印度、尼泊尔、巴基斯坦。

28. 胡枝子克萤叶甲 *Cneorane violaceipennis* Allard

寄主：胡枝子。

分布：中国浙江（景宁、龙王山、百山祖）、黑龙江、吉林、辽宁、河北、山西、甘肃、陕西、江苏、安徽、湖北、江西、湖南、福建、台湾、广东、广西、四川；俄罗斯、朝鲜。

29. 菊攸萤叶甲 *Euliroetis ornate* (Baly)

寄主：菊科。

分布：中国浙江（景宁、百山祖）、黑龙江、吉林、辽宁、江苏、湖南、福建、广东、广西、贵州；俄罗斯、朝鲜、日本。

30. 黄腹埃萤叶甲 *Exosoma flaviventris* (Motschulsky)

分布：中国浙江（景宁、古田山、百山祖）、黑龙江、吉林、甘肃、陕西、安徽、湖北、江西、湖南、福建、台湾、广东；俄罗斯、日本。

31. 桑窝额萤叶甲 *Fleutiauxia armata* (Baly)

寄主：胡桃、楸、杨、桑、枣、构树。

分布：中国浙江（景宁、龙王山、天目山、嘉兴、杭州、余杭、宁波、龙泉）、吉林、甘肃、河南、黑龙江、湖南；俄罗斯、朝鲜、日本。

32. 桑黄米萤叶甲 *Mimastra cyanura*（Hope）

寄主：桃、李、梅、梨、苎麻、梧桐、茶、榆、朴、榉、柑橘、乌桕、豆类、桑、十字花科。

分布：中国浙江（景宁、百山祖、嘉兴、杭州、余杭、临安、宁波、奉化、宁海、象山、三门、天台、仙居、临海、黄岩、温岭、玉环、温州、平阳）、江苏、湖北、江西、湖南、福建、广东、广西、四川、贵州、云南；印度、尼泊尔、巴基斯坦、缅甸。

33. 蓝翅瓢萤叶甲 *Oides bowringii*（Baly）

寄主：泡桐、胡桃、枫、九节木、五味子。

分布：中国浙江（景宁、龙王山、莫干山、百山祖、东阳、缙云、遂昌、庆元）、湖北、江西、湖南、福建、广东、广西、四川、贵州、云南；朝鲜、日本。

34. 八角瓢萤叶甲 *Oides duporti* Laboissiere

寄主：五味子、八角。

分布：中国浙江（景宁、古田山、龙泉）、安徽、湖北、福建、广东、广西、云南；越南。

35. 二带凹翅萤叶甲 *Paleosepharia excavata*（Chujo）

分布：中国浙江（景宁、莫干山、凤阳山、百山祖、云和）、江苏、江西、湖南、福建、台湾、广东、云南。

36. 枫香凹翅萤叶甲 *Paleosepharia liquidambara* Gressitt *et* Kimoto

寄主：枫香、柳、水杉、桤木。

分布：中国浙江（景宁、龙王山、莫干山、古田山、百山祖、江山、平阳）、甘肃、安徽、湖北、江西、湖南、福建、广东、广西、四川、云南。

37. 褐翅拟隶萤叶甲 *Siemssenius fulvipennis*（Jacoby）

寄主：枫香、金银花、马桑、忍冬科。

分布：中国浙江（景宁、龙王山、百山祖）、江苏、湖北、江西、湖南、福建、广西、四川、贵州。

（二十三）跳甲亚科 Alticinae

阮用颖、张萌娜（深圳职业技术学院）

1. 蓟跳甲 *Altica cirsicola* Ohno

寄主：蓟。

分布：中国浙江（景宁、百山祖）、黑龙江、吉林、辽宁、内蒙古、甘肃、新疆、河北、广西、山东、安徽、湖北、湖南、福建、四川、贵州、云南；日本。

2. 蓝跳甲 *Altica cyanea* Weber

寄主：水稻、荞麦、甘蔗、马兰、柳叶菜、丁香蓼。

分布：中国浙江（景宁、龙王山、百山祖、金华、江山、丽水、遂昌、青田、龙泉）、陕西、安徽、湖北、湖南、福建、广东、广西、四川、云南、西藏；日本、中南半岛、缅甸、印度、马来西亚、苏门答腊。

3. 细背侧刺跳甲 *Aphthona stuigosa* Baly

寄主：大戟科。

分布：中国浙江（景宁、龙王山、百山祖）、湖北、江西、湖南、福建、广东、海南、广西、四川、贵州；日本、越南、印度尼西亚。

4. 尖角圆肩跳甲 *Batophila acutangula* Heikertinger

分布：中国浙江（景宁、龙王山、百山祖）、湖北、江西、福建、台湾；日本。

5. 金绿沟胫跳甲（车前宽缘叶甲）*Hemipyxis plagioderoides*（Motschulsky）

寄主：海州常山、车前、牡荆、玄参、泡桐、沙参、糙苏、筋骨草、醉鱼草。

分布：中国浙江（景宁、龙王山、百山祖）、黑龙江、辽宁、河北、山东、甘肃、陕西、江苏、湖北、江西、湖南、福建、台湾、广东、广西、四川、云南；俄罗斯、朝鲜、日本、越南、缅甸。

6. 裸顶丝跳甲 *Hespera sericea* Weise

寄主：豆科、蔷薇科、木蓝属。

分布：中国浙江（景宁、龙王山、古田山、百山祖）、甘肃、湖北、福建、广西、贵州、四川、云南、西藏；越南、印度、不丹、尼泊尔。

7. 黄胸寡毛跳甲 *Luperomorpha xanthodera*（Fairmaire）

寄主：猕猴桃、野蔷薇。

分布：中国浙江（景宁、龙王山、百山祖、松阳）、河北、山东、湖北、江西、湖南、福建、广东、四川。

8. 异色九节跳甲（异色卵跳甲、绿卵跳甲）*Nonarthra variabilis* Baly

寄主：栗。

分布：中国浙江（景宁、龙王山、莫干山、古田山、龙泉）、湖北、江西、福建、台湾、广东、海南、广西、四川；越南、老挝、柬埔寨、缅甸、印度。

9. 斑翅粗角跳甲 *Phygasia ornata* Baly

分布：中国浙江（景宁、龙王山、百山祖、丽水、遂昌、文成）、湖北、江西、湖南、福建、台湾、海南、广西、四川、贵州、云南；缅甸、印度。

10. 黄曲条菜跳甲 *Phyllotreta striolata* Fabricius

寄主：十字花科、葫芦科。

分布：中国浙江（景宁、莫干山、百山祖）及全国各地广布；朝鲜、日本、越南。

11. 黄色凹缘跳甲（黄色漆树跳甲、野沐浴宽胸跳甲）*Podontia lutea*（Olivier）

寄主：黄连木、油茶、檫、泡桐、黑漆树。

分布：中国浙江（景宁、龙王山、莫干山、杭州、淳安、诸暨、余姚、奉化、象山、义乌、武义、开化、丽水、龙泉、庆元）、陕西、湖北、江西、湖南、福建、台湾、广东、广西、四川、贵州、云南；东南亚。

12. 黄腹瘦跳甲 *Stenoluperus flaviventris* Chen

分布：中国浙江（景宁、龙王山、莫干山、百山祖）、江苏、湖北、湖南、福建、贵州、四川、云南。

13. 日本瘦跳甲 *Stenoluperus nipponensis*（Laboissiera）

寄主：山柳、小檗、高山蓼、醉鱼草。

分布：中国浙江（景宁、龙王山、百山祖）、黑龙江、吉林、辽宁、内蒙古、湖北、湖南、四川、云南；朝鲜、日本、俄罗斯（西伯利亚）。

14. 暗棕长瘤跳甲 *Trachyaphthona obscura*（Jacoby）

寄主：忍冬。

分布：中国浙江（景宁、龙王山、古田山、百山祖）、江西、福建、四川、云南；日本、越南。

（二十四）叶甲亚科 Chrysomelidae

葛斯琴、王晓龙（中国科学院动物研究所）

---

1. 宽胸缺缘叶甲 *Ambrostoma fortunei*（Baly）

寄主：榆。

分布：中国浙江（景宁、杭州、余杭、临安、萧山、桐庐、建德、上虞、诸暨、定海、丽水、庆元）、河南、湖南、安徽、江西、福建、贵州。

2. 薄荷金叶甲 *Chrysolina exanthematica*（Wiedemann）

寄主：薄荷。

分布：中国浙江（景宁、百山祖）、吉林、青海、河北、河南、江苏、安徽、湖北、湖南、福建、广东、海南、四川、云南；日本、俄罗斯、印度。

3. 黑盾角胫叶甲（黑质角胫叶甲）*Gonioctena fulva*（Motschulsky）

寄主：胡枝子、鸡血藤。

分布：中国浙江（景宁、莫干山、百山祖）、黑龙江、吉林、河北、山西、江苏、湖北、江西、湖南、福建、广东、四川；俄罗斯（西伯利亚）、越南。

4. 十三斑角胫叶甲 *Gonioctena tredecimmaculata*（Jacoby）

寄主：葛属。

分布：中国浙江（景宁、龙王山、莫干山、百山祖）、湖北、江西、湖南、福建、台湾、四川、贵州；越南（北部地区）。

5. 小猿叶甲（白菜猿叶甲）*Phaedon brassicae* Baly

寄主：油菜、雪里蕻、水芹、洋葱、酸模、白菜、萝卜、芥菜、胡萝卜、葱、甜菜、莴苣。

分布：中国浙江（景宁、百山祖、杭州、临安、金华、兰溪、临海、衢州）、江苏、江西、安徽、湖北、湖南、福建、台湾、四川、贵州、云南；越南。

6. 柳圆叶甲（橙胸斜缘叶甲、柳斜缘叶甲）*Plagiodera versicolora*（Laicharting）

寄主：柳。

分布：中国浙江（景宁、莫干山、百山祖）、黑龙江、吉林、辽宁、内蒙古、甘肃、宁夏、河北、山西、河南、陕西、湖北、安徽、山东、江苏、江西、湖南、福建、台湾、四川、贵州；日本、印度、欧洲、非洲北部。

（二十五）肖叶甲科 Eumolpidae

1. 葡萄丽叶甲 *Acrothinium gaschkevitschii*（Motschulsky）

寄主：梨、甘薯、葡萄、野薄荷、鸭跖草、蜡瓣花。

分布：中国浙江（景宁、淳安、镇海、宁海、普陀、丽水、云和、龙泉）、江西、福建、台湾；日本。

2. 褐足角胸叶甲 *Basilepta fulvipes*（Motschulsky）

寄主：葡萄、银芽柳、樱桃、梨、梅、李、蒿、枫杨。

分布：中国浙江（景宁、杭州、临安、鄞州、象山、金华、江山、开化、丽水、庆元、平阳）、黑龙江、吉林、辽宁、内蒙古、北京、河北、山西、山东、宁夏、陕西、江苏、湖北、江西、湖南、福建、台湾、广西、四川、贵州、云南；朝鲜、日本。

3. 隆基角胸叶甲 *Basilepta leechi*（Jacoby）

寄主：悬钩子、栲、黄荆、油桐、茅莓、胡桃。

分布：中国浙江（景宁、杭州、临安、镇海、余姚、奉化、鄞州、丽水、云和、龙泉、庆元、温州）、江苏、湖北、江西、福建、广东、广西、四川、贵州、云南；越南。

4. 斑鞘角胸叶甲 *Basilepta martini*（Lefevre）

寄主：胡桃、桉。

分布：中国浙江（景宁、庆元、温州、平阳）、江西、福建、台湾、广东、海南、广西；越南、老挝、柬埔寨。

5. 中华萝藦肖叶甲 *Chrysochus chinensis* Baly

寄主：茄、芋、甘薯、蕹菜、棉、桑、梨、马尾松、黄芪。

分布：中国浙江（景宁、开化、庆元）、黑龙江、吉林、辽宁、内蒙古、甘肃、青海、河北、山西、山东、河南、陕西、江苏；朝鲜、日本、俄罗斯（西伯利亚）。

6. 甘薯叶甲 *Colasposoma dauricum* Motschulsky

寄主：甘薯、蕹菜、乌蔹莓、小旋花。

分布：中国浙江（景宁、德清、杭州、临安、鄞州、余姚、奉化、宁海、象山、三门、定海、东阳、兰溪、天台、仙居、临海、黄岩、温岭、玉环、丽水、遂昌、龙泉、苍南）。

7. 三带隐头叶甲 *Cryptocephalus trifasciatus* Fabricius

寄主：楝、板栗、油茶、木荷、落羽杉、算盘子、紫薇。

分布：中国浙江（景宁、永康、开化、丽水、遂昌、庆元）、江西、湖南、福建、台湾、广东、海南、广西、云南；越南、尼泊尔。

8. 中华球叶甲 *Nodina chinensis* Weise

寄主：板栗、算盘子、竹、马尾松。

分布：中国浙江（景宁、建德、淳安、庆元、文成、平阳）、陕西、江苏、湖北、江西、福建、广东、广西。

9. 粗刻凹顶叶甲 *Parascela cribrata* （Schaufass）

寄主：杨、樱桃。

分布：中国浙江（景宁、庆元、瑞安）、福建、广东、四川、云南。

10. 双带方额叶甲 *Physauchenia bifasciata* （Jacoby）

寄主：油茶、乌桕、胡枝子、算盘子、柑橘、黑荆树、南紫薇。

分布：中国浙江（景宁、杭州、淳安、鄞州、慈溪、镇海、象山、定海、岱山、普陀、东阳、天台、仙居、临海、玉环、丽水、缙云、遂昌、龙泉、温州）、江苏、湖北、江西、湖南、福建、台湾、广东、海南、广西、四川、云南；朝鲜、日本、越南、印度。

11. 茶扁角叶甲 *Platycorynus igneicollis* （Hope）

寄主：茶。

分布：中国浙江（景宁、临安、诸暨、鄞州、余姚、镇海、宁海、定海、岱山、普陀、浦江、龙泉、庆元、温州）、江苏、江西、福建、广东、海南。

12. 黑额光叶甲 *Smaragdina nigrifrons* （Hope）

寄主：木荷、油茶、乌桕、楝、算盘子、白茅、蒿、栗、柳、榛、南紫薇。

分布：中国浙江（景宁、桐庐、建德、诸暨、宁波、鄞州、余姚、奉化、义乌、永康、古田山、常山、江山、丽水、遂昌、松阳、青田、龙泉、温州）、辽宁、北京、河北、山西、山东、河南、陕西、江苏、安徽、湖北、江西、湖南、福建、台湾、广东、广西、四川、贵州；朝鲜、日本。

13. 大毛叶甲 *Trichochrysea imperialis* （Baly）

寄主：黑荆树、栎、刺槐、马尾松、水稻、玉米、棉、山合欢、美丽胡枝子。

分布：中国浙江（景宁、诸暨、鄞州、慈溪、镇海、宁海、象山、三门、天台、仙居、临海、温岭、玉环、丽水、遂昌、庆元、温州）、江苏、湖北、江西、湖南、广东、福建、海南、广西、四川、贵州、云南；越南。

14．合欢毛叶甲 *Trichochrysea nitidissima*（Jacoby）

寄主：山合欢、黄檀。

分布：中国浙江（景宁、庆元、平阳）、江西、湖南、福建、海南、广西、四川、云南。

（二十六）铁甲科 Hispidae

1．山楂肋龟甲（白蔹龟甲）*Alledoya vespertina*（Boheman）

寄主：山楂、悬钩子、铁线莲、白蔹、打碗花。

分布：中国浙江（景宁、莫干山、百山祖）、黑龙江、内蒙古、甘肃、河北、陕西、江苏、湖北、湖南、福建、台湾、广东、广西、四川、贵州；朝鲜、日本。

2．"U"刺异爪铁甲 *Asamangulia longispina* Gressitt

分布：中国浙江（景宁、百山祖）、江西、福建、广东、海南、云南。

3．北锯龟甲 *Basiprionota bisignata*（Boheman）

寄主：樟、梓树、泡桐、楸、柑橘、白杨。

分布：中国浙江（景宁、百山祖、杭州、临安、绍兴、上虞、余姚、义乌、东阳、永康、兰溪、开化、丽水、缙云）、甘肃、河北、山西、山东、河南、陕西、江苏、湖北、江西、湖南、福建、广西、四川、贵州、云南。

4．大锯龟甲 *Basiprionota chinensis*（Fabricins）

寄主：泡桐、油桐、梧桐。

分布：中国浙江（景宁、莫干山、百山祖、开化、江山、丽水、缙云、遂昌、庆元）、陕西、江苏、湖北、江西、福建、广东、广西、四川。

5．疏毛准铁甲 *Rhadinosa lebongensis* Maulik

分布：中国浙江（景宁、凤阳山）。

6．苹果台龟甲 *Taiwania versicolor* Boheman

寄主：沙梨、桃、李、细花楸、石斑木、石楠、苹果、花楸、李。

分布：中国浙江（景宁、开化、江山、庆元、泰顺）、黑龙江、湖北、江西、湖南、福建、台湾、广东、海南岛、广西、四川、云南；日本、越南、缅甸。

（二十七）三锥象科 Brenthidae

甘薯小象（甘薯象鼻虫） *Cylas formicarius* （Fabricius）

寄主：甘薯。

分布：中国浙江（景宁、镇海、象山、定海、岱山、普陀、临海、黄岩、温岭、玉环、青田、龙泉、庆元、乐清、永嘉、瑞安、平阳、苍南）。

（二十八）卷象科 Attelabidae

1. 栎细胫卷象 *Apoderus jekeli* Roelofs

寄主：榆、栎、杨、乌桕、油桐。

分布：中国浙江（景宁、浦江、丽水、缙云、遂昌、青田、云和、龙泉、庆元）。

2. 黑尾卷象 *Apoderus nigroapicatus* Jekel

寄主：乌桕、洋槐。

分布：中国浙江（景宁、建德、丽水、缙云、遂昌、青田、云和、龙泉、庆元、百山祖、乐清、永嘉、瑞安、文成、平阳、泰顺）、山东、江苏、湖北、江西、湖南、福建、台湾、四川、广东、广西、贵州、云南。

3. 苎麻卷象（漆黑瘤卷象） *Phymatapoderus latipernnis* Jakel

寄主：荨麻、榆、苎麻。

分布：中国浙江（景宁、龙王山、莫干山、天目山、古田山、百山祖、湖州、长兴、建德、淳安、金华、东阳、江山）、黑龙江、辽宁、江苏、江西、云南、湖北、湖南、福建、广西、四川、贵州；日本、俄罗斯、越南。

4. 梨虎（梨果象虫、梨实象虫、朝鲜梨虎） *Rhynchites foveipennis* Fairmaire

寄主：梨、沙果、杏、桃、梅、花红、山楂、苹果。

分布：中国浙江（景宁、百山祖、诸暨、浦江、义乌、东阳、仙居、黄岩、温岭、开化、丽水、缙云）、黑龙江、吉林、辽宁、内蒙古、河北、山西、山东、陕西、福建、四川、贵州、云南；朝鲜。

（二十九）象甲科 Curculionidae

张润志[1]、任立[1]、黄俊浩[2]（1. 中国科学院动物研究所；2. 浙江农林大学）

1. 黑点尖尾象 *Aechmura subtuberculata* Voss

分布：中国浙江（景宁、龙王山、庆元）、福建。

2. 乌桕长足象 *Alcidodes erro*（Pascoe）

寄主：乌桕、漆树。

分布：中国浙江（景宁、龙王山、百山祖、杭州、建德、奉化、遂昌、龙泉）、安徽、湖北、江西、福建、广西、四川、云南；日本。

3. 短胸长足象 *Alcidodes trifidus*（Pascoe）

寄主：葛藤、胡枝子、胡桃、栎、柑橘、松。

分布：中国浙江（景宁、龙王山、莫干山、余姚、天台、黄岩、云和、庆元）、山东、陕西、江苏、安徽、江西、福建、广东、广西、四川；日本。

4. 大豆洞腹象 *Atactogaster inducens*（Walker）

寄主：大豆、甘薯。

分布：中国浙江（景宁、嘉兴、淳安、开化、云和、庆元）。

5. 栗实象甲（栗象）*Curculio davidi* Fairmaire

寄主：板栗、茅栗。

分布：中国浙江（景宁、三门、天台、仙居、临海、黄岩、温岭、玉环、金华、兰溪、遂昌、庆元、百山祖、永嘉）、甘肃、河南、陕西、江苏、江西、福建、广东。

6. 竹大象（竹直锯象）*Cyrtotrachelus longimanus* Fabricius

寄主：毛竹、水竹。

分布：中国浙江（景宁、莫干山、百山祖、长兴、安吉、余杭、平阳）、江苏、湖南、福建、台湾、广东、广西、四川、云南；日本、越南、柬埔寨、印度、菲律宾、印度尼西亚。

7. 淡灰瘤象 *Dermatoxenus caesicollis*（Gyllenhyl）

分布：中国浙江（景宁、龙王山、百山祖、长兴、安吉、淳安、江山、开化、平阳）、江苏、安徽、湖北、江西、湖南、福建、台湾、广西、四川、贵州、云南；日本。

8. 稻象甲 *Echinocnemus squomeus* Billberg

寄主：油菜、稻、麦类、油茶、棉、稗、李氏禾。

分布：中国浙江（景宁、百山祖、绍兴、诸暨、宁海、金华、浦江、义乌、东阳、永康、江山、瑞安）、黑龙江、吉林、辽宁、内蒙古、甘肃、河北、山东、河南、陕西、江苏、安徽、江西、湖南、福建、台湾、广东、广西、四川、贵州、云南、西藏；日本、印度尼西亚。

9. 中国癞象 *Episomus chinensis* Faust

寄主：沙林、紫藤、槐、黄檀、杉、胡枝子、麻栎。

分布：中国浙江（景宁、龙王山、莫干山、古田山、百山祖、杭州、萧山、余姚、镇海、奉化、三门、天台、仙居、临海、黄岩、温岭、玉环、丽水、龙泉、庆元、温州）、陕西、江苏、安徽、湖北、江西、湖南、福建、广东、广西、四川、贵州、云南。

10. 蓝绿象（绿鳞象）*Hypomeces squamosus* Fabricius

寄主：柑橘、桃、杏、梨、枣、李、梅、板栗、葡萄、樱桃、枇杷、石榴、柿、甘蔗、瓜类、松、枫杨、乌桕、油桐、樟、刺槐、苦楝、泡桐、榆、柳、枫香、杨、桑、油茶、棉、大豆、花生、绿豆、高粱、芝麻、小麦、蓖麻、烟草、马铃薯、甘薯、蕹菜、向日葵。

分布：中国浙江（景宁、莫干山、安吉、德清、平湖、杭州、宁波、镇海、临海、开化、江山、庆元、乐清）、甘肃、河南、江苏、安徽、江西、湖南、福建、台湾、广东、广西、贵州、云南；东南亚。

11. 卵形菊花象 *Larinus ovalis* Roelofs

寄主：蓟、牛蒡。

分布：中国浙江（景宁、长兴、临安、庆元）。

12. 扁翅筒喙象 *Lixus depressipennis* Roelofs

寄主：蒲公英。

分布：中国浙江（景宁、龙王山、古田山、百山祖、安吉、嘉善、海宁、余杭、建德、淳安、衢州、江山、云和）、黑龙江、内蒙古、江苏、安徽、湖南、广东、广西；俄罗斯、日本。

13. 圆筒筒喙象 *Lixus mandaranus fulienesis* Voss

分布：中国浙江（景宁、龙王山、庆元、平阳）、黑龙江、吉林、辽宁、北京、河北、山西、陕西、福建、江西、湖南、广西、四川。

14. 小齿斜脊象 *Platymycteropsis excisangulus*（Reitter）

寄主：竹。

分布：中国浙江（景宁、安吉、德清、余杭、江山、庆元、平阳）。

15. 红黄毛棒象 *Rhadinopus confinis* Voss

分布：中国浙江（景宁、龙王山、庆元、平阳）、湖南、福建、广西、贵州。

16. 马尾松角胫象 *Shirahvshizo flavonotatus*（Voss）

寄主：马尾松、黄山松。

分布：中国浙江（景宁、古田山、百山祖、临安、衢州）、辽宁、江苏、安徽、湖北、江西、湖南、福建、广西、四川、贵州、云南。

17. 金光根瘤象（二带根瘤象） *Sitona tibialis* Herbst

寄主：苕子、紫云英、紫苜蓿、四籽野豌豆。

分布：中国浙江（景宁、百山祖、长兴、海宁、温岭、衢州、丽水、庆元）、河南、陕西、江苏、安徽、湖北、福建、四川；俄罗斯、北美洲。

十五、广翅目 Megaloptera

林爱丽、刘星月（中国农业大学）

广翅目昆虫一般称为齿蛉、鱼蛉或泥蛉。成虫陆生，幼虫水生，均为捕食性。幼虫对水质变化比较敏感。成虫体型大，头前口式；口器咀嚼式；触角长；单眼3个或缺如。前胸大而宽；前、后翅质地和脉相近似，无翅痣，后翅基部略宽于前翅，脉相原始，横脉极多，纵脉靠近翅缘分节。胸足发达，腹部两侧有7对或8对鳃，腹部末端有一长的中突起（泥蛉科）或1对短粗的钩状足（鱼蛉科），蛹为强颚离蛹。本文共记述保护区广翅目1科4属6种。

齿蛉科 Corydalidae

1. 越中巨齿蛉 *Acanthacorydalis fruhstorferi* Weele

分布：中国浙江（景宁、古田山、百山祖）、湖南、贵州、云南；越南。

2. 东方巨齿蛉 *Acanthacorydalis orientalis*（Machachlan）

寄主：蜉蝣、蝎蛉、水蚤。

分布：中国浙江（景宁、龙王山、天目山、杭州、临安、天台、仙居、丽水、缙云、遂昌、青田、云和、龙泉）、河北、山西、甘肃、陕西、安徽、湖北、江西、福建、广西、四川、贵州、云南；印度。

3. 污翅斑鱼蛉 *Neochauliodes bowringi*（Machachlan）

分布：中国浙江（景宁、古田山、百山祖、龙王山）、江西、湖南、福建、广东、香港、广西、贵州；越南。

4. 中华斑鱼蛉 *Neochauliodes sinnensis* （Walker）

寄主：蜉蝣、水蚤。

分布：中国浙江（景宁、龙王山、莫干山、天目山、古田山、雁荡山、丽水、龙泉、庆元）、北京、湖北、湖南、福建、广东、海南、广西、四川、贵州。

5. 普通齿蛉 *Neoneuromus ignobilis* Navas

分布：中国浙江（景宁、龙王山、莫干山、天目山、古田山、百山祖、丽水）、山西、陕西、江苏、安徽、湖北、江西、湖南、福建、台湾、广东、广西、四川、贵州、云南；越南、印度、不丹。

6. 花边星齿蛉 *Protohermes costalis* （Walker）

寄主：水生昆虫。

分布：中国浙江（景宁、龙王山、莫干山、天目山、古田山、百山祖、丽水、遂昌）、河北、甘肃、安徽、湖北、江西、湖南、福建、台湾、广东、广西、四川、贵州、云南、西藏；越南、印度、不丹。

十六、蛇蛉目 Raphidiodea

申荣荣、刘星月（中国农业大学）

蛇蛉目昆虫一般统称为蛇蛉。成、幼虫均陆生，树栖，生活在山区，肉食性。成虫体型大，头前口式；口器咀嚼式，触角长，丝状；复眼发达，3个单眼或无单眼。前胸极度延伸，呈颈状，头活动自如，基部收缩，状如蛇头，故称蛇蛉。前足位于前胸前端，两对翅形状相同，脉相原始，有一翅痣。腹部10节，无尾须。雌虫有很长的产卵器，全变态。幼虫陆生，具分节的触角和发达的胸足，但腹部无突起或附肢。蛹为强颚离蛹，极似成虫。本文共记述保护区广翅目1科1属1种。

盲蛇蛉科 Inocelliidae

中华盲蛇蛉 *Inocella sinensis* Navas

分布：中国浙江（景宁、古田山、百山祖）、江苏。

十七、脉翅目 Neuroptera

刘星月、刘志琦（中国农业大学）

脉翅目昆虫通称为草蛉、螳蛉等。成虫体小至大型，形态多样，体长1～55 mm，翅展3～155 mm，有的酷似蝶、蛾、螳螂，分为蝶蛉、蛾蛉、螳蛉。成虫口器咀嚼式，触角长；复眼发达。两对翅的大小、形状和翅脉均相似，大多数种类脉相原始，横脉多，翅脉在翅缘二分叉。腹部10节，无尾须。完全变态，幼虫寡足型，头部具长镰刀状上颚，口器为吮吸式，胸足发达，无腹足。蛹为强颚离蛹，在丝质茧内化蛹。本文共记述保护区广翅目5科9属13种。

（一）粉蛉科 Coniopterygid

李敏、赵亚茹、刘志琦（中国农业大学）

1. 阿氏粉蛉 *Coniopteryx aspocki* Kis

分布：中国浙江及全国各地广布；亚洲其他国家和欧洲广布。

2. 广重粉蛉 *Semidalis aleyrodiformis*（Stephens）

分布：中国浙江及全国各地广布；亚洲其他国家和欧洲广布。

（二）褐蛉科 Hemerobiidae

李颖、赵旸（中国农业大学）

1. 全北褐蛉 *Hemerobius humuli* Linnaeus

分布：中国浙江（景宁、百山祖）、辽宁、河北、山西、陕西、江苏、湖北、湖南、四川、西藏；全北区。

2. 平湖褐蛉 *Hemerobius lacunaris* Navas

分布：中国浙江（景宁、天目山、百山祖）、湖北、江西、福建、云南。

3. 角纹脉褐蛉 *Micromus angulatus*（Stephens）

分布：中国浙江（景宁、天目山、百山祖）、内蒙古、河北、陕西、湖北、台湾；日本、欧洲。

4. 多支脉褐蛉（多翅脉褐蛉）*Micromus ramasus* Navas

分布：中国浙江（景宁、天目山、百山祖）、江苏、安徽、江西、福建、广西。

(三) 草蛉科 Chrysopidae

马云龙、杨星科、刘星月（中国农业大学）

1. 丽草蛉 *Chrysopa formesa* Brauer

寄主：桃蚜、莴苣指管蚜、麦蚜、菜蚜。

分布：中国浙江（景宁、古田山、宁波、慈溪、奉化、丽水、缙云）及全国各地广布；朝鲜、日本、欧洲。

2. 牯岭草蛉 *Chrysopa kulingensis* Navas

寄主：松蚜。

分布：中国浙江（景宁、古田山、衢州、江山、丽水、龙泉、庆元）、内蒙古、北京、天津、河北、山西、山东、河南、江苏、上海、安徽、湖南、江西、湖北、福建、广东、海南、香港、澳门、广西。

3. 松氏通草蛉 *Chrysoperla savioi* （Navas）

分布：中国浙江（景宁、古田山、百山祖）、河北、山西、陕西、湖北、江西、湖南、广东、广西。

(四) 蝶角蛉科 Ascalaphidae

锯角蝶角蛉（吐氏蝶角蛉）*Acheron trux* （Walker）

分布：中国浙江（景宁、天目山、古田山、百山祖）、陕西、江苏、上海、江西、湖南、台湾、广东、云南；印度、欧洲。

(五) 蚁蛉科 Myrmeleonidae

1. 长裳树蚁蛉 *Dendroleon javanus* Banks

分布：中国浙江（景宁、百山祖）、陕西、湖北、湖南、云南；爪哇岛。

2. 褐纹树蚁蛉 *Dendroleon pantherius* Fabricius

分布：中国浙江（景宁、古田山、百山祖）、河北、陕西、江苏、江西、福建；欧洲。

3. 白云蚁蛉 *Glenuroides japonicas* （Mac Lachlan）

寄主：蚂蚁。

分布：中国浙江（景宁、古田山、百山祖）、河北、江西、湖南、台湾；朝鲜、日本。

十八、毛翅目 Trichoptera

孙长海（南京农业大学）

毛翅目昆虫的成虫称为石蛾，幼虫称为石蚕。幼虫全部水生，常作为监测水质的指示性生物。成虫小至中型，蛾状，体与翅面多毛。口器咀嚼式，但极退化，上颚几乎不存在，但下颚须和下唇须很显著；触角丝状，一般长于体。翅两对，膜质，被细毛，休息时呈屋脊状覆于体背，翅脉接近原始脉序；足细长，跗节5节。幼虫水生，具胸足3对，腹部仅臀足发达，具强钩；常居巢内，杂食性，偏喜植物性食物。本文共记述保护区毛翅目10科15属28种。

（一）螯石蛾科 Hydrobiosidae

1. 黄氏竖脉螯石蛾 *Apsilochorema hwangi* Fischer

分布：中国浙江（景宁、百山祖）、福建。

2. 具钩竖毛螯石蛾 *Apsilochorema unculatum* Schmid

分布：中国浙江（景宁、百山祖）、福建。

（二）原石蛾科 Rhyacophilidae

1. 弯镰原石蛾 *Rhyacophila falcifera* Schmid

分布：中国浙江（景宁、百山祖）、福建。

2. 钩肢原石蛾 *Rhyacophila hamosa* Sun

分布：中国浙江（景宁、龙王山、百山祖）。

3. 裂臀原石蛾 *Rhyacophila rima* Sun *et* Yang

分布：中国浙江（景宁、百山祖）、江西。

（三）舌石蛾科 Glossosomatidae

中华小舌石蛾 *Agapetus chinensis* Mosely

分布：中国浙江（景宁、天目山、古田山、百山祖）、福建、江西。

（四）斑石蛾科 Arctopsychidae

裂片斑石蛾 *Arctopsyche lobata* Martynov

分布：中国浙江（景宁、百山祖）、云南、西藏；缅甸。

（五）纹石蛾科 Hydropsychidae

1. 中庸离脉石蛾 *Hydromanicus intermedius* Martynov

分布：中国浙江（景宁、百山祖）、陕西、福建、四川、西藏。

2. 扁节侧枝纹石蛾 *Hydropsyche compressa* Li *et* Tian

分布：中国浙江（景宁、百山祖）、贵州、云南。

3. 福建侧枝纹石蛾 *Hydropsyche fukiensis* Schmid

分布：中国浙江（景宁、古田山、凤阳山）、福建。

4. 格氏高原纹石蛾 *Hydropsyche grahami* Banks

分布：中国浙江（景宁、龙王山、百山祖）、安徽、湖南、福建、四川、云南。

5. 鳝茎纹石蛾 *Hydropsyche pellucidula* Curtis

分布：中国浙江（景宁、百山祖）、陕西、上海、贵州、云南；欧洲、中东、美国。

6. 蛇尾短脉纹石蛾 *Hydropsyches pinosa* Schmid

分布：中国浙江（景宁、百山祖）、贵州、云南。

7. 三带短脉纹石蛾 *Hydropsyche trifascia* Tian *et* Li

分布：中国浙江（景宁、古田山、百山祖）、湖南、福建、贵州。

8. 长角纹石蛾 *Macrostemum fostosum*（Walker）

分布：中国浙江（景宁、龙王山、古田山、百山祖）、福建、台湾、广东、海南、香港、广西、云南、西藏；印度、菲律宾、泰国、爪哇岛、马来西亚、斯里兰卡。

9. 多型纹石蛾 *Polymorphanisus astictus* Navas

分布：中国浙江（景宁、百山祖）、江苏、广东、海南、贵州、云南。

（六）等翅石蛾科 Philopotamidae

1. 具刺等翅石蛾 *Doloclanes spinosa* Ross

分布：中国浙江（景宁、百山祖）、江西。

2. 印度等翅石蛾 *Dolophilodes indicus* Martynov

分布：中国浙江（景宁、百山祖）、西藏；孟加拉国、印度。

3. 长梳等翅石蛾 *Dolophilodes pectinata* （Ross）

分布：中国浙江（景宁、龙王山、古田山、百山祖）、广东。

4. 中华等翅石蛾 *Wormadalia chinensis* （Ulmer）

分布：中国浙江（景宁、古田山、百山祖）、北京。

（七）角石蛾科 Stenopsychidae

1. 贝氏角石蛾 *Stenopsyche banksi* Mosely

分布：中国浙江（景宁、百山祖）、江西、福建、台湾。

2. 天目山角石蛾 *Stenopsyche tienmushanensis* Huang

分布：中国浙江（景宁、龙王山、天目山、百山祖）、陕西、安徽、湖北、海南、广西、湖南、贵州。

（八）瘤石蛾科 Goeridae

华贵瘤石蛾 *Goera altofissura* Hwang

分布：中国浙江（景宁、龙王山、百山祖）、安徽、湖北、江西、福建。

（九）鳞石蛾科 Lepidostomatidae

1. 长刺鳞石蛾 *Lepidostoma arcuatum* （Hwang）

分布：中国浙江（景宁、天目山、古田山、百山祖）、江西、福建。

2. 黄褐鳞石蛾 *Lepidostoma flavus* （Ulmer）

分布：中国浙江（景宁、天目山、百山祖）、安徽、江西、福建、广东、广西、四川、贵州、云南。

3. 付氏鳞石蛾 *Lepidostoma fui* （Hwang）

分布：中国浙江（景宁、龙王山、天目山、古田山、百山祖）、安徽、江西、福建、四川、云南。

（十）长角石蛾科 Leptoceridae

1. 长须长角石蛾 *Mystacides elongata* Yamamoto *et* Ross

分布：中国浙江（景宁、天目山、百山祖）、陕西、江苏、广东、安徽、江西、福建、四川、贵州、云南。

2. 红棕叉长角石蛾 *Triaenodes rufescens*（Martynov）

分布：中国浙江（景宁、百山祖）、四川；俄罗斯（远东地区）。

十九、鳞翅目 Lepidoptera

鳞翅目包括蛾类和蝶类。成虫翅2对，膜质，横脉极少；体、翅和附肢均密被鳞片；口器虹吸式，上颚退化或消失，下颚外颚叶特化成喙管。完全变态。幼虫咀嚼式口器，腹足一般5对，少数退化或无。绝大多数为植食性，蛹多为无颚被蛹，极少数为强颚离蛹。本文共记述保护区鳞翅目37科581属977种。

（一）蝙蝠蛾科 Hepialidae

点蝙蛾 *Phassus signifer sinensis* Moore

寄主：桃、葡萄、柿。

分布：中国浙江（景宁、天目山、淳安、余姚、奉化、象山、定海、天台、龙泉、文成）、山东、河南、江苏、上海、安徽、湖北、江西、湖南、福建、广东、海南、广西、四川；日本、印度、斯里兰卡。

（二）木蛾科 Xyloryctidae

陶朱林（南开大学）

茶木蛾 *Linoclostis gonatias* Meyrick

寄主：茶、油茶、相思树。

分布：中国浙江（景宁、临安、金华、遂昌）。

（三）蓑蛾科 Psychidae

郝淑莲（天津自然博物馆）

1. 小窠蓑蛾（茶窠蓑蛾） *Clania minuscula* Butler

寄主：茶、柑橘、桃、梨、月季、枫杨、冬青、榆、朴、悬铃木、槐、侧柏、棉。

分布：中国浙江（景宁、龙王山、杭州、余杭、临安、富阳、淳安、宁海、三门、金华、浦江、义乌、东阳、永康、武义、兰溪、天台、仙居、黄岩、温岭、玉环、衢州、开化、常山、江山、松阳、百山祖、温州、泰顺）、山东、河南、江苏、安徽、湖北、江西、湖南、福建、台湾、广东、广西、四川、贵州、云南；日本。

2. 大窠蓑蛾 *Clania variegata* Snellen

寄主：苹果、茶、梨、桃、柑橘、枇杷、悬铃木、樟、桑、泡桐、栎、槐。

分布：中国浙江、山东、河南、江苏、湖北、湖南、福建、台湾、广东、广西、四川、云南；日本、印度、马来西亚。

3. 木兰突细蛾 *Gibbovalva urbana*（Meyrick）

分布：中国浙江（景宁、遂昌、松阳、云和、龙泉）。

4. 油茶织蛾 *Casmara patrona* Meyrick

寄主：油茶、茶。

分布：中国浙江（景宁、龙王山、杭州、临安、慈溪、镇海、宁海、武义、常山、遂昌、龙泉）、安徽、湖北、江西、湖南、福建、台湾、广东、广西、贵州；日本、印度。

(四) 卷蛾科 Tortricidae

张爱环（北京农学院）

1. 苹黄卷蛾 *Archips ingentana* Christoph

寄主：日本冷杉、苹果、百合。

分布：中国浙江（景宁、莫干山、天目山、古田山、常山、天台、龙泉）、黑龙江、吉林、辽宁、内蒙古、河南、湖北、湖南、广东、海南、广西；俄罗斯、朝鲜、日本、印度、阿富汗、巴基斯坦。

2. 龙眼裳卷蛾 *Cerace stipatana* Walker

寄主：樟、枫香、茶。

分布：中国浙江（景宁、天目山、杭州、三门、天台、仙居、临海、黄岩、温岭、开化、江山、丽水、龙泉、温州、永嘉、瑞安）。

3. 白钩小卷蛾 *Epiblema foenella*（Linnaeus）

寄主：艾。

分布：中国浙江（景宁、天目山、开化、常山、江山、庆元）、江苏、上海、湖南；朝鲜、日本、印度、欧洲。

4. 梨小食心虫 *Grapholitha molesta* Busck

寄主：梨、桃、苹果。

分布：中国浙江（景宁、杭州、宁海、金华、磐安、兰溪、仙居、临海、黄岩、衢州、丽水、龙泉、洞头、平阳）。

（五）透翅蛾科 Aegeriidae

1. 苹果透翅蛾 *Conopia hector* Butler

寄主：桃、梨、樱桃。

分布：中国浙江（景宁、龙王山、百山祖、宁海、开化、龙泉、温州）、辽宁、山东、陕西；日本。

2. 毛胫透翅蛾 *Melittia bombiliformis* (Stoll)

寄主：葫芦科。

分布：中国浙江（景宁、庆元）。

（六）斑蛾科 Zygaenidae

韩红香（中国科学院动物研究所）

1. 马尾松旭锦斑蛾 *Campylotes desgodinsi* Oberthur

寄主：马尾松。

分布：中国浙江（景宁、龙王山、三门、金华、天台、仙居、临海、黄岩、玉环、常山、云和、龙泉、庆元）、四川、云南、西藏；印度。

2. 黄纹旭斑蛾 *Campylotes pratti* Leech

分布：中国浙江（景宁、百山祖、龙泉、云和、丽水、缙云）、湖北、福建。

3. 茶柄脉锦斑蛾 *Eterusia aedea* Linnaeus

寄主：茶、油茶、乌桕。

分布：中国浙江、江苏、安徽、江西、湖南、贵州、台湾、四川；日本、印度、斯里兰卡。

4. 叶斑蛾 *Illiberis pruni* Dyar

寄主：梨、海棠、山楂、杏、桃、樱桃。

分布：中国浙江（景宁、龙王山、杭州、临安、淳安、鄞州、余姚、奉化、宁海、象山、定海、岱山、普陀、金华、浦江、义乌、东阳、兰溪、临海、玉环、龙游、丽水、龙泉、乐清、永嘉、平阳）、黑龙江、吉林、辽宁、河北、山西、山东、宁夏、陕西、青海、江苏、江西、湖南、甘肃、广西、四川、云南；朝鲜、日本。

5. 透翅硕斑蛾 *Piarosoma hyalina thibetana* Oberthur

分布：中国浙江（景宁、莫干山、龙王山、淳安、鄞州、余姚、奉化、丽水、龙泉、温州、文成、泰顺）、江西、湖南、四川。

6. 桧带锦斑蛾 *Pidorus glaucopis atratus* Butler

寄主：油桐、柏。

分布：中国浙江（景宁、龙王山、湖州、安吉、德清、杭州、鄞州、镇海、宁海、玉环、丽水、遂昌、龙泉、庆元、温州、平阳）、江西、湖南、台湾、广西、云南；朝鲜、日本。

7. 赤眉锦斑蛾 *Rhodopsoma costata* Walker

寄主：小果南烛。

分布：中国浙江（景宁、龙王山、安吉、杭州、余杭、临安、淳安、诸暨、黄岩、开化、丽水、龙泉、瑞安）、江西、湖南、福建。

（七）刺蛾科 Limacodidae

武春生（中国科学院动物研究所）

1. 灰双线刺蛾 *Cania bilineata*（Walker）

寄主：樟、榆、石梓、油桐、柑橘、茶。

分布：中国浙江（景宁、龙王山、天目山、杭州、临安、建德、淳安、鄞州、余姚、奉化、缙云、遂昌、云和、龙泉、庆元、温州、平阳、泰顺）、江苏、湖北、江西、湖南、福建、台湾、广东、广西、四川、云南、西藏；越南、印度、马来西亚、印度尼西亚。

2. 长须刺蛾 *Hyphorma minax* Walker

寄主：茶、樱、柑橘、油桐、枫香、枫杨、麻栎。

分布：中国浙江（景宁、天目山、长兴、德清、杭州、淳安、慈溪、奉化、庆元、文成）、内蒙古、北京、天津、河北、山西、河南、江西、湖北、湖南、四川、贵州、云南；越南、印度、印度尼西亚。

3. 闪银纹刺蛾 *Miresa fulgida* Wileman

寄主：橄榄。

分布：中国浙江（景宁、莫干山、杭州、临安、天目山、庆元）。

4. 线银纹刺蛾 *Miresa urga* Hering

分布：中国浙江（景宁、龙王山、莫干山、古田山、安吉、德清、杭州、临安、云和、龙泉）、陕西、湖南、广西、四川、贵州、云南。

5. 黄刺蛾 *Monema flavescens* Walker

寄主：梨、杏、桃。

分布：中国浙江、黑龙江、吉林、辽宁、内蒙古、河北、河南、山西、山东、陕西、广东、广西、江苏、安徽、湖北、江西、湖南、台湾、四川、云南；日本、朝鲜、俄罗斯。

6. 波眉刺蛾 *Narosa corusca* Wileman

寄主：茶、桃、梨、柿、樱桃、沙果、李、梅。

分布：中国浙江（景宁、天目山、德清、杭州、临安、奉化、天台、云和、龙泉、庆元）、陕西、安徽、江西、湖南、福建、台湾、广东、广西、四川、贵州、云南。

7. 梨娜刺蛾 *Narosoideus flavidorsalis* (Staudinger)

寄主：苹果、梨、柿、枫、栎。

分布：中国浙江（景宁、天目山、杭州、临安、桐庐、建德、余姚、定海、天台、龙泉、庆元、温州）、黑龙江、吉林、辽宁、内蒙古、北京、山西、陕西、河北、山东、河南、江苏、湖北、江西、湖南、福建、广西、广东、台湾、四川；日本、朝鲜、俄罗斯。

8. 斜纹刺蛾 *Oxyplax ochracea* (Moore)

寄主：柑橘、茶、杞木、算盘子、榔榆。

分布：中国浙江（景宁、龙王山、天目山、安吉、杭州、临安、淳安、鄞州、慈溪、奉化、象山、嵊泗、东阳、天台、常山、丽水、遂昌、松阳、云和、龙泉、庆元）、江苏、湖北、江西、台湾、广东、广西、云南；印度、斯里兰卡、印度尼西亚。

9. 两色绿刺蛾 *Parasa bicolor* (Walker)

寄主：竹、茶、甘蔗、通草、柚。

分布：中国浙江（景宁、莫干山、古田山、天目山、湖州、长兴、安吉、德清、杭州、余杭、临安、富阳、桐庐、建德、淳安、诸暨、慈溪、奉化、三门、天台、仙居、临海、黄岩、温岭、玉环、衢州、丽水、遂昌、云和、龙泉、庆元、温州）、江苏、福建、台湾、四川、贵州、云南；印度、缅甸、印度尼西亚。

10. 褐边绿刺蛾 *Parasa consocia* Walker

寄主：苹果、梨、柑橘、杏、桃。

分布：中国浙江（景宁、嘉兴、嘉善、平湖、桐乡、海宁、海盐、杭州、余杭、临安、萧山、桐庐、建德、绍兴、嵊州、慈溪、镇海、奉化、宁海、象山、定海、普陀、金华、浦江、义乌、东阳、永康、武义、兰溪、衢州、开化、常山、江山、丽水、缙云、遂昌、庆元、平阳）、黑龙江、吉林、辽宁、河北、山西、山东、陕西、江苏、安徽、湖北、江西、湖南、广东、广西、福建、台湾、四川、云南；日本、朝鲜、俄罗斯。

11. 丽绿刺蛾 *Parasa lepida*（Cramer）

寄主：茶、桑、油茶、樟。

分布：中国浙江（景宁、长兴、安吉、德清、海宁、杭州、余杭、淳安、余姚、慈溪、镇海、宁海、东阳、兰溪、天台、临海、龙泉、庆元、温州）、河北、河南、江西、江苏、四川、云南；日本、印度、斯里兰卡、印度尼西亚。

12. 迹斑绿刺蛾 *Parasa pastoralis* Butler

寄主：樟、乌桕、板栗、重阳木、朴。

分布：中国浙江（景宁、古田山、安吉、长兴、杭州、临安、桐庐、淳安、上虞、鄞州、余姚、丽水、龙泉、庆元、平阳）、吉林、江西、四川、河南、云南；越南、印度、不丹、尼泊尔、巴基斯坦、印度尼西亚。

13. 中国绿刺蛾 *Parasa sinica* Moore

寄主：苹果、梨、柑橘、杏、桃。

分布：中国浙江（景宁、杭州、余杭、临安、萧山、淳安、上虞、奉化、义乌、东阳、龙泉、庆元、温州、泰顺）、黑龙江、吉林、辽宁、内蒙古、河北、山东、湖北、江苏、江西、四川、贵州、台湾、云南；日本、朝鲜、俄罗斯。

14. 枣奕刺蛾 *Phlossa conjuncta*（Walker）

寄主：梨、杏、桃、枣、柿、茶。

分布：中国浙江（景宁、古田山、百山祖）、辽宁、河北、山东、江苏、安徽、湖北、江西、湖南、福建、台湾、广东、广西、四川、贵州、云南；朝鲜、日本、印度、泰国、越南。

15. 灰齿刺蛾 *Rhamnosa uniformis*（Swinhoe）

分布：中国浙江（景宁、龙王山、德清、临安、庆元）、台湾、广东、贵州、云南；印度。

16. 棕端球须刺蛾 *Scopelodes testacea* Butler

分布：中国浙江（景宁、长兴、临安、天台、云和、庆元）。

17. 显脉球须刺蛾（广东油桐黑刺蛾）*Scopelodes venosa* Hering

寄主：枣、柿、玫瑰。

分布：中国浙江（景宁、杭州、临安、天目山、天台、古田山、丽水、松阳、云和）、江西、福建、湖北、湖南、台湾、广东、四川、云南；日本、印度、斯里兰卡、缅甸、尼泊尔、印度尼西亚。

18. 桑褐刺蛾 *Setora postornata*（Hampson）

寄主：梨、李、桃、柑橘。

分布：中国浙江（景宁、德清、莫干山、杭州、浦江、天台、仙居、丽水、遂昌、松阳、云和、龙泉、百山祖）、河北、河南、江苏、湖北、江西、湖南、福建、台湾、广东、四川、云南；斯里兰卡、印度、马来西亚。

19. 窄斑褐刺蛾 *Setora suberecta* Hering

寄主：茶。

分布：中国浙江（景宁、德清、临安、宁海、象山、庆元、文成）。

20. 素刺蛾 *Susica pallida* Walker

寄主：梨、油茶、茶、刺槐。

分布：中国浙江（景宁、龙王山、天目山、古田山、百山祖、德清、杭州、临安、丽水、松阳、云和、庆元）、湖北、江西、湖南、福建、台湾、广东、广西、四川、贵州、云南；缅甸、尼泊尔、印度。

21. 扁刺蛾（华扁刺蛾）*Thosea sinensis*（Walker）

寄主：梧桐、油桐、喜树、乌桕、楝、枫杨、杨、银杏、蓖麻、泡桐、樟、桑、茶、柑橘、梨、桃、胡桃。

分布：中国浙江、黑龙江、吉林、辽宁、河北、山东、河南、江苏、安徽、江西、湖北、湖南、福建、台湾、广东、广西、四川、贵州、云南；印度、印度尼西亚、马来西亚、朝鲜、日本、越南、老挝、泰国、孟加拉国。

(八) 网蛾科 Thyrididae

郝淑莲（天津自然博物馆）

1. 金盏拱肩网蛾 *Camptochilus sinuosus* Warren

寄主：榛、胡桃、栎、姜黄木、柿。

分布：中国浙江（景宁、龙王山、莫干山、天目山、古田山、百山祖、德清、杭州、余杭、临安、富阳、淳安、象山、普陀、天台、丽水、松阳、庆元）、湖北、湖南、台湾、华南、云南、福建、江西、海南、广西、四川；印度。

2. 后中线网蛾 *Rhodoneura pallida*（Butler）

寄主：野漆树、白栎。

分布：中国浙江（景宁、松阳、云和）。

3. 绢网蛾 *Rhodoneura sugitunil* Matsumura

寄主：石榴。

分布：中国浙江（景宁、杭州、临安、建德、庆元）。

4. 缘斑网蛾 *Rhodoneura triaugulais* Pog.

寄主：柿、鼠刺。

分布：中国浙江（景宁、丽水、遂昌、松阳、云和、龙泉）。

5. 银络网蛾 *Rhodoneura veticulalis* Moore

分布：中国浙江（景宁、百山祖）、云南；印度。

6. 叉斜线网蛾 *Striglina bifida* Chu *et* Wang

寄主：凹叶厚朴、玉兰、木兰、深山含笑。

分布：中国浙江（景宁、遂昌、松阳、云和、龙泉）。

7. 二点斜线网蛾 *Striglina bispota* Chu *et* Wang

寄主：栗、栎、杨梅、榆叶梅、八宝枫。

分布：中国浙江（景宁、龙王山、天目山、松阳）、江苏、江西、湖南、福建、广东、海南、广西、云南、四川、西藏。

8. 一点斜线网蛾 *Striglina scitaria* Walker

寄主：栗、梅、茶。

分布：中国浙江（景宁、安吉、龙王山、莫干山、百山祖、杭州、宁波、三门、普陀、天台、仙居、临海、黄岩、温岭、玉环）、江苏、江西、台湾、湖南、海南、广西、四川；朝鲜、日本、印度、马来西亚、澳大利亚。

9. 斜线网蛾 *Striglina vialis* Moore

分布：中国浙江（景宁、德清、莫干山、百山祖、杭州）、四川。

（九）螟蛾科 Pyralidae

戚慕杰（南开大学）

1.米缟螟 *Aglossa dimidiata* Haworth

寄主：禾谷类、油籽、辣椒粉、烟草、棉、茶叶、蚕茧、蚕蛹、动植物标本。

分布：中国浙江（景宁、百山祖、杭州、余杭、临安、临海、丽水、庆元）、黑龙江、河北、山西、山东、内蒙古、青海、新疆、江苏、安徽、湖北、湖南、福建、广东、四川、云南；日本、缅甸、印度。

2.白桦角须野螟 *Agrotera nemoralis* Scopoli

寄主：白桦、千金榆。

分布：中国浙江（景宁、莫干山、天目山、安吉、德清、临安、镇海、奉化、天台、仙居、遂昌、庆元、乐清、永嘉）、黑龙江、北京、山东、江苏、福建、台湾、广西；朝鲜、日本、英国、西班牙、意大利、俄罗斯（远东地区）。

3.臀黄角须野螟 *Agrotera posticalis* Wileman

分布：中国浙江（景宁、安吉、临安、奉化、仙居、遂昌、庆元、乐清、永嘉）。

4.元参棘趾野螟 *Anania verbascalis* Schiffermuller *et* Denis

寄主：元参、藿香。

分布：中国浙江（景宁、百山祖、杭州、临安）、山西、广东；英国、德国。

5.金纹巢螟 *Ancylolomia chrysographella* Kollar

寄主：水稻。

分布：中国浙江（景宁、平湖、黄岩）、黑龙江、辽宁、河北、陕西、北京、江苏、海南、四川、云南、安徽、湖北、江西、湖南、福建、广东。

6.稻巢草螟 *Ancylolomia japonica* Zeller

寄主：水稻。

分布：中国浙江（景宁、龙王山、莫干山、天目山、百山祖、长兴、安吉、德清、嘉兴、杭州、余杭、临安、淳安、诸暨、鄞州、慈溪、奉化、宁海、象山、嵊泗、定海、东阳、天台、丽水、遂昌、云和、龙泉、庆元）、黑龙江、辽宁、河北、山西、山东、陕西、江苏、安徽、湖北、江西、湖南、福建、台湾、广东、海南、广西、四川、云南、西藏；日本、朝鲜、缅甸、印度、斯里兰卡、南非。

7. 芝麻荚野螟 *Antigastra catalaunalis* Duponchel

寄主：芝麻。

分布：中国浙江（景宁、杭州、临安、兰溪、开化）。

8. 二点织螟 *Aphomia zelleri* de Joannis

寄主：储粮、谷物、苔藓。

分布：中国浙江（景宁、德清、临安、诸暨、奉化）。

9. 黑条拟髓斑螟 *Apomyelois striatella* Lnoue

分布：中国浙江（景宁、天目山）、湖北、福建、四川；日本。

10. 三纹野螟 *Archernis humilis* Swinhoe

分布：中国浙江（景宁、莫干山）。

11. 栀子山纹野螟 *Archernis tropicalis* Walker

寄主：山栀子。

分布：中国浙江（景宁、百山祖、德清、杭州、金华、武义、庆元）、台湾、广东、广西；印度、斯里兰卡。

12. 细条苞螟 *Argyria interruptalla* Walker

分布：中国浙江（景宁、莫干山、百山祖、安吉、德清、杭州、临安、建德、宁波、奉化、衢州、缙云、遂昌、龙泉、庆元、平阳）。

13. 松蛀果斑螟 *Assara hoeneella* Roesler

寄主：马尾松球果。

分布：中国浙江（景宁、天目山）、江苏、湖北、湖南、福建、四川；日本。

14. 黄环螟 *Bocchoris aptalis* (Walker)

分布：中国浙江（景宁、江山、庆元）。

15. 白斑翅野螟 *Bocchoris inspersalis* (Zeller)

分布：中国浙江（景宁、龙王山、莫干山、天目山、百山祖、长兴、安吉、平湖、杭州、萧山、镇海、奉化、定海、东阳、天台、仙居、丽水、青田、云和、龙泉、庆元、乐清、永嘉、平阳）、江西、湖南、福建、台湾、广东、贵州、云南；日本、缅甸、印度、不丹、斯里兰卡、印度尼西亚、非洲。

16. 黄翅缀叶野螟 *Botyodes diniasalis* Walker

寄主：杨、柳。

分布：中国浙江（景宁、莫干山、长兴、杭州、余杭、临安、淳安、镇海、浦江、东阳、兰溪、仙居、衢州、常山、江山、丽水、缙云、龙泉、庆元、瑞安）。

17. 大黄缀叶野螟 *Botyodes principalis* Leech

寄主：杨、竹。

分布：中国浙江（景宁、天目山、百山祖、杭州、萧山、奉化、天台、庆元、瑞安）、安徽、湖北、江西、湖南、福建、台湾、广东、四川、云南、西藏；朝鲜、日本、印度。

18. 稻暗水螟 *Bradina admixtalis* （Walker）

寄主：水稻。

分布：中国浙江（景宁、莫干山、天目山、杭州、淳安、绍兴、嵊州、慈溪、丽水、龙泉、庆元）、江苏、湖南、云南、广东、台湾；日本、斯里兰卡、印度、缅甸。

19. 黑点草螟 *Calamotropha nigripunctella* （Leech）

分布：中国浙江（景宁、莫干山、天目山、德清、庆元）、江苏、四川、广西；朝鲜、日本。

20. 白条紫斑螟 *Calguria defigurelis* Walker

寄主：桃。

分布：中国浙江（景宁、龙王山、百山祖、德清、临安、余姚、遂昌、云和、庆元）、河北、湖北、江西、湖南、福建、海南、四川、西藏；日本、印度、斯里兰卡、印度尼西亚。

21. 胭翅野螟 *Carminibotys carminalis iwawakisana* Munroe et Mutuura

分布：中国浙江（景宁、德清、莫干山、奉化、庆元）。

22. 褐纹水螟 *Cataclysta blandialis* Walker

分布：中国浙江（景宁、天目山、古田山、百山祖、长兴、杭州、临安、丽水、缙云、泰顺）、江苏、台湾、广东、广西、云南；朝鲜、日本、斯里兰卡、印度尼西亚、非洲东部。

23. 褐边螟 *Catagella adjurella* Walker

寄主：水稻、菱白、稗。

分布：中国浙江（景宁、百山祖、江山、龙泉、庆元）、湖北、江西、湖南、广东；印度、斯里兰卡。

24. 齿斑翅野螟 *Chabula onychinalis* Guenee

分布：中国浙江（景宁、百山祖）、湖南、福建、台湾、广东、云南；朝鲜、日本、缅甸、印度、斯里兰卡、印度尼西亚、澳大利亚、非洲西部。

25. 黑斑草螟 *Chrysoteuchia atrosignata*（Zeller）

分布：中国浙江（景宁、莫干山、天目山、百山祖、德清、临安、奉化、衢州、开化、庆元）、黑龙江、江苏、湖南、福建、四川、云南；朝鲜、日本。

26. 横线镰翅野螟 *Circobotys heterogenalis*（Bremer）

分布：中国浙江（景宁、安吉、德清、嘉兴、临安、普陀、庆元）。

27. 圆斑黄缘禾螟 *Cirrhochrista brizoalis* Walker

寄主：无花果。

分布：中国浙江（景宁、百山祖、奉化、庆元）、湖北、福建、台湾、广东、四川、云南；朝鲜、日本、印度、菲律宾、印度尼西亚、澳大利亚。

28. 稻纵卷叶野螟 *Cnaphalocrocis medinalis* Guenee

寄主：水稻、小麦、大麦、栗、甘蔗、游草、马唐、雀稗。

分布：中国浙江（景宁、天目山、百山祖）、黑龙江、吉林、辽宁、北京、内蒙古、河北、山东、河南、陕西、江苏、湖北、江西、湖南、福建、台湾、广东、广西、四川、云南；朝鲜、日本、越南、泰国、缅甸、印度、斯里兰卡、大洋洲、新加坡、马来西亚、印度尼西亚、菲律宾。

29. 歧角螟 *Cotachena pubesceus* Walker

分布：中国浙江（景宁、天目山、德清、临安、宁波、鄞州、镇海、庆元）。

30. 双纹草螟 *Crambus diplogrammus* Zeller

寄主：马唐。

分布：中国浙江（景宁、天目山、百山祖）、黑龙江、湖北、四川、云南；日本、俄罗斯。

31. 环纹丛螟 *Craneophora ficki* Christoph

寄主：竹。

分布：中国浙江（景宁、古田山、百山祖、杭州、临安、萧山、奉化、衢州、开化、云和、庆元）、江西。

32. 淡黄野螟 *Demobotys pervulgalis* Munroe *et* Mutuura

分布：中国浙江（景宁、龙王山、天目山、湖州、长兴、安吉、德清、杭州、余杭、建德、余姚、奉化、黄岩、庆元）、安徽、江西、湖南、福建。

33. 竹淡黄绒野螟 *Demobotys pervulgalis* （Hampson）

寄主：毛竹。

分布：中国浙江（景宁、百山祖）、河南、江苏、安徽。

34. 瓜绢野螟 *Diaphania indica* （Saunders）

寄主：常春藤、冬葵、梧桐、瓜类、桑、棉、木槿。

分布：中国浙江、河南、江苏、湖北、江西、湖南、福建、台湾、广东、广西、四川、贵州、云南；朝鲜、日本、越南、泰国、印度尼西亚、澳大利亚、萨摩亚群岛、斐济、塔希提岛、马克萨斯群岛、欧洲、非洲。

35. 白蜡绢褐螟 *Diaphania nigropunctalis* （Bremer）

寄主：白蜡、梧桐、女贞、丁香、木樨。

分布：中国浙江（景宁、长兴、龙王山、天目山、百山祖、杭州、临安、鄞州、镇海、象山、温州、乐清）、黑龙江、吉林、辽宁、内蒙古、河南、陕西、江苏、福建、台湾、四川、贵州、云南；朝鲜、日本、越南、印度、斯里兰卡、菲律宾、印度尼西亚。

36. 桑绢野螟 *Diaphania pyloalis* （Walker）

寄主：桑。

分布：中国浙江（景宁、龙王山、天目山、百山祖、湖州、长兴、安吉、德清、嘉兴、嘉善、平湖、桐乡、海盐、海宁、杭州、余杭、桐庐、绍兴、诸暨、嵊州、新昌、慈溪、金华、义乌、东阳、兰溪、天台、开化、庆元、温州、瑞安）、河北、陕西、江苏、安徽、湖北、福建、台湾、广东、四川、贵州、云南；朝鲜、日本、越南、缅甸、印度、斯里兰卡。

37. 四斑绢野螟 *Diaphania quadrimaculalis* （Bremer *et* Grey）

分布：中国浙江（景宁、龙王山、天目山、百山祖、杭州、余杭、庆元）、黑龙江、吉林、北京、河北、陕西、江苏。

38. 褐纹翅野螟 *Diasemia accalis* Walker

分布：中国浙江（景宁、龙王山、古田山、长兴、安吉、杭州、余杭、临安、建德、奉化、象山、东阳、天台、仙居、衢州、丽水、庆元、乐清、永嘉）、山东、江苏、湖南、台湾、广东、四川、云南；朝鲜、日本、缅甸、印度。

39. 目斑纹翅野螟 *Diasemia distinctalis* Leech

分布：中国浙江（景宁、天目山、古田山、长兴、奉化、云和、庆元）。

40. 脂斑翅野螟 *Diastictis adipalis* Lederer

寄主：花生。

分布：中国浙江（景宁、德清、临安、余姚、庆元、平阳）、台湾、广东；日本、越南、印度、印度尼西亚、斯里兰卡。

41. 甘薯蛀野螟 *Dichocrocis diminutiva*（Warren）

寄主：甘薯。

分布：中国浙江（景宁、天目山、台州、丽水、缙云、遂昌、龙泉、庆元、温州、瓯海、平阳、苍南）。

42. 桃蛀野螟 *Dichocrocis punctiferalis* Guenee

寄主：桃、梨、柑橘、李、梅、杏、柿、山楂、枇杷、无花果、石榴、栗、马尾松。

分布：中国浙江、辽宁、河北、山西、山东、河南、陕西、江苏、安徽、湖北、江西、湖南、福建、台湾、广东、四川、云南；朝鲜、日本、印度、大洋洲。

43. 褐萍水螟 *Elophila turbata*（Butel）

寄主：水稻、田字草、满江红、青苹、水萍、槐叶萍、水鳖、水浮莲。

分布：中国浙江（景宁、百山祖、安吉、德清、嘉兴、嘉善、平湖、海宁、杭州、余杭、临安、桐庐、鄞州、金华、兰溪、开化、常山、丽水、云和、龙泉、庆元、洞头、平阳、苍南）、江苏、湖北、江西、福建、台湾、广东、广西、贵州；俄罗斯（远东地区）、朝鲜、日本。

44. 纹歧角螟 *Endotricha icelusalis* Walker

分布：中国浙江（景宁、龙王山、古田山、长兴、安吉、德清、杭州、临安、诸暨、嵊州、慈溪、镇海、奉化、象山、东阳、永康、天台、常山、丽水、遂昌、龙泉、庆元）、江苏、湖北、江西、湖南、福建、台湾、广东、广西、四川、云南；日本。

45. 烟草粉斑螟 *Ephestia elutella*（Hubner）

寄主：干果、种子、核果、糖果、烟草、干菜、花生。

分布：中国浙江（景宁、天目山、百山祖、杭州、临安、萧山、宁波、定海、金华、丽水、庆元）、江苏、上海、湖北、江西、湖南、台湾、广东、四川、云南；俄罗斯、印度、泰国、不丹、斯里兰卡、印度尼西亚、德国、英国、法国、意大利、澳大利亚、加拿大、美国、巴拿马、巴西、南非。

46. 豆荚斑螟 *Etiella zinckenella* Treitschre

寄主：豆科。

分布：中国浙江（景宁、长兴、安吉、龙王山、莫干山、百山祖、德清、杭州、建德、定海、义乌、东阳、衢州、常山、丽水、乐清、永嘉）、河北、山西、山东、河南、陕西、湖北、江西、湖南、福建、台湾、广东、海南、广西、云南；朝鲜、日本、泰国、印度、斯里兰卡、印度尼西亚、欧洲、北美洲。

47. 黄翅双叉端环野螟 *Eumorphobotys eumorphalis*（Caradja）

寄主：竹。

分布：中国浙江（景宁、龙王山、莫干山、天目山、百山祖、桐乡、杭州、临安）、江苏、上海、安徽、江西、湖南、福建、广东、四川、云南。

48. 赭翅双叉端环野螟 *Eumorphobotys obscuralis*（Caradja）

寄主：竹。

分布：中国浙江（景宁、龙王山、莫干山、天目山、百山祖、长兴、安吉、杭州、临安、丽水、遂昌、庆元）、青海、江苏、上海、安徽、江西、湖南、福建、四川。

49. 金斑展须野螟 *Eurrhyparodes accessalis*（Walker）

分布：中国浙江（景宁、天目山、古田山、百山祖、德清、建德、天台、丽水、庆元、乐清、永嘉、平阳）。

50. 黑缘梨角野螟 *Goniorhynchus butyrosa* Butler

分布：中国浙江（景宁、莫干山、百山祖、德清、杭州、临安、天台、庆元）、湖北、江西、湖南、福建、台湾、广东、四川、云南；日本、越南。

51. 棉卷叶野螟 *Haritalodes derogata*（Fabricius）

寄主：棉、木槿、芙蓉、扶桑、梧桐、冬葵、锦葵、蜀葵。

分布：中国浙江（景宁、莫干山、天目山、古田山、百山祖、长兴、德清、平湖、海盐、海宁、杭州、余杭、临安、淳安、建德、慈溪、余姚、镇海、宁海、三门、东阳、永康、兰溪、天台、仙居、临海、黄岩、温岭、玉环、云和、龙泉、庆元、温州、永嘉）、北京、河北、山西、山东、河南、陕西、江苏、安徽、湖北、湖南、福建、广西、四川、贵州、云南；朝鲜、日本、斯里兰卡、非洲、大洋洲。

52. 蚀叶野螟 *Hedylepta similis* Moore

分布：中国浙江（景宁、安吉、德清、临安、龙泉、庆元）。

53. 三纹蚀叶野螟 *Hedylepta tristrialis*（Bremer）

寄主：荞麦。

分布：中国浙江（景宁、龙王山、百山祖、临安）、山东、江苏、江西、四川；俄罗斯、朝鲜、日本、印度、印度尼西亚。

54. 赤双纹螟 *Herculia pelasgalis* Walker

寄主：茶。

分布：中国浙江（景宁、天目山、龙王山、古田山、百山祖、莫干山、长兴、德清、杭州、临安、建德、余姚、奉化、开化、鄞州、天台、仙居、丽水、龙泉、庆元）、江苏、江西、台湾、河南、湖北、福建、广东、四川；朝鲜、日本。

55. 褐切叶野螟 *Herpetogramma rudis*（Warren）

分布：中国浙江（景宁、百山祖）、湖南、四川；日本、印度。

56. 甜菜白带野螟 *Hymenia recurvali* Fabricius

寄主：甜菜、玉米、苋菜、棉、黄瓜、向日葵、甘蔗、茶。

分布：中国浙江（景宁、龙王山、莫干山、天目山、古田山、百山祖、长兴、安吉、德清、嘉兴、余杭、建德、嵊州、余姚、奉化、宁海、象山、金华、天台、仙居、临海、常山、丽水、缙云、遂昌、龙泉、庆元、瑞安）、黑龙江、吉林、辽宁、内蒙古、北京、河北、山东、陕西、江西、台湾、广东、广西、四川、西藏、云南；朝鲜、日本、泰国、缅甸、印度、斯里兰卡、菲律宾、印度尼西亚、澳大利亚、非洲、北美洲。

57. 蜂巢螟 *Hypsopygia mauritalis* Boisduval

寄主：胡蜂巢。

分布：中国浙江（景宁、莫干山、天目山、百山祖、德清、杭州）、河北、江苏、湖北、江西、湖南、福建、台湾、广东、四川、云南；日本、缅甸、印度、印度尼西亚、马达加斯加。

58. 褐巢螟 *Hypsopygia regina* Butler

寄主：酸枣。

分布：中国浙江（景宁、德清、莫干山、龙王山、天目山、古田山、百山祖、杭州、临安、建德、奉化、天台、庆元）、江苏、河南、湖北、湖南、福建、台湾、四川、广东、云南；日本、印度。

59. 艳瘦翅野螟 *Ischnurges gratiosalis* Walker

分布：中国浙江（景宁、百山祖、奉化、开化、庆元）、江西、湖南、福建、台湾、广东、四川；印度、斯里兰卡、马来西亚。

60. 茄白翅野螟 *Leucinodes orbonalis* Guenee

寄主：茄、龙葵、马铃薯。

分布：中国浙江（景宁、杭州、百山祖）、台湾、广东、广西；泰国、缅甸、印度、斯里兰卡、印度尼西亚。

61. 缀叶丛螟 *Locastra muscosalis* Walker

寄主：胡桃、黄连木、枫香、樟。

分布：中国浙江（景宁、龙王山、天目山、古田山、百山祖、德清、杭州、临安、定海、普陀、浦江、仙居、瑞安）、河北、山东、江苏、安徽、湖北、江西、湖南、福建、台湾、广东、广西、四川、云南、西藏；日本、印度、斯里兰卡。

62. 伞锥额野螟 *Loxostege palealis* Schiffermuller *et* Denis

寄主：茴香、胡萝卜、独活、野生山芹、败酱。

分布：中国浙江（景宁、天目山、百山祖）、黑龙江、北京、河北、山西、山东、陕西、江苏、湖北、广东、四川、云南；朝鲜、日本、印度、欧洲。

63. 三环须水螟 *Mabra charoniadis* （Walker）

分布：中国浙江（景宁、百山祖、杭州）、黑龙江、山东、江苏、湖北、湖南、福建；俄罗斯（西伯利亚）、朝鲜、日本。

64. 暗锄须丛螟 *Macalla obscura* Moore

分布：中国浙江（景宁、百山祖）、江西。

65. 水稻刷须野螟 *Marasmia venilialis* Walker

寄主：水稻、莲子草、棕叶狗尾草。

分布：中国浙江（景宁、龙王山、百山祖）、台湾、广东、云南；泰国、缅甸、印度、斯里兰卡、印度尼西亚、澳大利亚、非洲。

66. 豆荚野螟 *Maruca testulalis* Geyer

寄主：玉米、豆科、黑荆树。

分布：中国浙江（景宁、龙王山、莫干山、天目山、古田山、百山祖、长兴、杭州、余杭、临安、萧山、桐庐、建德、淳安、诸暨、余姚、奉化、象山、定海、普陀、永康、天台、仙居、衢州、开化、丽水、缙云、遂昌、云和、龙泉、庆元、温州、平阳）、北京、内蒙古、河北、山西、山东、河南、陕西、江苏、湖北、江西、湖南、福建、台湾、广东、海南、四川、广西、贵州、云南；朝鲜、日本、印度、斯里兰卡、欧洲、澳大利亚、尼日利亚、坦桑尼亚、非洲北部、巴西、美国。

67. 金纹蚀叶野螟 *Nacoleia chrysorycta*（Meyrick）

分布：中国浙江（景宁、天目山、庆元）。

68. 黑点蚀叶野螟 *Nacoleia commixta* Butler

分布：中国浙江（景宁、莫干山、天目山、百山祖、龙王山、临安、宁波、奉化、庆元）、湖南、福建、台湾、贵州、广东、海南、四川、云南；日本、越南、印度、斯里兰卡、马来西亚。

69. 斑点蚀叶野螟 *Nacoleia maculalis* South

分布：中国浙江（景宁、龙王山、临安、建德、奉化、定海、衢州、庆元）、黑龙江、河北、湖北、江西、福建、四川；日本。

70. 三点并脉草螟 *Neopediasia mixtalis*（Walker）

寄主：玉米、大麦、小麦。

分布：中国浙江（景宁、百山祖、临安、缙云、云和、龙泉）、吉林、山东、甘肃、陕西、江苏、湖北、湖南、四川、云南；朝鲜、日本、俄罗斯（远东地区）。

71. 红云翅斑螟 *Nephopteryx semirubella* Scopoli

寄主：紫云英、苜蓿。

分布：中国浙江（景宁、天目山、长兴、安吉、德清、嘉兴、杭州、余杭、临安、建德、诸暨、鄞州、镇海、宁海、象山、嵊泗、定海、普陀、东阳、永康、天台、仙居、开化、江山、丽水、缙云、遂昌、云和、龙泉、庆元、泰顺）、黑龙江、吉林、北京、河北、河南、江苏、江西、湖南、广东、云南；日本、朝鲜、印度、欧洲。

72. **麦牧野螟** *Nomophila noctuella* Schiffermuller *et* Denis

寄主：小麦、苜蓿、云杉、柳。

分布：中国浙江（景宁、百山祖、长兴、安吉、杭州、余杭、慈溪、余姚、天台、丽水、庆元）、内蒙古、河北、山东、河南、陕西、江苏、台湾、广东、四川、云南、西藏；日本、俄罗斯、印度、西欧、罗马尼亚、保加利亚、北美洲。

73. **茶须野螟** *Nosophora semitritalis*（Lederer）

寄主：茶。

分布：中国浙江（景宁、湖州、长兴、杭州、临安、庆元）、福建、湖南、台湾、广东、海南、四川、云南；日本、缅甸、印度尼西亚、印度、菲律宾。

74. **黑萍水螟** *Nymphula enixalis*（Swinhoe）

寄主：青萍、水萍、槐叶萍、水浮莲。

分布：中国浙江（景宁、龙王山、莫干山、百山祖、嘉兴、杭州、余杭、临安、萧山、建德、东阳、丽水）、湖南、福建、台湾、广东、海南、云南；日本、泰国、印度。

75. **黄纹水螟** *Nymphula fengwhanalis* Pryer

寄主：水稻、满江红、鸭舌草。

分布：中国浙江（景宁、龙王山、莫干山、天目山、临安、东阳、丽水、庆元）、宁夏、江苏、安徽、湖北、江西、广东；日本、朝鲜。

76. **棉水螟** *Nymphula interruptalis*（Pryer）

寄主：棉、睡莲。

分布：中国浙江（景宁、龙王山、天目山、安吉、德清、杭州、云和、庆元）、黑龙江、吉林、河北、山东、江苏、上海、安徽、江西、湖南、福建、广东、四川、云南；日本、朝鲜、俄罗斯。

77. **褐萍水螟** *Nymphula separatalis*（Leech）

分布：中国浙江（景宁、杭州、宁波、庆元）。

78. **塘水螟** *Nymphula stagnata*（Donovan）

寄主：萍逢草、黑三棱。

分布：中国浙江（景宁、百山祖、杭州、淳安、慈溪、宁海）、黑龙江、河北、河南、江苏、湖北、广东、四川、云南；俄罗斯（远东地区）、日本、芬兰、瑞典、罗马尼亚、英国、比利时、法国、瑞士、意大利、西班牙。

79. 稻水螟 *Nymphula uitlalis*（Bremer）

寄主：水稻、眼子菜、看麦娘。

分布：中国浙江（景宁、龙王山、百山祖）、山东、陕西、江苏、湖南、福建、台湾、广东；日本、朝鲜。

80. 豆蚀叶野螟 *Omiodes indicata*（Fabricius）

寄主：豆科、薄荷、棉、花生、鱼藤。

分布：中国浙江（景宁、莫干山、天目山、龙王山、古田山、百山祖、安吉、嘉兴、杭州、余杭、诸暨、奉化、江山、丽水、龙泉、庆元、平阳）、北京、内蒙古、河北、山东、河南、江苏、湖北、江西、湖南、福建、台湾、广东、四川；日本、印度、斯里兰卡、新加坡、非洲、北美洲、南美洲、俄罗斯。

81. 栗叶瘤丛螟 *Orthaga achatina* Butler

寄主：板栗、毛栗、白栎。

分布：中国浙江（景宁、龙王山、莫干山、天目山、古田山、杭州、丽水、缙云、龙泉）、辽宁、北京、陕西、江苏、上海、湖北、江西、湖南、福建、广东、广西、四川、云南；朝鲜、日本。

82. 橄绿瘤丛螟 *Orthaga olivacea* Warren

寄主：樟。

分布：中国浙江（景宁、莫干山、德清、平湖、杭州、天台、松阳、庆元）、北京、陕西、江苏、上海、湖北、江西、湖南、云南；朝鲜、日本。

83. 灰双纹螟 *Orthopygia glaucinalis*（Linnaeus）

寄主：牲畜干饲料、干草。

分布：中国浙江（景宁、龙王山、莫干山、天目山、古田山、百山祖、安吉、德清、杭州、余杭、建德、云和）、黑龙江、吉林、辽宁、青海、江苏、湖北、湖南、福建、广东、四川、云南；朝鲜、日本、欧洲。

84. 金双点螟 *Orybina flaviplaga*（Walker）

寄主：柑橘。

分布：中国浙江（景宁、龙王山、莫干山、天目山、古田山、百山祖、长兴、安吉、德清、临安、桐庐、建德、淳安、诸暨、余姚、龙泉）、河南、陕西、江苏、湖北、江西、湖南、台湾、广东、广西、四川、贵州、云南；缅甸、印度。

85. 亚洲玉米螟 *Ostrinia furnacalis*（Guenee）

寄主：玉米、麻、甜菜、粟、棉、甘蔗、甘薯。

分布：中国浙江（景宁、天目山、百山祖、德清、杭州、余杭、天台、庆元）、黑龙江、吉林、辽宁、内蒙古、河北、山西、山东、河南、陕西、江苏、上海、安徽、湖北、江西、湖南、福建、台湾、广东、广西、四川、云南；日本、印度尼西亚、菲律宾。

86. 苍耳螟 *Ostrinia orientalis* Mutuura *et* Munroe

分布：中国浙江（景宁、德清、庆元）。

87. 接骨木尖须野螟 *Pagyda amphisalis*（Walker）

寄主：接骨木。

分布：中国浙江（景宁、天目山、百山祖、德清、临安、天台）、福建、台湾、广东、四川、贵州、云南；朝鲜、日本、印度。

88. 黄环绢须野螟 *Palpita annulata*（Fabricius）

分布：中国浙江（景宁、龙王山、古田山、天目山、百山祖、杭州、临安、德清、奉化、天台、温岭、庆元）、江苏、陕西、湖南、台湾、广东、福建、四川、云南；朝鲜、日本、越南、菲律宾、缅甸、印度、斯里兰卡、印度尼西亚、新加坡、澳大利亚。

89. 点缀螟 *Paralipsa gularis* Zeller

寄主：大米、小麦、大麦、面粉、米粉、干果。

分布：中国浙江（景宁、百山祖、淳安、临海、江山、丽水、云和、瑞安）、河北、河南、江苏、江西、福建、四川、云南；朝鲜、日本、印度、英国、美国。

90. 颚斑螟 *Paramaxillaria meretrix* Staudinger

分布：中国浙江（景宁、百山祖、江山）。

91. 稻筒水螟 *Parapoynx fluetuosalis*（Zeller）

寄主：水稻。

分布：中国浙江（景宁、百山祖、临安、丽水、遂昌、云和、龙泉、庆元）、湖南、福建、台湾、广东、四川、广西；朝鲜、日本、越南、缅甸、印度、斯里兰卡、印度尼西亚、大洋洲、非洲东部。

92. 乌苏里褶缘野螟 *Paratalanta ussurialis*（Bremer）

分布：中国浙江（景宁、龙王山、四明山、百山祖、安吉、德清、临安、丽水、庆元）、黑龙江、湖南、福建、台湾、四川、云南；俄罗斯（远东地区）、朝鲜、日本。

93. 珍洁水螟 *Parthenodes prodigalis* (Leech)

分布：中国浙江（景宁、莫干山、古田山、百山祖、长兴、德清、临安、鄞州、奉化）、福建、台湾、广东、四川、云南；朝鲜、日本。

94. 枇杷卷叶野螟 *Pleurotya balteata* (Fabricius)

寄主：枇杷、枫杨、白栎、盐肤木、茶、柞、栗、槠、黄连木。

分布：中国浙江（景宁、龙王山、莫干山、天目山、百山祖、长兴、安吉、德清、临安、淳安、天台、仙居、丽水、云和、庆元、温州）、江西、湖南、福建、台湾、四川、云南、西藏；朝鲜、日本、越南、缅甸、印度、斯里兰卡、印度尼西亚、欧洲、非洲。

95. 四斑卷叶野螟 *Pleuroptya quadrimaculalis* Kollar

分布：中国浙江（景宁、莫干山、龙王山、天目山、百山祖、安吉、德清、临安、奉化、开化）、山东、江西、湖南、福建、台湾、广东、四川、云南；俄罗斯、朝鲜、日本、印度、印度尼西亚。

96. 三条蛀野螟 *Pleurotya chlorophanta* (Butel)

寄主：栗、高粱、水稻、小麦、玉米、甘薯、豆科、柿、梧桐。

分布：中国浙江（景宁、莫干山、百山祖、杭州、余杭、临安、桐庐、建德、淳安、鄞州、慈溪、镇海、奉化、象山、仙居、常山、缙云、龙泉、庆元）、内蒙古、山东、河南、江苏、福建、台湾、四川、广西；朝鲜、日本、印度、斯里兰卡。

97. 水稻多拟斑螟 *Polyocha gensanalis* (South)

寄主：水稻、稗。

分布：中国浙江（景宁、龙王山、百山祖、遂昌、云和、安吉、德清、嘉兴、杭州、临安、龙泉、庆元、乐清）、河北、江苏、江西、贵州、云南；朝鲜。

98. 大白斑野螟 *Polythlipta liquidalis* Leech

分布：中国浙江（景宁、天目山、百山祖、杭州）、河南、陕西、湖北、湖南、福建、广东、海南、广西、四川、贵州、云南；朝鲜、日本。

99. 黑脉厚须螟 *Propachys nigrivena* Walker

寄主：樟。

分布：中国浙江（景宁、龙王山、莫干山、天目山、古田山、百山祖、杭州、临安、建德、奉化、临海、衢州、庆元）、河南、湖北、江西、湖南、福建、台湾、广东、四川、云南；印度、孟加拉国、斯里兰卡。

100. 水稻切叶野螟 *Psara licarsisalis*（Walker）

寄主：水稻、竹、甘蔗。

分布：中国浙江（景宁、龙王山、百山祖、莫干山、安吉、德清、杭州、临安、淳安、丽水、龙泉、庆元）、江苏、福建、江西、湖南、台湾、广东、广西、云南、西藏；越南、日本、朝鲜、印度尼西亚、斯里兰卡、印度、马来西亚、澳大利亚。

101. 黄纹银草螟（橙带草螟、黄纹草螟）*Pseudargyria interruptella*（Walker）

分布：中国浙江（景宁、天目山、古田山、百山祖、德清、临安、奉化、天台、庆元）、陕西、山西、山东、江苏、湖南、福建、河南、安徽、台湾、广东、广西、云南；朝鲜、日本。

102. 稻黄缘白草螟 *Pseudocatharylla inclaralis*（Walker）

寄主：水稻、甘蔗。

分布：中国浙江（景宁、龙王山、天目山、安吉、德清、嘉兴、杭州、临安、萧山、富阳、余杭、东阳、金华、天台、仙居、丽水、云和、庆元）、辽宁、江苏、安徽、广东。

103. 谷螟 *Pyralis farinalis* Linnaeus

寄主：谷类、干果、饼干、茶叶、中药材。

分布：中国浙江（景宁、龙王山、百山祖、安吉、德清、杭州、萧山、富阳、东阳、兰溪、丽水、庆元）、河北、山东、河南、陕西、江苏、湖南、台湾、广东、广西、四川；世界广布。

104. 斑粉螟 *Pyralis pictalis*（Curtis）

分布：中国浙江（景宁、古田山、奉化、丽水、庆元）。

105. 金黄螟 *Pyralis regalis et* Denis

分布：中国浙江（景宁、天目山、建德、龙泉、庆元）。

106. 一纹野螟 *Pyrausta unipunctata* Butler

分布：中国浙江（景宁、开化、缙云、庆元）。

107. 豆野螟 *Pyrausta varialis* Bremer

寄主：豇豆、赤小豆。

分布：中国浙江（景宁、天目山、百山祖、杭州、余杭、临安、富阳）、黑龙江、四川、西藏；俄罗斯（西伯利亚）、朝鲜、日本。

108. 三化螟 *Scirpophaga incertulas*（Walker）

寄主：水稻。

分布：中国浙江（景宁、龙王山、百山祖、安吉、德清、杭州、余杭、东阳、丽水、龙泉、庆元）、山东、河南、陕西、江苏、安徽、湖北、江西、湖南、福建、台湾、广东、四川、海南、广西、贵州、云南；日本、泰国、缅甸、印度、尼泊尔、斯里兰卡、阿富汗、新加坡、菲律宾、印度尼西亚。

109. 黄尾蚀禾螟 *Scirpophaga nivella*（Fabricius）

寄主：甘蔗。

分布：中国浙江（景宁、天目山、安吉、嘉兴、杭州、余杭、临安、建德、奉化、金华、兰溪、天台、常山、丽水、缙云、庆元）、江苏、湖北、福建、台湾、广东；日本、印度、斯里兰卡、缅甸、印度尼西亚。

110. 荸荠白禾螟 *Scirpophaga praelata*（Scopoli）

寄主：甘蔗、荸荠。

分布：中国浙江（景宁、百山祖、杭州、余杭、临安、萧山、宁波、鄞州、慈溪、余姚、镇海、东阳、天台、丽水、庆元）、黑龙江、北京、河北、甘肃、江苏、安徽、江西、湖南、福建、广东、广西、台湾；日本、欧洲、澳大利亚。

111. 竹绒野螟 *Sinibotys evenoralis*（Walker）

寄主：毛竹、苦竹、淡竹、刚竹、水竹、撑篙竹、青皮竹、单竹、吊丝竹、黄麻竹。

分布：中国浙江（景宁、龙王山、天目山、百山祖、长兴、莫干山、德清、平湖、杭州、临安、桐庐、绍兴、上虞、诸暨、嵊州、新昌、鄞州、慈溪、镇海、奉化、象山、天台、庆元、瑞安、洞头、平阳）、江苏、江西、广西、福建、台湾、广东；朝鲜、日本、缅甸。

112. 楸蠹野螟 *Sinomphisa plagialis* Wileman

寄主：楸、梓。

分布：中国浙江（景宁、龙王山、天目山、古田山、百山祖、德清、海宁、杭州、余杭、临安、余姚、玉环、常山、缙云、庆元、温州）、辽宁、河北、山东、河南、陕西、江苏、湖北、四川、贵州；朝鲜、日本。

113. 伪白纹缟螟 *Stemmatophora valida* Butler

分布：中国浙江（景宁、天目山、古田山、百山祖、长兴、德清、杭州、奉化、东阳、仙居、丽水、云和、庆元）、江苏、湖北、江西、湖南、福建、广东、海南、四川、云南；日本。

114. 稻显纹纵卷水螟 *Susumia exigua*（Butler）

寄主：水稻。

分布：中国浙江（景宁、临海、古田山、庆元）、广东、广西；日本。

115. 柞褐叶螟 *Sybrida fascialis* Butler

寄主：柞。

分布：中国浙江（景宁、龙王山、庆元）、江西、福建、台湾、海南、云南、西藏；日本。

116. 黄斑卷叶野螟 *Sylepta insignia* Butler

寄主：竹。

分布：中国浙江（景宁、天目山、百山祖、湖州、安吉、临安、建德、天台、庆元、乐清）。

117. 葡萄卷叶野螟 *Sylepta luctuosalis*（Guenee）

寄主：葡萄。

分布：中国浙江（景宁、莫干山、古田山、百山祖、长兴、德清、临安、萧山、淳安、鄞州、慈溪、镇海、奉化、宁海、象山、江山、缙云、遂昌、云和、庆元、瑞安）、黑龙江、河南、陕西、江苏、福建、台湾、广东、海南、云南；俄罗斯（西伯利亚）、朝鲜、日本、印度、越南、斯里兰卡、印度尼西亚、欧洲南部、非洲东部。

118. 斑点卷叶野螟 *Sylepta maculalis* Leech

分布：中国浙江（景宁、龙王山、百山祖、临安、淳安、宁海、文成）、黑龙江、福建、台湾、广东、四川、云南；日本。

119. 宁波卷叶野螟 *Sylepta ningpoalis* Leech

分布：中国浙江（景宁、湖州、德清、莫干山、天目山、古田山、百山祖、杭州、临安、建德、天台、常山、庆元、乐清、永嘉）、江苏、湖北、江西、四川、河南、福建、广东。

120. **苎麻卷叶野螟** *Sylepta pernitescens* Swinhoe

寄主：苎麻。

分布：中国浙江（景宁、天目山、百山祖、奉化、天台、临海）、黑龙江、台湾、广东；日本、印度、印度尼西亚。

121. **枯叶螟（中条毒螟）** *Tamraca torridalis*（Lederer）

分布：中国浙江（景宁、龙王山、天目山、长兴、安吉、德清、杭州、临安、象山、定海、普陀、遂昌、青田、云和、庆元）、山东、河南、陕西、江苏、上海、安徽、湖北、江西、湖南、福建、台湾、广东、广西、西藏；日本、缅甸、印度、斯里兰卡、印度尼西亚。

122. **二色肩螟（双色长肩螟）** *Tegulifera bicoloralis*（Leech）

寄主：储粮。

分布：中国浙江（景宁、天目山、百山祖）、江西、湖南、福建、台湾、广东、四川、云南；朝鲜、日本、印度。

123. **白腹蛛丛螟（白带网丛螟）** *Teliphasa albifusa*（Hampson）

分布：中国浙江（景宁、龙王山、百山祖、临安、奉化、象山、定海、普陀、仙居、遂昌、庆元）、福建、台湾；日本。

124. **阿米网丛螟** *Teliphasa amica*（Butler）

分布：中国浙江（景宁、德清、临安、仙居、庆元）。

125. **大豆褐翅丛螟** *Teliphasa elegans*（Butler）

寄主：大豆。

分布：中国浙江（景宁、德清、杭州、临安、奉化、天台、庆元）。

126. **麻楝棘丛螟** *Termioptycha margarita*（Butler）

分布：中国浙江（景宁、德清、百山祖）、河南、台湾；日本、朝鲜。

127. **咖啡浆果蛀野螟** *Thliptoceras octoguttale* Felder et Rogenhoffer

分布：中国浙江（景宁、古田山、百山祖）、台湾、广东、四川、云南；日本、越南、印度、斯里兰卡、马来西亚、澳大利亚、刚果、肯尼亚、坦桑尼亚。

128. **朱硕螟** *Toccolosida rubriceps* Walker

寄主：姜。

分布：中国浙江（景宁、莫干山、天目山、嘉兴、庆元）、江苏、湖北、湖南、四川、云南、福建、台湾、广东；印度、不丹、印度尼西亚、孟加拉国。

129. 红尾蛀禾螟 *Tryporza intacta*（Snellen）

寄主：甘蔗。

分布：中国浙江（景宁、德清、临安、永康、江山、缙云、庆元）。

130. 黄黑纹野螟 *Tyspanodes hypsalis* Warren

分布：中国浙江（景宁、莫干山、天目山、德清、杭州、临安、富阳、桐庐、奉化、庆元）、江苏、台湾、四川；朝鲜、日本。

131. 橙黑纹野螟 *Tyspanodes striata*（Butler）

分布：中国浙江（景宁、龙王山、莫干山、天目山、百山祖、德清、杭州、临安、奉化、缙云、龙泉、庆元）、山东、河南、陕西、江苏、湖北、江西、湖南、台湾、福建、广东、广西、四川、贵州、云南；朝鲜、日本。

132. 圆斑缨突野螟 *Udea orbicentralis*（Christoph）

分布：中国浙江（景宁、德清、杭州、余杭、临安、东阳、丽水、龙泉、庆元）。

133. 锈黄缨突野螟 *Udea testacea* Butler

寄主：萝卜、芥菜、大豆。

分布：中国浙江（景宁、龙王山、莫干山、天目山、百山祖、长兴、安吉、德清、德清、临安、建德、奉化、衢州、开化、庆元、丽水）、河南、广西、江苏、贵州、台湾、广东、贵州、云南；日本、印度、斯里兰卡。

134. 三色伸喙野螟 *Uresiphita tricolor*（Butler）

分布：中国浙江（景宁、百山祖、天目山）、山东、广东、台湾、四川；朝鲜、日本。

（十）尺蛾科 Geometridae

韩红香、姜楠、崔乐、项兰斌、李赫男、刘祖莲、薛大勇（中国科学院动物研究所）

1. 醋栗尺蛾 *Abraxas grossulariata*（Linnaeus）

寄主：醋栗、乌荆子、榛、李、杏、桃、稠李、山榆、杜柳、紫景天。

分布：中国浙江（景宁、天目山、百山祖、遂昌、龙泉、庆元）、黑龙江、吉林、内蒙古、陕西；朝鲜、日本、亚洲西部、欧洲。

2. 丝棉木金星尺蛾 *Abraxas suspecta* Warren

分布：中国浙江、黑龙江、吉林、辽宁、内蒙古、北京、天津、河北、山西、山东、河南、宁夏、青海、甘肃、江苏、上海、安徽、湖北、江西、湖南、福建；俄罗斯、朝鲜、日本。

3. 榛金星尺蛾 *Abraxas sylvata* （Scopoli）

寄主：榛、山毛榉、桦、榆、稠李、水青冈。

分布：中国浙江（景宁、百山祖、古田山、杭州、临安、萧山、桐庐、淳安、慈溪、余姚、镇海、奉化、遂昌、龙泉）、内蒙古、江苏、湖南；俄罗斯、朝鲜、日本、欧洲中部。

4. 虹尺蛾 *Acolutha pictaria* Warren

分布：中国浙江（景宁、丽水、龙泉、庆元）、福建、台湾、海南、四川、云南。

5. 水蜡尺蛾 *Agaraeus parva distans* （Warren）

寄主：水蜡。

分布：中国浙江（景宁、百山祖、余姚、庆元）。

6. 萝摩艳青尺蛾 *Agathia carissima* Butler

寄主：萝摩、隔山消。

分布：中国浙江（景宁、天目山、百山祖、杭州、临安、嵊泗、常山）、黑龙江、吉林、辽宁、内蒙古、河北、陕西、四川；朝鲜、日本。

7. 角鹿尺蛾 *Alcis angulifera* （Butler）

寄主：冷杉、云杉。

分布：中国浙江（景宁、百山祖、临安）、黑龙江、内蒙古、新疆、宁夏、甘肃、陕西、青海、广西、重庆、四川、云南、西藏；俄罗斯、朝鲜、日本。

8. 双山枝尺蛾（灰鹿尺蛾）*Alcis grisea* Butler

分布：中国浙江（景宁、百山祖、余姚、奉化、庆元）、河南、湖北；日本。

9. 豹纹枝尺蛾 *Arichanna gaschkevitchii* （Motschulsky）

寄主：马醉木。

分布：中国浙江（景宁、百山祖、杭州、余杭、临安、云和）。

10. **棕星尺蛾** *Arichanna jaguararia*（Guenee）

寄主：樟。

分布：中国浙江（景宁、龙王山、古田山、百山祖、长兴、杭州、余杭、临安、萧山、桐庐、建德、淳安、新昌、鄞州、余姚、镇海、奉化、宁海、三门、嵊泗、天台、仙居、临海、黄岩、温岭、玉环、丽水、云和、龙泉、庆元、永嘉、平阳）、江西、安徽、湖北、湖南、福建、广西；日本。

11. **黄星尺蛾** *Arichanna melanaria*（Butler）

分布：中国浙江（景宁、古田山、建德、龙泉）、黑龙江、吉林、辽宁、内蒙古、陕西、福建；俄罗斯、朝鲜、日本。

12. **娴尺蛾** *Auaxa cesadaria* Walker

分布：中国浙江（景宁、百山祖）、宁夏、甘肃、湖南、福建、台湾、广西、四川、云南、西藏；朝鲜、日本、印度。

13. **双云尺蛾** *Biston regalis*（Warren）

寄主：油桐。

分布：中国浙江（景宁、天目山、百山祖、长兴、杭州、临安、桐庐、淳安、东阳、丽水、庆元）。

14. **白鹰尺蛾** *Biston contectaria*（Walker）

分布：中国浙江（景宁、百山祖）、湖北、湖南、福建；尼泊尔、印度。

15. **油桐尺蛾** *Biston suppressaria* Guenee

寄主：油桐、柑橘、柿、杨梅、梅、漆树、乌桕、茶、山胡桃、柏、松、杉、油茶、栗、刺槐、栎。

分布：中国浙江（景宁、龙王山、古田山、百山祖、长兴、安吉、德清、杭州、余杭、临安、建德、淳安、三门、兰溪、天台、仙居、临海、黄岩、温岭、玉环、丽水、缙云、温州、永嘉）、江苏、河南、安徽、湖北、湖南、福建、广西、四川、贵州、云南；缅甸、印度。

16. **云尺蛾** *Biston thibetaria*（Oberthur）

寄主：茶。

分布：中国浙江（景宁、百山祖）、湖北、湖南、四川、贵州、云南。

17. 焦边尺蛾 *Bizia aexaria* Walker

寄主：桑。

分布：中国浙江（景宁、龙王山、莫干山、天目山、古田山、百山祖、湖州、长兴、安吉、杭州、余杭、临安、桐庐、淳安、诸暨、余姚、宁海、嵊泗、定海、天台、临海、常山、丽水、遂昌、龙泉、平阳）、吉林、内蒙古、北京、天津、河北、山西、陕西、安徽、湖北、江西、湖南、福建、台湾、广东、广西、四川、贵州、西藏；朝鲜、日本、越南。

18. 双角尺蛾 *Carige cruciplaga* （Walker）

分布：中国浙江（景宁、莫干山、天目山、临安、宁波、余姚、丽水、云和、龙泉、庆元）。

19. 常春藤回纹尺蛾 *Chartographa compositata* （Guenee）

寄主：常春藤、葡萄、红松。

分布：中国浙江（景宁、龙王山、天目山、杭州、临安、宁波、奉化、岱山、龙泉、庆元）、内蒙古、北京、天津、河北、山西、山东、河南、湖北、江西、湖南、云南；日本、朝鲜。

20. 直线仿锈腰尺蛾 *Chlorissa gelida* （Butler）

分布：中国浙江（景宁、百山祖）、西藏；印度、巴基斯坦。

21. 中国四眼绿尺蛾 *Chlorodontopera mandarinata* （Leech）

分布：中国浙江（景宁、龙王山、莫干山、百山祖、遂昌、庆元）、江西、广东、海南、广西、四川。

22. 褐纹绿尺蛾 *Comibaena amoenaria* （Oberthur）

分布：中国浙江（景宁、天目山、德清、杭州、临安、庆元）。

23. 长纹绿尺蛾 *Comibaena argentataria* （Leech）

分布：中国浙江（景宁、天目山、百山祖、长兴、德清、杭州、萧山、余姚、天台、遂昌、云和、庆元）、湖北、江西、湖南、福建、台湾、广东、广西；朝鲜、日本。

24. 栎绿尺蛾 *Comibaena delicatior* Warren

寄主：栎。

分布：中国浙江（景宁、莫干山、百山祖、杭州、临安、桐庐、鄞州、定海、缙云、龙泉、泰顺）、黑龙江、河南、四川、福建；朝鲜、日本。

25. 污纹绿尺蛾 *Comibaena integranota* Hampson

分布：中国浙江（景宁、百山祖）、海南；印度。

26. 肾纹绿尺蛾 *Comibaena procumbaria* （Pryer）

寄主：茶、乌桕。

分布：中国浙江（景宁、天目山、古田山、百山祖、长兴、德清、杭州、淳安、嵊州、余姚、宁海、定海、普陀、天台、丽水、缙云、遂昌、云和、龙泉、庆元、平阳）、河北、河南、江苏、湖北、江西、湖南、福建、台湾、四川；日本。

27. 亚四目绿尺蛾 *Comostola subtiliaria* （Bremer）

分布：中国浙江（景宁、百山祖）、黑龙江、吉林、辽宁、内蒙古、湖南、福建、广西；俄罗斯（东南部）、日本。

28. 三线根尺蛾（线条红尺蛾）*Cotta incongruaria* （Walker）

分布：中国浙江（景宁、天目山、余姚、普陀、衢州、丽水、庆元）。

29. 木橑尺蠖 *Culcula panterinaria* （Bremer et Grey）

寄主：胡桃、橑、槐、柞、樱桃、向日葵、青麻、桔梗、酸枣、桃、李、杏、梨、山楂、柿、臭椿、泡桐、楸、槭、柳、桑、榆、楝、漆树、花椒、杨、石荆、合欢、大豆、棉、蓖麻、玉米、甘蓝、萝卜、苍耳、萱草。

分布：中国浙江（景宁、龙王山、古田山、百山祖、长兴、德清、杭州、临安、余杭、建德、淳安、鄞州、余姚、三门、义乌、天台、仙居、临海、黄岩、温岭、玉环、龙泉、庆元、温州）、辽宁、内蒙古、河北、山西、山东、河南、陕西、安徽、湖北、江西、湖南、福建、台湾、四川、贵州；朝鲜、日本。

30. 赤线尺蛾 *Culpinia diffusa* （Walker）

寄主：桑、白三叶。

分布：中国浙江（景宁、长兴、德清、临安、丽水、龙泉）、黑龙江、吉林、辽宁、内蒙古、陕西、台湾、四川；日本。

31. 小蜻蜓尺蛾 *Cystidia couaggaria* （Guenee）

寄主：苹果、稠李、李、梅、樱桃、杏、梨。

分布：中国浙江（景宁、龙王山、百山祖、长兴、杭州、临安、建德、淳安、诸暨、奉化、宁海、象山、三门、天台、仙居、临海、黄岩、温岭、玉环、云和、龙泉）、黑龙江、吉林、辽宁、内蒙古、北京、天津、河北、山西、湖北、湖南、台湾、四川、贵州；俄罗斯、朝鲜、日本、印度。

32. 蜻蜓尺蛾 *Cystidia stratonice* Stoll

寄主：桃、苹果、桦、李、梅、樱桃、杏、梨、柳、杨。

分布：中国浙江（景宁、龙王山、四明山、百山祖、德清、建德、淳安、新昌、镇海、奉化、三门、金华、天台、仙居、临海、黄岩、温岭、玉环、龙泉、庆元、永嘉）、内蒙古、北京、天津、河北、山西、河南、湖北、湖南、台湾；朝鲜、日本、俄罗斯。

33. 达尺蛾 *Dalima apicata* Wehrli

分布：中国浙江（景宁、云和、庆元、百山祖）、湖南、四川。

34. 枞灰尺蛾 *Deileptenia ribeata* （Clerck）

寄主：枞、杉、桦、栎。

分布：中国浙江（景宁、龙王山、百山祖、安吉、德清、杭州、临安、建德、嵊泗、东阳、黄岩、遂昌、云和、龙泉、温州）、黑龙江；朝鲜、日本。

35. 赭点峰尺蛾 *Dindica para* Swinhoe

分布：中国浙江（景宁、百山祖、杭州、龙泉）、湖北、江西、湖南、福建、海南、四川、广西；泰国、马来西亚、不丹、印度。

36. 尖翅绢尺蛾 *Doratoptera nicevillei* Hampson

分布：中国浙江（景宁、天目山、百山祖、临安）、四川；印度。

37. 方折线尺蛾 *Ecliptopera benigna* （Prout）

分布：中国浙江（景宁、百山祖）、河南、江西、湖南、台湾、海南、四川、云南、广西；印度。

38. 绣折线尺蛾 *Ecliptopera umbrosaria* （Motschulsky）

寄主：紫葛。

分布：中国浙江（景宁、百山祖、庆元）、四川、东北；日本、印度。

39. 土灰尺蛾（点纹黄枝尺蛾）*Ectephrina semilutata* Lederer

分布：中国浙江（景宁、百山祖、杭州、富阳、镇海、丽水、遂昌、松阳）。

40. 树形尺蛾（蛛纹黑尺蛾） *Erebomorpha fulguraria* Butler

分布：中国浙江（景宁、天目山、百山祖）、四川；俄罗斯、朝鲜、日本。

41. 金丰翅尺蛾 *Euryobeidia largeteaui*（Oberthur）

分布：中国浙江（景宁、百山祖）、湖北、湖南、广东、广西、四川、贵州、西藏。

42. 背条波尺蛾 *Evecliptopera decurrens*（Wileman）

分布：中国浙江（景宁、古田山、常山、龙泉、庆元）。

43. 紫片尺蛾 *Fascellina chromataria* Walker

分布：中国浙江（景宁、天目山、百山祖、建德）、江苏、湖南、福建、台湾、广西、海南；日本、越南、印度、斯里兰卡。

44. 线尖尾尺蛾 *Gelasma protrusa*（Butler）

分布：中国浙江（景宁、天目山、百山祖、德清、杭州、临安、建德、奉化、龙泉、庆元）、黑龙江、内蒙古、新疆、宁夏、甘肃、陕西、青海、湖南、福建、广西、重庆、四川、云南、西藏；俄罗斯（东南部）、朝鲜、日本。

45. 草绿尺蛾 *Geometra fragilis*（Oberthur）

分布：中国浙江（景宁、百山祖）、四川、云南、西藏。

46. 柑橘尺蛾 *Hemerophila subplagiata* Walker

寄主：柑橘。

分布：中国浙江（景宁、莫干山、杭州、临安、淳安、慈溪、龙泉、温州）。

47. 红颜锈腰青尺蛾 *Hemithea aestivaria*（Hubner）

寄主：茶、油茶、柳、槐、栎、山楂、醋栗。

分布：中国浙江（景宁、余姚、常山、龙泉、温州、永嘉）。

48. 玲隐尺蛾 *Heterolocha aristonaria*（Walker）

分布：中国浙江（景宁、莫干山、古田山、临安、建德、鄞州、庆元）。

49. 仁隐尺蛾 *Heterolocha coccinea* Inoue

分布：中国浙江（景宁、百山祖、德清、临安、桐庐、庆元）。

50. 光边锦尺蛾 *Heterostegane hyriaria* Warren

分布：中国浙江（景宁、百山祖）、山东、湖南、广西；朝鲜、日本。

51. 日本紫云尺蛾 *Hypephyra terrosa* （Leech）

分布：中国浙江（景宁、天目山、百山祖、长兴、杭州、奉化）、江苏、湖北、江西、湖南、广东、广西；日本。

52. 绿斑蚀尺蛾 *Hypochrasis festivaria* （Fabricius）

分布：中国浙江（景宁、百山祖）、湖南、福建、台湾、海南、广西；日本、印度、印度尼西亚。

53. 尘尺蛾 *Hypomecis punctinalis* （Butler）

寄主：栎、板栗、蔷薇、苹果、樟、杨。

分布：中国浙江（景宁、龙王山、莫干山、天目山、百山祖）、黑龙江、吉林、辽宁、内蒙古、安徽、湖北、湖南、福建、广西、四川、贵州；俄罗斯（东南部）、朝鲜、日本。

54. 皱暮尘尺蛾 *Hypomecis roborariadisplicens* （Butler）

寄主：槲、栎、油桐、乌桕、茶、扁柏、水杉、山胡桃、杉、油茶、鸡爪槭。

分布：中国浙江（景宁、莫干山、天目山、百山祖、杭州、云和、庆元）、江西；朝鲜、日本。

55. 用克尺蛾（茶云纹枝尺蛾） *Jankowskia athleta* Oberthur

寄主：茶。

分布：中国浙江（景宁、百山祖、杭州、丽水）、河南、江苏、湖南、广东、贵州；俄罗斯、朝鲜、日本。

56. 小用克尺蛾 *Jankowskia fuscaria* （Leech）

分布：中国浙江（景宁、百山祖）、甘肃、江苏、湖北、湖南、福建、广东、四川、贵州；朝鲜、日本。

57. 青突尾尺蛾 *Jodis lactearia* （Linnaeus）

寄主：青冈、栎。

分布：中国浙江（景宁、百山祖）、河北；朝鲜、日本。

58. 橄璃尺蛾 *Krananda oliveomarginata* Swimhoe

寄主：橄榄。

分布：中国浙江（景宁、龙泉、乐清）。

59. 玻璃尺蛾 *Krananda semihyalina* Moore

分布：中国浙江（景宁、龙王山、百山祖、杭州、建德、奉化）、湖北、江西、湖南、福建、台湾、海南、四川、贵州；日本、越南、印度。

60. 中国巨青尺蛾（黄缘巨青尺蛾） *Limbatochlamys rosthorni* Rothschild

分布：中国浙江（景宁、龙王山、百山祖、建德、淳安、天台、丽水、龙泉、庆元）、湖北、湖南、福建、广西、四川、云南。

61. 云辉尺蛾 *Luxiaria amasa* (Butler)

分布：中国浙江（景宁、杭州、临安、余姚、庆元）。

62. 辉尺蛾 *Luxiaria mitorrhaphes* Prout

分布：中国浙江（景宁、临安、余姚、江山、磐安）、吉林、北京、甘肃、陕西、江苏、湖北、江西、湖南、福建、台湾、广东、海南、广西、四川、贵州、云南、西藏；日本、印度、不丹、缅甸。

63. 柑橘尺蛾 *Menophra subplagiata* (Walker)

寄主：柑橘。

分布：中国浙江（景宁、百山祖）、内蒙古、北京、天津、河北、山西、陕西、江苏、安徽、湖北、江西、湖南、台湾、广东、广西、四川、贵州、云南；朝鲜、日本。

64. 豆纹尺蛾 *Metallolophia arenaria* (Leech)

分布：中国浙江（景宁、龙王山、天目山、古田山、百山祖、长兴、淳安、鄞州、余姚、宁海、天台、临海、庆元）、江西、湖南、福建、海南、广西、云南；缅甸。

65. 三岔绿尺蛾 *Mixochlora vittata* (Moore)

寄主：冬青、栎。

分布：中国浙江（景宁、百山祖）、江西、湖南、福建、台湾、海南、广西、四川；日本、印度、菲律宾、马来西亚、印度尼西亚。

66. 女贞尺蛾（丁香尺蛾） *Naxa seriaria* (Motschulsky)

寄主：茶、桂花、女贞、丁香、水曲柳、水蜡。

分布：中国浙江（景宁、莫干山、天目山、杭州、淳安、奉化、东阳、天台、龙泉、乐清）。

67. 泼墨尺蛾（泼黑黄尺蛾） *Ninodes splendens*（Butler）

分布：中国浙江（景宁、龙王山、百山祖、杭州、宁波、遂昌、庆元）、内蒙古、河北、山东、江苏、湖北、湖南、四川；日本、朝鲜。

68. 黄缘幻尺蛾（前黄鸢枝尺蛾、拟黄纹枝尺蛾） *Nothomiza flavicosta* Prout

分布：中国浙江（景宁、天目山、古田山、庆元、乐清）。

69. 长翅尺蛾（尖长翅尺蛾） *Obeidia gigantearia* Leech

分布：中国浙江（景宁、古田山、百山祖、云和）、湖北、湖南、台湾、四川、贵州、云南；缅甸。

70. 柳叶尺蛾（枯斑翠尺蛾、白斑青尺蛾） *Ochrognesia difficta*（Walker）

寄主：柳、杨、桦、栎、桃。

分布：中国浙江（景宁、天目山、古田山、百山祖、杭州、临安、建德、永康、仙居、缙云、庆元）、黑龙江、吉林、辽宁、内蒙古、北京、天津、河北、山西、河北、陕西、安徽、湖北、江西、湖南、福建、四川、云南；俄罗斯（东南部）、朝鲜、日本。

71. 白眉尺蛾 *Odezia atrata* Linnaeus

分布：中国浙江（景宁、百山祖）、黑龙江、内蒙古、海南；朝鲜、日本、意大利。

72. 贡尺蛾 *Odontopera aurata*（Prout）

寄主：胡桃、泡桐、杨、柳。

分布：中国浙江（景宁、天目山、百山祖、德清、杭州、临安、余姚、普陀、丽水、遂昌、龙泉、庆元）、四川；日本。

73. 茶贡尺蛾 *Odontopera bilinearia*（Wehrli）

寄主：茶。

分布：中国浙江（景宁、百山祖、杭州）、甘肃、湖北、湖南、四川、贵州、云南、西藏。

74. 秃贡尺蛾 *Odontopera insulata* Bastelberger

分布：中国浙江（景宁、百山祖）、甘肃、湖南、台湾、四川。

75. 胡桃四星尺蛾 *Ophthalmodes albosignaria*（Bremer *et* Grey）

寄主：胡桃、柿、杨、黄连木。

分布：中国浙江（景宁、龙王山、百山祖）、黑龙江、吉林、辽宁、内蒙古、河北、山西、山东、河南、湖南、华北、湖北、湖南、四川、贵州、云南；俄罗斯、朝鲜、日本。

76. 胡桃星尺蛾 *Ophthalmodes albosignaria* Oberthur

寄主：胡桃、泡桐、榆、槐、桑。

分布：中国浙江（景宁、湖州、长兴、安吉、德清、杭州、临安、桐庐、建德、淳安、鄞州、慈溪、余姚、镇海、奉化、宁海、象山、定海、浦江、东阳、天台、丽水、龙泉、庆元、泰顺）。

77. 四星尺蛾 *Ophthalmodes irrorataria* Bremer *et* Grey

寄主：桑、蔬菜、苹果、柑橘、海棠、鼠李。

分布：中国浙江（景宁、龙王山、莫干山、天目山、古田山、百山祖、长兴、杭州、临安、桐庐、鄞州、慈溪、奉化、宁海、文成）、黑龙江、吉林、辽宁、内蒙古、北京、天津、河北、山西、山东、陕西、福建、台湾、四川、贵州、云南；俄罗斯、朝鲜、日本。

78. 赭尾尺蛾 *Ourapteryx aristidaria* Oberthur

分布：中国浙江（景宁、古田山、百山祖、杭州、临安、淳安、新昌、天台）、安徽、湖北、江西、湖南、福建、广西、四川、贵州；缅甸。

79. 栉尾尺蛾 *Ourapteryx maculicaudaria* (Motschulsky)

分布：中国浙江（景宁、龙王山、莫干山、百山祖）、江西；日本。

80. 雪尾尺蛾 *Ourapteryx nivea* Butler

寄主：朴、冬青、栓皮栎。

分布：中国浙江（景宁、龙王山、天目山、百山祖、古田山、湖州、长兴、德清、海宁、杭州、临安、建德、淳安、鄞州、慈溪、余姚、宁海、浦江、义乌、天台、黄岩、遂昌、云和、龙泉、庆元、温州、乐清）、河南、湖南；日本。

81. 金星垂耳尺蛾 *Pachyodes amplificata* Walker

分布：中国浙江（景宁、龙王山、百山祖）、江西、湖南、福建、四川。

82. 粉垂耳尺蛾 *Pachyodes haemataria* Herrichschaffer

分布：中国浙江（景宁、百山祖）、海南；印度。

83. 江浙垂耳尺蛾 *Pachyodes iterans* Prout

分布：中国浙江（景宁、龙王山、百山祖、遂昌、松阳、云和）、江苏、河南、上海、湖南、福建、海南、广西、四川。

84. 晶尺蛾 *Peratophyga hyalinata* (Kollar)

分布：中国浙江（景宁、百山祖）、华南、西南。

85. 胡麻斑白枝尺蛾（黑斑星尺蛾）*Percnia albinigrata* Warren

分布：中国浙江（景宁、龙王山、莫干山、天目山、杭州、临安、建德、余姚、龙泉）。

86. 柿星尺蛾 *Percnia giraffata* Guenee

寄主：檫、胡桃、苹果、海棠、花椒、酸枣、桃、李、杏、梨、山楂、柿、臭椿、泡桐、楸、槐、槭、柳、桑、榆、楝、漆树、杨、合欢、大豆、棉、蓖麻、玉米、甘蓝、萝卜、桔梗、萱草、苍耳、天竺、艾蒿等。

分布：中国浙江（景宁、龙土山、天目山、古田山、百山祖、杭州、临安、萧山、桐庐、建德、淳安、鄞州、慈溪、余姚、奉化、象山、浦江、义乌、东阳、永康、常山、缙云、平阳）、河北、山西、河南、安徽、台湾、四川；俄罗斯、朝鲜、日本、越南、缅甸、印度、印度尼西亚。

87. 黑条眼尺蛾（黑条大白姬尺蛾）*Problepsis diazoma* Prout

分布：中国浙江（景宁、百山祖、杭州、丽水、庆元）、湖北、江西、湖南；日本。

88. 小四目尺蛾 *Problepsis minuta* Lnoue

寄主：女贞。

分布：中国浙江（景宁、莫干山、长兴、杭州、临安、建德、富阳、余姚、庆元）。

89. 猫眼尺蛾 *Problepsis superans* (Butler)

寄主：女贞。

分布：中国浙江（景宁、天目山、百山祖、杭州、临安、建德）、辽宁、陕西、湖北、湖南、台湾、西藏；俄罗斯、朝鲜、日本。

90. 束白尖尺蛾 *Pseudomiza argentilinea* (Moore)

分布：中国浙江（景宁、百山祖）、湖南、广西、贵州、西藏；印度。

91. 赤链白尖尺蛾 *Pseudomiza cruentaria* (Moore)

分布：中国浙江（景宁、百山祖）、湖北、湖南、四川、云南、西藏；印度。

92. 金沙尺蛾 *Sarcinodes mongaku* Maruno

分布：中国浙江（景宁、百山祖）、湖南、台湾；日本。

93. 杨姬尺蛾 *Scopula caricaria* Reutti

寄主：杨。

分布：中国浙江（景宁、缙云、遂昌、云和、龙泉）。

94. 稻斜纹银尺蛾 *Scopula emissaria* Butler

寄主：水稻、红花、合萌。

分布：中国浙江（景宁、莫干山、嘉兴、杭州、余杭、庆元）。

95. 淡黄黑点姬尺蛾 *Scopula ignobilis*（Warren）

分布：中国浙江（景宁、临安、丽水、龙泉、庆元）。

96. 鸢纹小尺蛾（二线银尺蛾）*Scopula modicaria* Leech

分布：中国浙江（景宁、杭州、临安、天目山、庆元）。

97. 银尺蛾 *Scopula pudicaria* Motschulsky

寄主：马兰。

分布：中国浙江（景宁、龙王山、天目山、百山祖、上虞、诸暨、嵊州、鄞州、慈溪、镇海、奉化、象山、定海、普陀、东阳、常山、江山、丽水、遂昌、云和、温州）、黑龙江、吉林、辽宁、内蒙古；朝鲜、日本、欧洲。

98. 茶银尺蛾（点线银尺蛾）*Scopula subpunctaria*（Herrich Schaeffer）

寄主：茶、棉花、玉米。

分布：中国浙江（景宁、莫干山、古田山、百山祖、德清、杭州、临安）。

99. 二星大尺蛾（褐条尺蛾、二点尾枝尺蛾）*Semiothisa defixaria* Walker

分布：中国浙江（景宁、长兴、安吉、德清、杭州、临安、萧山、鄞州、庆元）。

100. 淡尾枝尺蛾（菱角尺蛾、雨庶尺蛾）*Semiothisa pluviata* Fabricius

分布：中国浙江（景宁、莫干山、天目山、安吉、长兴、杭州、临安、余姚、东阳、天台、丽水、遂昌、云和、龙泉、庆元、平阳）、黑龙江、河南、江苏、湖北、江西、湖南、广东、广西、四川、云南、西藏；日本、朝鲜、俄罗斯、印度、缅甸、越南。

101. 阿里夕尺蛾 *Sibatania arizana*（Prout）

分布：中国浙江（景宁、百山祖）、湖北、江西、湖南、福建、广西、台湾、四川、云南；日本。

102. 天蛾绒波尺蛾 *Sibatania mactata* Felder

分布：中国浙江（景宁、古田山、龙泉、庆元）。

103. 紫带小尺蛾 *Sterrha impexa* Butler

分布：中国浙江（景宁、百山祖、德清、临安、鄞州、庆元）。

104. 槐尺蛾 *Semiothisa cinerearia* Bremer *et* Grey

寄主：中国槐、龙爪槐、刺槐。

分布：中国浙江（景宁、龙王山、莫干山、天目山、古田山、百山祖、德清、杭州、临安、桐庐、建德、淳安、上虞、诸暨、嵊州、慈溪、余姚、镇海、奉化、宁海、嵊泗、定海、东阳、江山、丽水、缙云、青田、庆元、温州、泰顺）、黑龙江、吉林、辽宁、河北、山东、山西、河南、甘肃、陕西、宁夏、江苏、安徽、湖北、江西、湖南、台湾、广西、四川、西藏；朝鲜、日本。

105. 合欢庶尺蛾 *Semiothisa defixaria*（Walker）

分布：中国浙江（景宁、古田山、百山祖）、山东、湖北、湖南、福建、广西、四川；朝鲜、日本。

106. 格庶尺蛾 *Semiothisa hebesata*（Walker）

寄主：榆、刺槐、黑荆树。

分布：中国浙江（景宁、百山祖）、黑龙江、吉林、辽宁、内蒙古、北京、天津、河北、山西、江苏、江西、湖南、福建、广西、贵州；俄罗斯（东南部）、朝鲜、日本。

107. 叉线青尺蛾 *Tanaoctenia dehaliaria*（Wehrli）

分布：中国浙江（景宁、莫干山、百山祖、湖州、杭州、富阳）、内蒙古、四川、西藏。

108. 钩镰翅绿尺蛾 *Tanaorhinus rafflesi* Moore

寄主：栎。

分布：中国浙江（景宁、百山祖、杭州、鄞州）、江西、福建、台湾、广东、海南、广西；印度、马来西亚、菲律宾、印度尼西亚。

109. 镰翅绿尺蛾 *Tanaorhinus reciprocata* Walker

寄主：栎、橡。

分布：中国浙江（景宁、莫干山、安吉、杭州、淳安、鄞州、镇海、宁海、丽水、龙泉、庆元）。

110. 樟翠尺蛾 *Thalassodes quadraria* Guenee

寄主：樟、茶。

分布：中国浙江（景宁、古田山、百山祖、湖州、长兴、德清、杭州、余杭、桐庐、建德、上虞、鄞州、余姚、奉化、定海、普陀、浦江、永康、常山、丽水、遂昌、云和、龙泉、庆元、温州、平阳）、江西、福建、台湾、广东、广西、云南；日本、泰国、印度、马来西亚、印度尼西亚。

111. 黄蝶尺蛾 *Thinopteryx crocoptera* Koller

寄主：葡萄。

分布：中国浙江（景宁、古田山、江山、丽水、云和、庆元）、台湾、海南、四川；朝鲜、日本、印度。

112. 紫线尺蛾 *Timandra comptaria* Walker

寄主：扛板归、酸模、小麦、大豆、玉米。

分布：中国浙江（景宁、龙王山、莫干山、天目山、百山祖、长兴、安吉、桐庐、淳安、上虞、诸暨、嵊州、鄞州、余姚、奉化、宁海、象山、东阳、仙居、常山、丽水、缙云、龙泉、庆元）、河北、湖北、江西、湖南、福建、海南、四川、广西；朝鲜、日本、泰国、马来西亚、不丹、印度。

113. 缺口青尺蛾 *Timandromorpha discolor* (Warren)

分布：中国浙江（景宁、莫干山、天目山、百山祖、安吉、临安、鄞州、遂昌）、湖南、福建、台湾、海南、四川；日本、印度、印度尼西亚。

114. 三角尺蛾 *Trigonoptila latimarginaria* Leech

寄主：樟、枣。

分布：中国浙江（景宁、龙王山、天目山、百山祖、安吉、德清、杭州、临安、建德、淳安、嵊州、慈溪、余姚、镇海、三门、定海、普陀、天台、仙居、临海、黄岩、温岭、玉环、常山、丽水、缙云、云和、龙泉、庆元、平阳、泰顺）、江苏、江西、湖南、福建、台湾、广西、四川；朝鲜、日本。

115. 缅洁尺蛾 *Tyloptera bella* (Prout)

分布：中国浙江（景宁、古田山、百山祖、龙泉、庆元）、陕西、湖北、江西、湖南、福建、广西、四川、云南；缅甸。

116. 黑玉臂尺蛾（玉臂黑尺蛾） *Xandrames dholaria* Butler

寄主：卫矛。

分布：中国浙江（景宁、龙王山、莫干山、天目山、杭州、临安、萧山、建德、淳安、绍兴、上虞、诸暨、嵊州、新昌、鄞州、余姚、奉化、象山、浦江、天台、丽水、云和、龙泉、百山祖）、甘肃、陕西、湖北、湖南、四川、云南；朝鲜、日本。

117. 中国虎尺蛾 *Xanthabraxas hemionata* (Guenee)

寄主：栎、油桐。

分布：中国浙江（景宁、长兴、龙王山、莫干山、天目山、古田山、百山祖、杭州、萧山、富阳、桐庐、建德、淳安、诸暨、宁海、三门、东阳、武义、天台、仙居、临海、黄岩、温岭、玉环、丽水、缙云、遂昌、龙泉、庆元、温州、泰顺）、安徽、湖北、江西、湖南、福建、广东、广西。

118. 潢尺蛾 *Xanthorhoe biriviata* Leech

分布：中国浙江（景宁、龙王山、莫干山、天目山、奉化、庆元）。

119. 烤焦尺蛾 *Zythos avellanea* (Prout, 1932)

分布：中国浙江（景宁）、甘肃、湖北、江西、湖南、福建、台湾、广东、海南、广西、四川、云南；印度、缅甸、越南、马来西亚、印度尼西亚。

120. 指眼尺蛾 *Problepsis crassinotata* Prout, 1917

分布：中国浙江（景宁、临安、庆元）、河南、甘肃、陕西、湖北、江西、湖南、福建、台湾、广西、重庆、四川、贵州、云南、西藏；印度。

121. 对白尺蛾 *Asthena undulata* (Wileman, 1915)

分布：中国浙江（景宁、临安、余姚、江山、磐安、丽水）、上海、湖北、江西、湖南、福建、台湾、广东、广西、四川。

122. 汇纹尺蛾 *Evecliptopera decurrens* (Moore, 1888)

分布：中国浙江（景宁）、福建、陕西、湖北、江西、四川；印度、不丹。

123. 江浙冠尺蛾 *Lophophelma iterans* (Prout, 1926)

分布：中国浙江（景宁、杭州、临安、泰顺、余姚）、河南、甘肃、陕西、上海、湖北、江西、湖南、福建、海南、广西、四川；越南（北部地区）。

124. 聚线琼尺蛾 *Orthocabera sericea*（Butler，1879）

分布：中国浙江（景宁、余姚、鄞州）、江西、福建、广东、广西、四川、云南；印度、越南。

125. 合欢奇尺蛾 *Chiasmia defixaria*（Walker，1861）

分布：中国浙江（景宁、临安、余姚、鄞州、舟山、江山）、福建、山东、河南、甘肃、江苏、湖北、江西、湖南、广西、四川、贵州；日本、朝鲜半岛。

126. 巨狭长翅尺蛾 *Parobeidia gigantearia*（Leech，1897）

分布：中国浙江（景宁、临安、泰顺、磐安、庆元）、甘肃、陕西、湖北、江西、湖南、福建、台湾、广东、广西、四川、贵州、云南；缅甸。

127. 方丰翅尺蛾 *Euryobeidia quadrata* Xiang & Han，2017

分布：中国浙江（景宁、泰顺、庆元）、湖北、江西、福建、广东、广西、四川。

128. 玻璃尺蛾 *Krananda semihyalina* Moore，1868

分布：中国浙江（景宁、临安、泰顺、庆元、江山）、青海、湖北、江西、湖南、福建、台湾、广东、海南、广西、四川、贵州、云南、西藏；日本、印度、马来西亚、印度尼西亚。

129. 折玉臂尺蛾 *Xandrames latiferaria*（Walker，1860）

分布：中国浙江（景宁、临安、余姚、鄞州、舟山、江山）、陕西、湖北、江西、湖南、福建、台湾、广东、海南、四川、贵州、云南、西藏；日本、尼泊尔、印度、泰国、印度尼西亚。

130. 细枝树尺蛾 *Mesastrape fulguraria*（Walker，1860）

分布：中国浙江（景宁、临安、庆元、泰顺）、河南、甘肃、陕西、湖北、江西、湖南、福建、台湾、广西、四川、云南、西藏；日本、印度、尼泊尔。

131. 雄帅尺蛾 *Rikiosatoa mavi*（Prout，1915）

分布：中国浙江（景宁、泰顺）、湖北、江西、湖南、福建、台湾、广东、海南、广西、四川、贵州；日本。

132. 黎明尘尺蛾 *Hypomecis eosaria*（Walker，1863）

分布：中国浙江（景宁、临安、江山、鄞州）、江苏、安徽、湖北、江西、湖南、福建、广东、海南、香港、广西、重庆、四川。

133. 桔斑矶尺蛾 *Abaciscus costimacula* （Wileman，1912）

分布：中国浙江（景宁、临安、余姚、泰顺、磐安）、湖北、江西、湖南、福建、台湾、广东、海南、广西、四川、贵州、云南。

134. 齿带毛腹尺蛾 *Gasterocome pannosaria* （Moore，1868）

分布：中国浙江（景宁、余姚）、甘肃、青海、湖北、湖南、福建、台湾、广东、香港、广西、四川、云南、西藏；印度、尼泊尔、菲律宾、印度尼西亚。

135. 木橑尺蠖 *Biston panterinaria* （Bremer & Grey，1853）

分布：中国浙江（景宁、德清、杭州、临安、余姚、江山、鄞州、磐安、庆元、泰顺）、辽宁、北京、河北、山西、山东、河南、陕西、宁夏、甘肃、安徽、湖北、江西、湖南、福建、广东、海南、广西、重庆、四川、贵州、云南、西藏；印度、尼泊尔、越南、泰国。

136. 墨丸尺蛾 *Plutodes warreni* Prout，1923

分布：中国浙江（景宁、泰顺）、甘肃、陕西、湖北、江西、湖南、福建、广东、广西、重庆、四川、云南、西藏；印度、尼泊尔。

137. 同慧尺蛾 *Platycerota homoema* （Prout，1926）

分布：中国浙江（景宁、磐安）、湖北、湖南、福建、台湾、四川、云南；印度、缅甸。

（十一）钩蛾科 Drepanidae

姜楠、宋文惠、江珊、薛大勇、韩红香（中国科学院动物研究所）

1. 栎距钩蛾 *Agnidra scabiosa fixseni* （Bryk）

寄主：青冈、栎、栗。

分布：中国浙江（景宁、莫干山、天目山、杭州、龙泉、庆元）、黑龙江、吉林、辽宁、内蒙古、陕西、江苏、河南、湖北、江西、湖南、福建、台湾、广西、四川；日本，朝鲜。

2. 花距钩蛾 *Agnidra specularia* （Walker）

分布：中国浙江（景宁、百山祖）、福建、云南；越南、印度、不丹、斯里兰卡。

3. 半豆斑钩蛾 *Auzata semipavonaria* Walker

分布：中国浙江（景宁、百山祖）、江西、福建、四川、云南；印度。

4. 直缘卑钩蛾 *Betalbara violacea* （Butler）

寄主：钩吻、野葛。

分布：中国浙江（景宁、天目山、百山祖）、台湾、海南、广西、四川、云南；日本、印度尼西亚、大洋洲。

5. 银绮钩蛾 *Cilix argenta* Chu *et* Wang

寄主：钩吻、野葛。

分布：中国浙江（景宁、天目山、百山祖、杭州、庆元）、海南、广西、四川、云南、台湾；印度、日本、印度尼西亚、大洋洲。

6. 肾点丽钩蛾 *Callidrepana patrana* （Moore，1866）

分布：中国浙江（景宁、临安、磐安）、湖北、湖南、福建、台湾、广东、海南、广西、四川、云南、西藏；日本、印度、缅甸、老挝。

7. 三角白钩蛾 *Ditrigona triangularia* （Moore）

分布：中国浙江（景宁、百山祖）、福建、台湾、云南；缅甸、印度。

8. 一点镰钩蛾 *Drepana pallida* Okano

分布：中国浙江（景宁、天目山、百山祖）、湖北、江西、福建、台湾、广东、广西、四川、西藏；越南、缅甸、印度。

9. 广东晶钩蛾 *Deroca hyalina* Watson，1957

分布：中国浙江（景宁、鄞州）、江西、湖南、福建、台湾、广东、四川。

10. 交让木钩蛾 *Hypsomadius insignis* Butler

寄主：交让木。

分布：中国浙江（景宁、镇海、黄岩、云和、龙泉、泰顺）。

11. 窗翅钩蛾 *Macrauzata ferestraria* （Moore）

寄主：樟、梓树。

分布：中国浙江（景宁、莫干山、天目山、古田山、百山祖、杭州、临安、桐庐、建德、淳安、上虞、慈溪、余姚、镇海、天台、常山、丽水、庆元）、陕西、安徽、湖北、江西、湖南、四川；日本、印度。

12. 丁铃钩蛾 *Macrocilix mysticata* Chu et Wang

分布：中国浙江（景宁、龙王山、天目山、百山祖、杭州、宁海、东阳、丽水、云和、龙泉、庆元）、江西、湖南、福建、海南、广西、四川、贵州。

13. 沃氏秘铃钩蛾 *Macrocilix mysticata* Inoue, 1958

分布：中国浙江（景宁、天目山、庆元、泰顺）、湖北、福建、台湾、广东、广西、四川、云南；日本。

14. 日本线钩蛾 *Nordstroemia japonica* (Moore)

寄主：青冈、栎、柞、栗。

分布：中国浙江（景宁、天目山、百山祖、杭州、临安、嵊州、龙泉、庆元）、陕西、江苏、上海、湖北、湖南、福建、广东、海南、四川；日本。

15. 双线钩蛾 *Nordstromia grisearia* (Staudinger, 1892)

分布：中国浙江（景宁、磐安）、福建、广西、四川；俄罗斯、日本。

16. 曲缘线钩蛾 *Nordstromia recava* Watson, 1968

分布：中国浙江（景宁、临安）、河南、陕西、江苏、湖北、福建、云南。

17. 交让木山钩蛾 *Oreta insignis* (Butler)

寄主：交让木、大戟。

分布：中国浙江（景宁、龙王山、古田山、百山祖）、江西、湖南、福建、台湾、广西、四川、云南；日本。

18. 接骨木山钩蛾 *Oreta loochooana* Swinhoe

寄主：接骨木。

分布：中国浙江（景宁、莫干山、天目山、百山祖、杭州、临安、上虞、诸暨、余姚、奉化、宁海、庆元、泰顺）、江西、台湾、四川；日本。

19. 网线山钩蛾 *Oreta obtusa* Walker

分布：中国浙江（景宁、百山祖）、云南、西藏；印度。

20. 华夏山钩蛾 *Oreta pavaca* Watson

寄主：天目琼花。

分布：中国浙江（景宁、龙王山、天目山、百山祖）、湖北、湖南、福建、海南、四川。

21. 黄带山钩蛾 *Oreta pulchripes* Butler

寄主：樟。

分布：中国浙江（景宁、杭州、百山祖）、江西、湖南、福建、广西、四川、云南；朝鲜、日本。

22. 点带山钩蛾 *Oreta purpurea* Lnoue

分布：中国浙江（景宁、古田山、百山祖、杭州、新昌、鄞州、镇海、宁海、天台、奉化、龙泉、泰顺）、湖北、台湾；日本。

23. 珊瑚树山钩蛾 *Oreta turpis* （Butler）

寄主：珊瑚树。

分布：中国浙江（景宁、杭州、百山祖）、湖南、四川；朝鲜、日本。

24. 三刺山钩蛾 *Oreta trispinuligera* Chen，1985

分布：中国浙江（景宁、临安）、河南、甘肃、陕西、湖北、福建、广西、四川、云南。

25. 古钩蛾 *Palaeodrepana harpagula* （Esper）

寄主：栎、赤杨。

分布：中国浙江（景宁、龙王山、天目山、百山祖、开化、龙泉）、吉林、河北、湖北、福建、湖南、四川；日本、欧洲。

26. 三线钩蛾（眼斑钩蛾） *Pseudalbara parvula* （Leech）

寄主：胡桃、栎、化香。

分布：中国浙江（景宁、龙王山、天目山、古田山、百山祖、长兴、德清、杭州、临安、奉化、余姚、庆元）、黑龙江、北京、河北、河南、湖北、江西、湖南、福建、陕西、广西、四川、贵州；朝鲜、日本、欧洲。

27. 透窗山钩蛾 *Spectroreta hyalodisca* （Hampson）

分布：中国浙江（景宁、天目山、开化、龙泉、庆元、温州）、江西、福建、广西；斯里兰卡、印度、缅甸、苏门答腊岛、马来西亚。

28. 锯线钩蛾 *Strepsigonia diluta* （Warren，1897）

分布：中国浙江（景宁）、福建、台湾、广东、海南、云南、西藏；印度、马来西亚、印度尼西亚。

29. 仲黑缘黄钩蛾 *Tridrepana crocea*（Leech）

寄主：樟、楠。

分布：中国浙江（景宁、莫干山、天目山、古田山、百山祖、杭州、庆元）、湖南、河南、湖北、江西、福建、台湾、四川、云南；日本。

30. 青冈树钩蛾 *Zanclalbara scabiosa*（Butler）

寄主：青冈。

分布：中国浙江（景宁、安吉、龙王山、天目山、古田山、百山祖、德清、杭州、临安、桐庐、建德、淳安、余姚、奉化、衢州、庆元）、台湾、四川；朝鲜、日本。

（十二）波纹蛾科 Thyatiridae

1. 波纹蛾 *Thyatira batis* Linnaeus

寄主：草莓。

分布：中国浙江（景宁、湖州、长兴、德清、杭州、临安、桐庐、建德、淳安、上虞、余姚、镇海、天台、龙泉）、黑龙江、吉林、辽宁、河北、江西、云南、四川、西藏；朝鲜、日本、缅甸、印度尼西亚、印度、欧洲。

2. 红波纹蛾 *Thyatira rubrescens* Werny，1966

分布：中国浙江（景宁、临安、余姚、鄞州、磐安）、河南、陕西、安徽、湖北、江西、湖南、福建、广东、海南、广西、四川、云南、西藏；印度、尼泊尔、越南。

（十三）燕蛾科 Uraniidae

韩红香、程瑞、姜楠（中国科学院动物研究所）

斜线燕蛾 *Acropteris iphiata* Gnenee

分布：中国浙江（景宁、天目山、杭州、云和、龙泉）、江苏、福建、江西、四川、西藏；日本、印度、缅甸。

（十四）锚纹蛾科 Callidulidae

1. 隐锚纹蛾 *Cleis fasciata* Butler

寄主：青杨。

分布：中国浙江（景宁、莫干山、古田山、百山祖、丽水）、湖南、广西、四川；印度尼西亚。

2.锚纹蛾 *Pterodecta felderi* Bremer

寄主：三叉蕨。

分布：中国浙江（景宁、龙王山、百山祖、开化、江山、遂昌、龙泉）、黑龙江、吉林、辽宁、内蒙古、北京、天津、河北、山西、湖北、湖南、台湾、四川、西藏；日本。

（十五）带蛾科 Eupterotidae

1.灰纹带蛾 *Ganisa cyanugrisea* Mell

寄主：兰科。

分布：中国浙江（景宁、龙王山、天目山、百山祖、德清、杭州、建德、丽水、龙泉）、江西、湖南、福建、广西、四川、云南。

2.斜纹带蛾 *Ganisa pandya* Moore

分布：中国浙江（景宁、龙王山、百山祖）、湖南、广西。

3.丝光带蛾 *Pseudojana incandesceus* Walker

分布：中国浙江（景宁、龙王山、庆元）、福建、广东、云南。

（十六）枯叶蛾科 Lsiocampidae

韩红香、程瑞、鲜春兰、姜楠（中国科学院动物研究所）

1.六点枯叶蛾 *Alompra ferruginea* Moore

分布：中国浙江（景宁、百山祖）、四川；印度。

2.杉枯叶蛾 *Cosmotriche lunigera* (Esper)

寄主：短叶松、冷杉、云杉、落叶松。

分布：中国浙江（景宁、百山祖、杭州、桐庐、淳安、余姚、丽水、龙泉）。

3.高山小毛虫 *Cosmotriche saxosimilis* Lajonquiére

分布：中国浙江（景宁、莫干山、天目山、古田山、庆元）、云南。

4.松小枯叶蛾 *Cosmotriche inexperta* (Leech, 1899)

分布：中国浙江（景宁、余杭、临安、宁波、鄞州、余姚、宁海、磐安）、江西、福建。

5. 波纹杂毛虫（松尾虫、花松毛虫） *Cyclophragma undans*（Walker）

寄主：油茶、马尾松、栎。

分布：中国浙江（景宁、天目山、长兴、杭州、临安、富阳、宁波、黄岩、丽水、松阳、云和）、陕西、江苏、安徽、湖北、湖南、福建、广西、贵州、四川；印度、巴基斯坦。

6. 云南松毛虫 *Dendrolimus houi* Lajonquiére

寄主：云南松、思茅松、海南松、柳杉、侧柏。

分布：中国浙江（景宁、古田山、百山祖、余杭、临安、建德、淳安、鄞州、慈溪、余姚、镇海、奉化、宁海、象山、三门、浦江、义乌、兰溪、天台、仙居、临海、黄岩、温岭、玉环、江山、丽水、遂昌、青田、云和、龙泉、庆元、温州、文成）、安徽、湖北、江西、湖南、福建、广东、广西、四川、贵州、云南；缅甸、印度、斯里兰卡、印度尼西亚。

7. 思茅松毛虫（赭色松毛虫） *Dendrolimus kikuchii* Matsumura

寄主：云南松、思茅松、云南油杉、华山松、黄山松、马尾松。

分布：中国浙江（景宁、龙王山、天目山、古田山、百山祖、杭州、余杭、临安、富阳、建德、淳安、鄞州、慈溪、余姚、镇海、奉化、宁海、象山、三门、浦江、天台、仙居、临海、黄岩、温岭、玉环、开化、丽水、遂昌、云和、龙泉、庆元、温州、泰顺）、河南、安徽、湖北、江西、湖南、福建、台湾、广东、广西、四川、贵州、云南。

8. 黄山松毛虫 *Dendrolimus marmoratus* Tsai *et* Hou

寄主：黄山松。

分布：中国浙江（景宁、龙王山、百山祖、安吉、临安、开化、常山、丽水、遂昌、云和、龙泉、永嘉、文成、平阳）、陕西、安徽、福建。

9. 松毛虫 *Dendrolimus punctatus*（Walker）

寄主：马尾松、湿地松、火炬松。

分布：中国浙江（景宁、龙王山、长兴、安吉、德清、平湖、海盐、余杭、杭州、临安、萧山、富阳、桐庐、建德、淳安、绍兴、上虞、诸暨、嵊州、新昌、鄞州、慈溪、余姚、镇海、奉化、宁海、象山、三门、定海、岱山、普陀、金华、浦江、义乌、东阳、永嘉、武义、兰溪、天台、仙居、临海、黄岩、温岭、玉环、衢州、开化、江山、丽水、遂昌、云和、龙泉、温州、乐清、洞头、文成、泰顺）、河南、陕西、江苏、安徽、湖北、江西、湖南、福建、台湾、广东、海南、广西、四川、贵州、云南；越南。

10. 落叶松毛虫（铁杉毛虫） *Dendrolimus superans*（Butler）

寄主：柏、冷杉、云杉、铁杉、赤松、落叶松、油松。

分布：中国浙江（景宁、四明山、百山祖、临安、建德、东阳、遂昌、云和）、黑龙江、吉林、辽宁、内蒙古、河北、山东、新疆、江西、福建；朝鲜、日本、俄罗斯、蒙古。

11. 油松毛虫 *Dendrolimus tabulaeformis* Tsai *et* Liu

寄主：油松、华山松。

分布：中国浙江（景宁、百山祖）、辽宁、河北、山西、山东、陕西、四川。

12. 竹黄毛虫 *Euthrix laeta*（Walker）

寄主：竹。

分布：中国浙江（景宁、龙王山、天目山、古田山、百山祖、长兴、德清、杭州、余杭、萧山、富阳、桐庐、建德、淳安、上虞、余姚、镇海、奉化、宁海、东阳、遂昌、龙泉、温州、永嘉、泰顺）、河南、陕西、江苏、安徽、湖北、江西、湖南、福建、台湾、广东、广西、四川、云南；缅甸、印度、斯里兰卡。

13. 石梓毛虫 *Gastropacha philippinensts swanni* Tams

分布：中国浙江（景宁、百山祖、松阳）、福建、广东；印度。

14. 李枯叶蛾 *Gastropacha quercifolia* Linnaeus

寄主：苹果、沙果、梨、梅、杏、樱桃、桃、李、柳、棟、胡桃。

分布：中国浙江（景宁、龙王山、古田山、百山祖、湖州、长兴、安吉、德清、嘉善、平湖、桐乡、海宁、余杭、临安、桐庐、建德、淳安、上虞、新昌、鄞州、慈溪、余姚、奉化、宁海、三门、岱山、普陀、天台、仙居、临海、黄岩、温岭、玉环、浦江、义乌、兰溪、常山、丽水、缙云、遂昌、龙泉、温州、文成）、黑龙江、吉林、辽宁、内蒙古、河北、山西、山东、河南、宁夏、甘肃、青海、新疆、江苏、安徽、湖北、江西、湖南、福建、台湾、四川、云南、国内广布；朝鲜、日本、蒙古、欧洲。

15. 缘斑枯叶蛾 *Gastropacha xenapates* Tams

分布：中国浙江（景宁、百山祖）、福建、台湾、四川。

16. 赤李褐枯叶蛾 *Gastropacha quercifolia* Mell，1939

分布：中国浙江（景宁、长兴、余杭、磐安）、甘肃、陕西、安徽、湖北、江西、湖南、福建、广东、广西、四川、贵州、云南、西藏。

17. 柳杉云毛虫 *Hoenimnema roesleri* Lajonquiére

寄主：柳杉、杉、侧柏。

分布：中国浙江（景宁、龙王山、天目山、百山祖）、陕西、安徽、江西、湖南、福建。

18. 松大毛虫（油茶大毛虫） *Lebeda nobilis* Walker

寄主：樟、马尾松、侧柏、栎、油茶、板栗、茶、苦槠。

分布：中国浙江（景宁、天目山、湖州、德清、平湖、杭州、余杭、富阳、桐庐、建德、淳安、上虞、诸暨、嵊州、新昌、绍兴、鄞州、慈溪、余姚、奉化、宁海、定海、普陀、义乌、缙云、遂昌、松阳、青田、龙泉、庆元、温州、平阳、泰顺）、河南、陕西、江苏、安徽、湖北、江西、湖南、福建、广西、台湾、云南。

19. 苹毛虫 *Odonestis pruni* Linnaeus

寄主：李、梅、樱桃。

分布：中国浙江（景宁、天目山、古田山、百山祖、长兴、德清、桐乡、海宁、杭州、余杭、桐庐、淳安、绍兴、余姚、三门、天台、仙居、临海、黄岩、温岭、玉环、丽水、遂昌、庆元、文成、泰顺）、黑龙江、吉林、辽宁、内蒙古、北京、天津、河北、山西、山东、河南、江苏、上海、安徽、湖北、江西、湖南、福建、台湾、广东、海南、香港、澳门、广西、四川、云南；朝鲜、日本、欧洲。

20. 小斑痣枯叶蛾 *Odontocraspis hasora* Swinhoe，1894

分布：中国浙江（景宁）、福建、湖北、江西、广东、海南、云南；越南、泰国、缅甸、印度、马来西亚、印度尼西亚。

21. 东北栎毛虫 *Paralebeda plagifera*（Menetries）

寄主：榛、栎、杨、映山红。

分布：中国浙江（景宁、百山祖）、东北、华北；俄罗斯、朝鲜。

22. 松栎毛虫（栎毛虫） *Paralebeda plagifera* Walker

寄主：马尾松、栎、水杉、杨、金钱松。

分布：中国浙江（景宁、天目山、百山祖、杭州、淳安、鄞州、余姚、龙泉、庆元）、陕西、河南、安徽、江西、湖南、福建、四川、云南、西藏；印度、尼泊尔、印度尼西亚、爪哇岛。

23. 栗黄枯叶蛾（绿黄毛虫） *Trabala vishnou* Lefebure

寄主：蒲桃属、相思树、黄檀、白檀、桉、栗、柑橘、石榴、杉、枫香、松、胡桃、栎。

分布：中国浙江（景宁、莫干山、古田山、长兴、杭州、余杭、萧山、富阳、桐庐、建德、淳安、上虞、嵊州、新昌、鄞州、慈溪、余姚、镇海、奉化、宁海、普陀、义乌、东阳、天台、黄岩、松阳、云和、庆元、温州、永嘉、泰顺）、甘肃、河北、山西、河南、陕西、江苏、安徽、湖北、江西、湖南、福建、台湾、广东、四川、云南；日本、缅甸、印度、斯里兰卡、印度尼西亚、巴基斯坦。

（十七）大蚕蛾科 Saturniidae

程瑞、姜楠、郭小江、韩红香（中国科学院动物研究所）

1. 长尾大蚕蛾 *Actias dubernardi* Oberthür

寄主：柳、杨、桦、苹果、梨、栗、胡桃、胡萝卜、青冈、栎、樟。

分布：中国浙江（景宁、天目山、杭州、淳安、余姚、奉化、东阳、丽水、缙云、遂昌、云和、庆元）、湖北、湖南、福建、广西、贵州、云南。

2. 黄尾大蚕蛾 *Actias heterogyna* Mell

寄主：枫杨、胡桃、杨、柳、木槿。

分布：中国浙江（景宁、莫干山、天目山、杭州、临安、桐庐、淳安、诸暨、镇海、宁海、象山、普陀、天台、临海、黄岩、常山、丽水、缙云、庆元）、福建、广东、广西、西藏。

3. 红尾大蚕蛾 *Actias rhodopneuma* Rober

寄主：樟、栎、油茶、柳、栗、冬青、胡桃科。

分布：中国浙江（景宁、龙王山、天目山、古田山、百山祖、淳安、余姚、奉化、丽水、云和、龙泉、泰顺）、福建、广东、海南、广西、四川、云南。

4. 绿尾大蚕蛾 *Actias selene* Felder

寄主：枫杨、柳、栗、乌桕、木槿、樱桃、胡桃、石榴、喜树、樟、梨、沙果、赤杨、桤木、沙枣、杏、鸭脚木。

分布：中国浙江（景宁、龙王山、莫干山、古田山、百山祖、湖州、长兴、嘉善、平湖、海宁、杭州、余杭、天目山、萧山、建德、淳安、绍兴、上虞、诸暨、嵊州、新昌、鄞州、慈溪、镇海、奉化、象山、嵊泗、岱山、普陀、常山、江山、丽水、遂昌、青田、云和、龙泉、温州、永嘉）、吉林、辽宁、河北、山东、河南、江苏、湖北、江西、湖南、福建、台湾、广东、海南、广西、四川、云南、西藏；日本。

5. 华尾大蚕蛾 *Actias sinensis* Walker

寄主：槭、樟、枫香、柳、杉、栎、悬铃木。

分布：中国浙江（景宁、古田山、百山祖、杭州）、江西、湖南、广东、海南。

6. 钩翅大蚕蛾 *Antheraea assamensis* Westwood

寄主：相思树、樟、青冈、悬铃木。

分布：中国浙江（景宁、百山祖）、湖南、福建、广东、海南、广西、四川、云南、西藏；印度、泰国、缅甸、柬埔寨、老挝、越南、印度尼西亚。

7. 明目大蚕（明眸大蚕蛾）*Antheraea frithii* Bouvier

寄主：柳、樟、乌桕、相思树。

分布：中国浙江（景宁、天目山、百山祖）、陕西、湖北、湖南、福建、四川、云南、西藏。

8. 柞蚕蛾 *Antheraea pernyi* Guerin-Meneville

寄主：柞、栎、胡桃、樟、山楂、青冈、柏、枫杨、蒿柳。

分布：中国浙江（景宁、天目山、百山祖、德清、桐乡、海宁、杭州、桐庐、淳安、新昌、余姚、镇海、兰溪、温岭）、黑龙江、吉林、辽宁、河北、山东、河南、江苏、湖北、江西、湖南、四川、贵州。

9. 乌桕大蚕蛾 *Attacus atlas*（Linnaeus）

寄主：乌桕、樟、柳、合欢、冬青。

分布：中国浙江（景宁、龙王山、杭州、龙泉）、江西、湖南、福建、台湾、广东、广西；缅甸、印度、印度尼西亚。

10. 藤豹大蚕蛾 *Loepa anthera* Jordan

分布：中国浙江（景宁、天目山、百山祖、开化）、湖北、福建、广东、海南、广西、四川、云南、西藏；印度、泰国、缅甸、柬埔寨、老挝、越南。

11. 目豹大蚕蛾 *Loepa damaritis* Jordan

分布：中国浙江（景宁、百山祖）、河南、湖北、湖南、重庆、四川、贵州、云南、西藏。

12. 黄豹大蚕蛾 *Loepa katinka* Westwood

寄主：白粉藤。

分布：中国浙江（景宁、龙王山、天目山、古田山、百山祖、安吉、德清、杭州、余杭、临安、建德、淳安、嵊州、新昌、鄞州、慈溪、余姚、奉化、天台、丽水、龙泉、云和、庆元）、河北、河南、宁夏、安徽、江西、湖北、福建、广东、海南、广西、四川、云南、西藏；印度。

13. 樗蚕 *Samia cynthia* (Drurvy)

寄主：臭椿、乌桕、冬青、含笑、梧桐、樟、野鸭椿、黄栎、泡桐、喜树、虎皮楠、胡桃、悬铃木、盐肤木、黄菠萝、黄连木、香椿。

分布：中国浙江（景宁、龙王山、古田山、百山祖、湖州、长兴、安吉、德清、平湖、桐乡、海盐、海宁、杭州、余杭、临安、萧山、桐庐、建德、淳安、绍兴、上虞、诸暨、嵊州、新昌、鄞州、慈溪、奉化、象山、三门、嵊泗、定海、岱山、普陀、兰溪、天台、仙居、临海、黄岩、温岭、玉环、常山、丽水、缙云、遂昌、松阳、龙泉、温州、永嘉）、吉林、辽宁、河北、山西、山东、河南、甘肃、陕西、江苏、安徽、福建、湖北、江西、广东、海南、广西、四川、贵州、云南、西藏、台湾；朝鲜、日本。

14. 蓖麻蚕 *Samia cynthia* Donovan

寄主：香椿、马桑、野蓟、莴苣、胡萝卜、蒲公英、蓖麻、木薯、乌桕、臭椿。

分布：中国浙江（景宁、天目山、百山祖、杭州、临安、丽水）及全国各地广布；朝鲜、日本、印度、菲律宾、英国、意大利、埃及。

（十八）箩纹蛾科 Brahmaeidae

韩红香、程瑞、张鑫怡、姜楠（中国科学院动物研究所）

1. 紫光箩纹蛾 *Brahmaea porphria* Chu *et* Wang

寄主：水蜡、女贞、桂花。

分布：中国浙江（景宁、龙王山、天目山、湖州、长兴、安吉、德清、桐乡、海宁、临安、慈溪、余姚、镇海、奉化、宁海、天台、临海、丽水、缙云、遂昌、龙泉、庆元、乐清、文成、平阳、泰顺）、甘肃、河南、江苏、上海、江西、湖南、福建、广东、广西。

2. 青球箩纹蛾 *Brahmophthalma hearseyi* (White)

寄主：冬青、水蜡、紫丁香、刚竹、女贞、栎、桂花、乌桕。

分布：中国浙江（景宁、莫干山、古田山、杭州、临安、淳安、遂昌、龙泉、庆元、泰顺）、河南、江西、湖南、福建、广东、海南、四川、贵州、云南；缅甸、印度、印度尼西亚。

3. 枯球箩纹蛾 *Brahmophthalma wallichii*（Gray）

寄主：女贞、冬青、小蜡。

分布：中国浙江（景宁、龙王山、古田山、百山祖、安吉、德清、杭州、临安、建德、宁波）、甘肃、河北、山西、陕西、湖北、江西、湖南、福建、台湾、广东、四川、贵州、云南；印度。

（十九）天蛾科 Sphingidae

潘晓丹、薛大勇、韩红香（中国科学院动物研究所）

1. 鬼脸天蛾 *Acherontia lachesis*（Fabricius）

寄主：杉、芝麻、麻、茄、豆、木槿、紫葳、马鞭草。

分布：中国浙江（景宁、龙王山、古田山、百山祖、三门、武义、天台、仙居、临海、黄岩、温岭、玉环、江山、丽水、缙云、遂昌、青田、云和、龙泉、庆元、温州、泰顺）、河北、山东、河南、江苏、湖北、江西、湖南、福建、台湾、广东、海南、广西、四川、贵州、西藏、云南；朝鲜、日本、缅甸、印度、斯里兰卡、印度尼西亚。

2. 芝麻鬼脸天蛾 *Acherontia styx* Westwood

寄主：烟草、甘薯、马铃薯、女贞、松、柏、泡桐、枫杨、芝麻、茄、马鞭草、豆、木槿、紫葳、唇形科。

分布：中国浙江（景宁、龙王山、天目山、莫干山、古田山、百山祖、长兴、德清、杭州、余杭、临安、桐庐、建德、淳安、绍兴、上虞、诸暨、嵊州、新昌、宁波、鄞州、慈溪、余姚、奉化、宁海、象山、三门、岱山、普陀、义乌、东阳、永康、临海、仙居、天台、黄岩、温岭、丽水、缙云、龙泉、温州、乐清、平阳、泰顺）、北京、河北、山西、山东、河南、江苏、湖北、江西、湖南、台湾、广东、海南、广西、云南；朝鲜、日本、缅甸、印度、斯里兰卡、马来西亚。

3. 灰天蛾 *Acosmerycoides leucocraspis*（Hampson）

寄主：葡萄。

分布：中国浙江（景宁、百山祖）、湖北、江西、湖南、福建、广东、广西；印度。

4. 缺角天蛾 *Acosmeryx castanea* Rothschild *et* Jordan

寄主：葡萄、乌蔹莓。

分布：中国浙江（景宁、龙王山、莫干山、天目山、古田山、杭州、余杭、临安、桐庐、建德、淳安、鄞州、慈溪、镇海、奉化、象山、丽水、龙泉、文成）、江西、湖南、福建、台湾、广东、海南、四川、云南；日本。

5. 葡萄缺角天蛾 *Acosmeryx naga* （Moore）

寄主：乌蔹莓、葡萄、猕猴桃、爬山虎、葛藤。

分布：中国浙江（景宁、杭州、临安、天目山、古田山、百山祖、淳安、上虞、镇海、宁海、象山、三门、天台、仙居、临海、黄岩、温岭、玉环）、北京、河南、河北、湖南、海地、贵州；朝鲜、日本、印度。

6. 葡萄天蛾 *Ampelophaga rubiginosa* Bremer *et* Grey

寄主：泡桐、野葡萄、葡萄、黄荆、乌蔹莓。

分布：中国浙江（景宁、龙王山、百山祖、天目山、湖州、长兴、安吉、德清、平湖、海宁、杭州、余杭、临安、萧山、桐庐、建德、淳安、上虞、新昌、鄞州、慈溪、余姚、奉化、宁海、浦江、义乌、东阳、兰溪、天台、衢州、丽水、缙云、遂昌、云和、龙泉、庆元、泰顺）、黑龙江、吉林、辽宁、内蒙古、河北、山西、山东、河南、宁夏、陕西、江苏、安徽、湖北、江西、湖南、福建、广东、海南、四川；朝鲜、日本、印度。

7. 背天蛾 *Cechenena minor* （Butler）

寄主：猕猴桃、伞萝夷、何首乌。

分布：中国浙江（景宁、莫干山、天目山、杭州、临安、淳安、鄞州、镇海、宁海、象山、龙泉、温州）、河南、湖南、福建、广东、海南、台湾；泰国、印度、马来西亚。

8. 南方豆天蛾 *Clanis bilineata* （Walker）

寄主：刺槐、泡桐、黑荆树、葛、鲎豆。

分布：中国浙江（景宁、龙王山、天目山、莫干山、古田山、百山祖、湖州、长兴、德清、嘉善、平湖、桐乡、海盐、杭州、余杭、临安、淳安、奉化、象山、丽水、缙云、遂昌、衢州、龙泉、永嘉、洞头）、湖北、湖南、福建、广东、海南、广西、四川；印度。

9. 豆天蛾 *Clanis bilineata* Mell

寄主：刺槐、洋槐、黑荆树、大豆、藤萝、葛属、鲎豆属。

分布：中国浙江（景宁、龙王山、天目山、长兴、嘉兴、海宁、杭州、余杭、临安、萧山、桐庐、上虞、嵊州、新昌、慈溪、余姚、奉化、宁海、嵊泗、岱山、普陀、浦江、义乌、黄岩、临海、衢州、龙游、常山、丽水、缙云、遂昌、龙泉、庆元、温州、泰顺），另外，国内除西藏尚未查明外，各省份均有分布；朝鲜、日本、印度。

10. 洋槐天蛾 *Clanis deucalion* (Walker)

寄主：洋槐、藤萝、刀豆、大豆。

分布：中国浙江（景宁、龙王山、天目山、古田山、百山祖、长兴、余杭、临安、淳安、新昌、余姚、镇海、丽水、泰顺）、辽宁、河北、山东、河南、江苏、湖北、湖南、福建、广东、海南、四川；印度。

11. 芒果天蛾 *Compsogene panopus* (Cramer)

寄主：杧果、漆树科、藤黄科、红厚壳。

分布：中国浙江（景宁、百山祖）、湖南、福建、广东、海南、云南；印度、斯里兰卡、马来西亚、菲律宾。

12. 大星天蛾 *Dolbina inexacta* (Walker)

寄主：柃木。

分布：中国浙江（景宁、莫干山、古田山、百山祖）、江西、台湾；印度。

13. 白薯天蛾（甘薯天蛾、旋花天蛾、吓壳天蛾）*Herse convolvli* (Linnaeus)

寄主：蕹菜、泡桐、柏、甘薯、白菜、韭、葡萄、芋、牵牛花、旋花科、豆科、马鞭草科。

分布：中国浙江（景宁、龙王山、天目山、百山祖、长兴、安吉、德清、嘉兴、平湖、杭州、余杭、萧山、余姚、定海、普陀、义乌、东阳、仙居、临海、衢州、丽水、龙泉、庆元）、北京、河北、山西、山东、河南、江苏、安徽、湖北、江西、湖南、福建、台湾、广东、海南、广西；朝鲜、日本、越南、缅甸、印度、斯里卡、马来西亚、欧洲。

14. 甘蔗天蛾 *Leucophlebia lineata* Westwood

寄主：白杨、高粱、玉米、水稻、甘蔗。

分布：中国浙江（景宁、天目山、百山祖、庆元、平阳）、北京、河北、河南、江西、湖南、广东、海南、广西、云南；印度、斯里兰卡、马来西亚、菲律宾。

15. 青背长喙天蛾（姬黑天蛾）*Macroglossum bombylans* (Boisduval)

寄主：算盘子、茜草、野木瓜。

分布：中国浙江（景宁、莫干山、百山祖、德清、余姚、武义、丽水、遂昌、庆元、温州）、河北、湖北、湖南、海南；日本、印度。

16. 湖南长喙天蛾 *Macroglossum hunanensis* Chu *et* Wang

寄主：茜草。

分布：中国浙江（景宁、天目山、百山祖、德清、杭州、上虞、鄞州、镇海、宁海）、江西、湖南、福建、广东、海南。

17. 小豆长喙天蛾（小豆日天蛾、茜草天蛾、燕尾天蛾）*Macroglossum stellatarum*（Linnaeus）

寄主：繁缕、茜草、小豆、土三七、蓬子菜。

分布：中国浙江（景宁、莫干山、天目山、古田山、海宁、杭州、临安、萧山、建德、余姚、龙泉、平阳）、吉林、辽宁、内蒙古、河北、山西、山东、河南、青海、甘肃、新疆、江苏、湖北、江西、湖南、广东、海南、四川、广西；朝鲜、日本、越南、印度、尼日利亚、欧洲。

18. 斑腹长喙天蛾 *Macroglossum variegatum* Rothschild *et* Jordan

寄主：凉猴茶。

分布：中国浙江（景宁、莫干山、古田山、杭州、庆元）、福建、广东；印度、马来西亚。

19. 椴六点天蛾 *Marumba dyras*（Walker）

寄主：椴、枣、栎、栗。

分布：中国浙江（景宁、龙王山、莫干山、天目山、古田山、百山祖、湖州、长兴、德清、杭州、余杭、临安、桐庐、淳安、鄞州、宁海、丽水、泰顺）、辽宁、河北、河南、江苏、湖北、江西、湖南、福建、广东、海南、四川、贵州、云南；印度、斯里兰卡。

20. 梨六点天蛾 *Marumba gaschkewitschi* Walker

寄主：槐、胡桃、桃、梨、苹果、葡萄、杏、李、樱桃、枣、枇杷。

分布：中国浙江（景宁、龙王山、莫干山、天目山、古田山、百山祖、湖州、长兴、德清、海宁、杭州、淳安、慈溪、余姚、奉化、宁海、定海、东阳、丽水、庆元）、河南、江苏、湖北、湖南、四川、云南、海南。

21. 枣桃六点天蛾 *Marumba gaschkewitschi gaschkewitschi*（Bremem *et* Grey）

寄主：桃、苹果、梨、葡萄、杏、李、樱桃、枣、枇杷、槐。

分布：中国浙江（景宁、天目山、杭州、余杭、临安、富阳、桐庐、镇海、象山、三门、嵊泗、岱山、普陀、金华、东阳、永康、兰溪、天台、仙居、临海、温岭、玉环、开化、常山、丽水、缙云、遂昌、云和、龙泉、庆元、温州、永嘉）、辽宁、内蒙古、河北、山西、山东、河南、宁夏、陕西、江苏、湖北、江西、湖南、广东、四川、西藏；日本。

22. 枇杷六点天蛾 *Marumba spectabilis* Butler

寄主：枇杷。

分布：中国浙江（景宁、杭州、天目山、百山祖）、河南、湖北、江西、湖南、广东、海南、四川；印度、印度尼西亚。

23. 大背天蛾 *Meganoton analis* (Felder)

寄主：冬青、白蜡树、梧桐、女贞、丁香、梓树。

分布：中国浙江（景宁、莫干山、天目山、古田山、百山祖、湖州、长兴、德清、海宁、杭州、临安、淳安、鄞州、余姚、镇海、奉化、象山、东阳、丽水、遂昌、松阳、云和、龙泉）、湖北、江西、湖南、福建、广东、海南、四川、云南；印度。

24. 栎鹰翅天蛾 *Oxyambulyx liturata* (Butler)

寄主：栎、栗、胡桃。

分布：中国浙江（景宁、古田山、百山祖、长兴、杭州、余杭、临安、富阳、桐庐、建德、淳安、上虞、鄞州、余姚、镇海、宁海、象山、平阳）、湖北、湖南、福建、海南、四川、云南；缅甸、印度、斯里兰卡、菲律宾、印度尼西亚。

25. 鹰翅天蛾 *Oxyambulyx ochracea* (Butler)

寄主：乌桕、柳杉、槭、胡桃。

分布：中国浙江（景宁、龙王山、莫干山、古田山、湖州、长兴、德清、嘉善、平湖、海宁、杭州、余杭、临安、天目山、萧山、富阳、桐庐、建德、淳安、绍兴、诸暨、上虞、嵊州、新昌、鄞州、慈溪、镇海、奉化、宁海、象山、三门、浦江、东阳、兰溪、天台、仙居、临海、黄岩、玉环、温岭、常化、丽水、缙云、遂昌、云和、龙泉、庆元、泰顺）、辽宁、北京、河北、江苏、安徽、江西、湖北、湖南、福建、台湾、广东、海南、广西、四川、贵州；日本、缅甸、印度。

26. 核桃鹰翅天蛾 *Oxyambulyx schauffelbergeri* (Bremer *et* Grey)

寄主：枫杨、栎、胡桃。

分布：中国浙江（景宁、龙王山、天目山、杭州、余杭、淳安、龙泉、平阳）、黑龙江、吉林、辽宁、内蒙古、北京、山东、河北、河南、江苏、安徽、湖北、江西、湖南、福建、广东、海南、广西、四川、贵州、云南；朝鲜、日本。

27. 构月天蛾 *Parum colligata* (Walker)

寄主：构树、桑、楮。

分布：中国浙江（景宁、龙王山、莫干山、天目山、古田山、百山祖、湖州、长兴、德清、平湖、海宁、杭州、余杭、建德、淳安、上虞、新昌、慈溪、余姚、奉化、宁海、象山、岱山、普陀、义乌、天台、仙居、江山、丽水、缙云、龙泉、庆元、泰顺）、吉林、辽宁、北京、河北、山东、河南、湖北、湖南、福建、台湾、广东、海南、广西、四川、贵州；日本、缅甸、印度、斯里兰卡。

28. 月天蛾 *Parum porphyria* (Butler)

寄主：桑。
分布：中国浙江（景宁、庆元）。

29. 红天蛾 *Pergesa elpenor* (Butler)

寄主：月见草、茜菜、忍冬、凤仙花、千屈菜、蓬子菜、柳叶菜、兰、柳、葡萄。

分布：中国浙江（景宁、龙王山、莫干山、天目山、古田山、百山祖、长兴、安吉、德清、余杭、临安、桐庐、淳安、新昌、鄞州、慈溪、余姚、奉化、宁海、义乌、天台、丽水、云和、龙泉、庆元、温州）、吉林、辽宁、河北、山西、山东、河南、江苏、福建、台湾、广东、海南、四川；朝鲜、日本。

30. 盾天蛾 *Phyllosphingia dissimilis* Bremer

寄主：胡桃、山胡桃、柳。

分布：中国浙江（景宁、龙王山、天目山、杭州、余杭、建德、新昌、镇海、宁海、兰溪、丽水、庆元、泰顺）、黑龙江、辽宁、北京、河北、山东、湖北、湖南、台湾、海南；日本、印度。

31. 霜天蛾（泡桐灰天蛾、梧桐天蛾）*Psilogramma menephron* (Cramer)

寄主：樟、桤木、悬铃木、丁香、梧桐、女贞、泡桐、水蜡、楝、樟、梓树、楸、牡荆。

分布：中国浙江（景宁、长兴、嘉善、平湖、桐乡、海宁、杭州、余杭、萧山、桐庐、建德、淳安、绍兴、上虞、诸暨、嵊州、新昌、鄞州、慈溪、镇海、宁海、象山、三门、嵊泗、定海、岱山、普陀、金华、义乌、东阳、永康、武义、兰溪、天台、仙居、临海、温岭、黄岩、玉环、衢州、常山、丽水、缙云、遂昌、青田、云和、龙泉、庆元、温州、乐清、平阳、泰顺）及全国各地广布；日本、朝鲜、缅甸、印度、斯里兰卡、菲律宾、印度尼西亚、大洋洲。

32. 白肩天蛾（绒天蛾）*Rhagastis mongoliana*（Butler）

寄主：葡萄、乌蔹莓、凤仙花、小檗、绣球花、旋花。

分布：中国浙江（景宁、龙王山、百山祖、杭州、余杭、桐庐、淳安、奉化、丽水、遂昌、龙泉）、黑龙江、内蒙古、北京、天津、河北、山西、湖北、江西、湖南、福建、台湾、广东、海南、广西、贵州；俄罗斯、朝鲜、日本。

33. 蓝目天蛾（柳天蛾）*Smerithus planus* Walker

寄主：杏、柳、杨、桃、樱桃、苹果、海棠、梅、李、沙果。

分布：中国浙江（景宁、天目山、四明山、古田山、湖州、长兴、德清、杭州、余杭、临安、桐庐、淳安、绍兴、上虞、诸暨、嵊州、新昌、余姚、东阳、天台、缙云、龙泉、庆元、平阳）、黑龙江、吉林、辽宁、内蒙古、宁夏、甘肃、河北、山西、山东、河南及长江流域各省份；朝鲜、日本、俄罗斯。

34. 斜纹天蛾 *Theretra clotho*（Drury）

寄主：泡桐、山药、木槿、白粉藤、青紫藤、葡萄。

分布：中国浙江、河南、江苏、湖北、江西、湖南、福建、台湾、广东、海南、广西、贵州、云南；日本、印度、斯里兰卡、菲律宾、印度尼西亚、马来西亚。

35. 雀纹天蛾 *Theretra japonica*（Orza）

寄主：油茶、泡桐、葡萄、野葡萄、乌蔹莓、常春藤、白粉藤、爬山虎、虎耳草、绣球花。

分布：中国浙江、黑龙江、河北、陕西、湖南、台湾、广东、海南、广西、四川、贵州、云南及长江流域各省份；朝鲜、日本、欧洲。

36. 青背斜纹天蛾 *Theretra nessus*（Drury）

寄主：芋、水葱。

分布：中国浙江（景宁、龙王山、古田山、百山祖、缙云、乐清、平阳）、湖北、湖南、福建、台湾、广东、云南；日本、印度、斯里兰卡、马来西亚、菲律宾、印度尼西亚、大洋洲。

37. 芋单线天蛾 *Theretra pinastrina*（Martyn）

寄主：悬铃木、葡萄、乌蔹莓、芋属、甘薯、雍菜。

分布：中国浙江（景宁、龙王山、莫干山、天目山、湖州、安吉、嘉兴、平湖、海盐、杭州、余杭、桐庐、鄞州、余姚、宁海、嵊泗、普陀、义乌、东阳、常山、江山、丽水、缙云、青田、云和、龙泉、庆元、温州、平阳、泰顺）、湖南、福建、台湾、广东、海南、云南；朝鲜、日本、越南、印度、缅甸、斯里兰卡、马来西亚、印度尼西亚、摩洛哥。

38. 浙江土色斜纹天蛾 *Theretra latreillii* (Walker, 1856)

分布：中国浙江（景宁、宁波）、江西、福建、台湾、广东、海南、香港、广西、云南；巴基斯坦、印度、尼泊尔、斯里兰卡、菲律宾。

（二十）舟蛾科 Notodontidae

姜楠、程瑞、李欣欣、薛大勇（中国科学院动物研究所）

1. 半明奇舟蛾 *Allata laticostalis* (Hapmsom)

分布：中国浙江（景宁、天目山、百山祖、长兴、德清、杭州、临安、浦江、龙泉）、河北、山西、河南、陕西、湖北、江西、福建、广西、四川、云南；巴基斯坦、印度。

2. 妙反掌舟蛾 *Antiphalera exquisitor* Schintlmeister, 1989

分布：中国浙江（景宁、杭州、临安、温州、磐安、鄞州）、福建、江西、广东、广西、海南；越南、柬埔寨。

3. 竹篦舟蛾 *Besaia goddrica* (Schaus)

寄主：刚竹、毛竹、槲、榆、栗。

分布：中国浙江（景宁、莫干山、天目山、古田山、百山祖、长兴、安吉、德清、杭州、临安、桐庐、建德、淳安、诸暨、新昌、鄞州、慈溪、余姚、镇海、奉化、宁海、象山、定海、丽水、缙云、龙泉、庆元、平阳）、陕西、江苏、安徽、湖北、江西、湖南、福建、广东、四川。

4. 杨二尾舟蛾 *Cerura menciana* Moore

寄主：杨、柳。

分布：中国浙江（景宁、嘉善、杭州、临安、桐庐、建德、上虞、嵊州、慈溪、余姚、三门、嵊泗、岱山、普陀、武义、天台、仙居、临海、黄岩、温岭、玉环、常山、缙云、庆元、泰顺）、黑龙江、吉林、辽宁、内蒙古、山东、河南、宁夏、甘肃、新疆、陕西、江苏、湖北、江西、福建、台湾、西藏、四川；日本、朝鲜、欧洲。

5. 杨扇舟蛾 *Clostera anachoreta* （Denis *et* Schiffermuller）

寄主：杨、柳。

分布：中国浙江（景宁、天目山、古田山、杭州、余杭、临安、嵊州、新昌、奉化、常山、丽水、庆元），黑龙江、吉林、辽宁、内蒙古、河北、山西、山东、河南、宁夏、甘肃、陕西、青海、新疆、江苏、安徽、湖北、江西、湖南、福建、台湾、广东、广西、四川、云南、西藏；朝鲜、日本、中亚、印度、斯里兰卡、印度尼西亚、欧洲。

6. 鹿舟蛾 *Damat longipennis* Walker

分布：中国浙江（景宁、百山祖、云和）、台湾、广东、云南、西藏；缅甸、印度、尼泊尔、巴基斯坦。

7. 高粱舟蛾 *Dinara combusta* （Walker）

寄主：高粱、玉米、甘蔗。

分布：中国浙江（景宁、百山祖）、河北、山东、湖北、台湾、广西、云南；印度、菲律宾、印度尼西亚、非洲。

8. 著蕊尾舟蛾 *Dudusa nobilis* Walker

寄主：无患子科。

分布：中国浙江（景宁、莫干山、天目山、德清、杭州、临安、淳安、鄞州、龙泉、文成、泰顺）、河北、江西、台湾、广东、广西、四川；印度、缅甸。

9. 黑蕊尾舟蛾（黑蕊属舟蛾） *Dudusa sphingiformis* Moore

寄主：栾树、槭。

分布：中国浙江（景宁、莫干山、天目山、古田山、百山祖、杭州、临安、龙泉、庆元）、北京、山东、河南、河北、陕西、上海、安徽、湖北、江西、湖南、福建、四川、贵州、云南；朝鲜、日本、印度、缅甸。

10. 栎纷舟蛾 *Fentonia ocypete* （Bremer）

寄主：栎、槠、榛。

分布：中国浙江（景宁、莫干山、古田山、百山祖、德清、杭州、萧山、建德、淳安、鄞州、象山、嵊泗、兰溪、仙居、龙泉）、黑龙江、吉林、辽宁、内蒙古、河北、山西、河南、陕西、湖北、江西、湖南、福建、台湾、四川、云南；朝鲜、日本、印度、新加坡。

11. 甘舟蛾 *Gangaridopsis citrina*（Wileman）

分布：中国浙江（景宁、莫干山、古田山、百山祖、德清、杭州、云和、龙泉）、江西、湖南、福建；日本。

12. 钩翅舟蛾 *Gangarides dharma* Moore

分布：中国浙江（景宁、莫干山、百山祖、长兴、安吉、德清、杭州、桐庐、淳安、上虞、诸暨、新昌、鄞州、余姚、镇海、奉化、义乌、东阳、仙居、衢州、庆元）、辽宁、河北、陕西、湖北、江西、湖南、福建、广东、广西、四川、云南、西藏；朝鲜、孟加拉国、越南、印度。

13. 黄钩翅舟蛾 *Gangarides flavescens* Schintlmeister，1997

分布：中国浙江（景宁）、海南、四川；越南。

14. 灰颈异齿舟蛾 *Hexafrenum argillacea*（Kiriakoff）

分布：中国浙江（景宁、莫干山、杭州、建德、庆元、温州）、江西、福建、广西。

15. 霭舟蛾 *Hupodonta corticalis* Butler

分布：中国浙江（景宁、百山祖）、黑龙江、陕西、湖北、湖南、云南；日本。

16. 黄二星舟蛾 *Lampronadata cristata*（Butler）

寄主：柞、板栗、蒙栎。

分布：中国浙江（景宁、安吉、长兴、德清、平湖、杭州、余杭、建德、淳安、新昌、余姚、奉化、海宁、古田山、丽水、龙泉）、黑龙江，吉林、辽宁、河北、山东、河南、陕西、江苏、安徽、湖北、江西、四川；俄罗斯、朝鲜、日本、缅甸。

17. 枯叶舟蛾 *Leucolopha undulifera* Hampson

分布：中国浙江（景宁、百山祖）、湖南；印度。

18. 东润舟蛾 *Liparopsis postalbida* Hampson，1893

分布：中国浙江（景宁、临安）、福建、台湾、湖北、江西、湖南、广东、海南、广西、云南；印度、缅甸、泰国、老挝、越南。

19. 间掌舟蛾 *Mesophalera sigmata*（Butler）

寄主：栎。

分布：中国浙江（景宁、天目山、古田山、百山祖、余姚、丽水）、山东、江西、湖南、福建、台湾、四川；朝鲜、日本。

20. 新二尾舟蛾 *Neocerura liturata*（Walker）

寄主：刺篱木、天料木。

分布：中国浙江（景宁、天目山、百山祖、杭州）、湖南、台湾、广东、云南；印度、斯里兰卡、印度尼西亚。

21. 大新二尾舟蛾 *Neocerura wisei*（Swinhoe）

寄主：杨、柳、檫、红花天料木。

分布：中国浙江（景宁、百山祖、湖州、长兴、安吉、德清、海宁、杭州、余杭、临安、桐庐、淳安、新昌、余姚、奉化、三门、定海、天台、仙居、临海、黄岩、温岭、玉环、龙泉、平阳）、江苏、湖北、台湾、广东、广西、四川、云南；日本、印度、斯里兰卡、印度尼西亚。

22. 云舟蛾 *Neopheosia fasciata*（Moore）

寄主：李属。

分布：中国浙江（景宁、莫干山、天目山、百山祖、杭州、桐庐、建德、淳安、龙泉、庆元）、黑龙江、内蒙古、河北、河南、陕西、安徽、湖北、江西、湖南、福建、台湾、广东、四川；日本、泰国、越南、印度、马来西亚、菲律宾、印度尼西亚。

23. 黑带新林舟蛾 *Neodrymonia basalis*（Moore）

分布：中国浙江（景宁、古田山、百山祖）、江西；缅甸。

24. 缘纹新林舟蛾 *Neodrymonia marginalis*（Matsumura）

分布：中国浙江（景宁、天目山、德清、缙云、云和、龙泉、庆元、泰顺）、黑龙江、江苏、安徽、江西、湖南、福建、广东、台湾、四川；朝鲜、日本。

25. 安新林舟蛾 *Neodrymonia anna* Schintlmeister，1989

分布：中国浙江（景宁、温州）、福建、湖北、湖南、广东、广西、四川；朝鲜。

26. 明肩新奇舟蛾 *Neophyta costalis*（Moore）

分布：中国浙江（景宁、杭州、建德、淳安、天台、龙泉、庆元）、河南、江苏、湖南、江西、广西、广东；印度尼西亚。

27. 新涟纷舟蛾 *Neoshachia parabolica*（Matsumura）

分布：中国浙江（景宁、天目山、长兴、杭州、桐庐、淳安、鄞州、奉化、镇海、嵊泗、庆元、平阳）、台湾。

28. 梭舟蛾 *Netria viridescens* Walker

寄主：人心果。

分布：中国浙江（景宁、天目山、古田山、百山祖、杭州、余杭、萧山、建德、诸暨、鄞州、慈溪、奉化、天台、云和、龙泉、庆元）、上海、江西、湖南、福建、台湾、广东、广西、贵州；缅甸、越南、泰国、印度、斯里兰卡、马来西亚、印度尼西亚。

29. 窄翅舟蛾 *Niganda strigifascia* Moore

分布：中国浙江（景宁、天目山、百山祖、杭州）、江苏、广西、云南；印度、不丹、马来西亚、印度尼西亚。

30. 浅黄箩舟蛾 *Norraca decurrens*（Moore）

分布：中国浙江（景宁、百山祖、安吉、长兴、杭州、淳安、天台、平阳）、湖北、福建、广西、四川；印度。

31. 竹箩舟蛾 *Norraca retrofusca* de Joannis

寄主：毛竹。

分布：中国浙江（景宁、莫干山、天目山、百山祖、长兴、安吉、德清、杭州、余杭、淳安、诸暨、余姚、宁海、三门、天台、仙居、临海、黄岩、温岭、丽水、平阳、泰顺）、河南、江苏、江西、湖南、四川、贵州；越南。

32. 肖黄掌舟蛾（栎掌舟蛾） *Phalera assimilis*（Bremer *et* Grey）

寄主：梨、樱桃、栗、板栗、栎、杨、榆、糙叶树。

分布：中国浙江（景宁、古田山、黑龙江、湖州、长兴、安吉、德清、平湖、海宁、杭州、余杭、临安、萧山、富阳、桐庐、建德、淳安、绍兴、上虞、诸暨、新昌、鄞州、慈溪、余姚、镇海、奉化、宁海、象山、三门、岱山、普陀、金华、浦江、东阳、永康、天台、仙居、临海、黄岩、温岭、玉环、开化、常山、缙云、遂昌、云和、龙泉、庆元、温州、乐清、永嘉、文成、平阳、泰顺）、黑龙江、吉林、辽宁、内蒙古、河北、山西、山东、河南、陕西、江苏、安徽、湖北、江西、湖南、台湾、四川；俄罗斯、朝鲜、日本、德国。

33. 黄掌舟蛾（榆掌舟蛾） *Phalera fuscescens* Butler

寄主：榆。

分布：中国浙江（景宁、杭州、余杭、淳安、慈溪、镇海、奉化、开化、常山、庆元、温州、乐清）、黑龙江、辽宁、内蒙古、河北、河南、陕西、江苏、江西、湖南、福建、云南；日本、朝鲜。

34. 苹掌舟蛾 *Phalera flavescens* （Bremer *et* Grey）

寄主：桃、樱桃、枇杷、沙果、梨、杏、李、海棠、榆叶梅、山楂、栗、榆。

分布：中国浙江（景宁、百山祖、湖州、长兴、安吉、德清、杭州、余杭、临安、桐庐、建德、上虞、诸暨、鄞州、慈溪、余姚、奉化、三门、普陀、兰溪、天台、仙居、临海、黄岩、温岭、玉环、衢州、常山、丽水、缙云、龙泉、庆元、温州、乐清、永嘉、瑞安、文成、平阳、泰顺），另外，除新疆、青海、宁夏和西藏外，国内广布；俄罗斯、朝鲜、日本。

35. 刺槐掌舟蛾 *Phalera grotei* Moore

寄主：刺槐。

分布：中国浙江（景宁、百山祖）、黑龙江、辽宁、河北、山东、江苏、湖北、江西、湖南、福建、广东、广西、四川、云南；朝鲜、缅甸、越南、印度、菲律宾、马来西亚、印度尼西亚。

36. 刺桐掌舟蛾 *Phalera raya* Moore

寄主：刺桐。

分布：中国浙江（景宁、古田山、百山祖、杭州、金华、兰溪）、江苏、台湾、云南；越南、印度、印度尼西亚、澳大利亚。

37. 灰掌舟蛾 *Phalera torpida* Walker

分布：中国浙江（景宁、百山祖、杭州）、安徽、江西、湖南、广东、广西、四川、云南；印度、越南、印度尼西亚、澳大利亚。

38. 豹舟蛾 *Poncetia albistriga* （Moore）

寄主：稻。

分布：中国浙江（景宁、百山祖、缙云）、江西、湖南、福建、台湾、广西、四川、云南、西藏；不丹、印度尼西亚。

39. 细羽齿舟蛾 *Ptilodon kuwayamae* Matsumura

分布：中国浙江（景宁、百山祖）、黑龙江、辽宁、河北；俄罗斯、日本。

40. 绒胯白舟蛾 *Quadricalarifera chlorotricha* （Hampson）

分布：中国浙江（景宁、百山祖）、湖南、福建、广东、四川；印度、菲律宾、新几内亚岛。

41. 白斑四距舟蛾 *Quadricalarifera fasciata*（Moore）

寄主：枫杨、栎。

分布：中国浙江（景宁、天目山、古田山、百山祖、德清、宁海、丽水、遂昌、云和、龙泉）、安徽、江西、湖南、福建、台湾、四川、云南；印度。

42. 枝舟蛾 *Ramesa tosta* Walker

分布：中国浙江（景宁、丽水、龙泉）。

43. 锈玫舟蛾 *Rosama ornata*（Oberthür）

寄主：胡枝子、梧桐。

分布：中国浙江（景宁、天目山、长兴、安吉、桐庐、丽水、龙泉、云和、泰顺）、黑龙江、辽宁、河北、江苏、湖北、江西、湖南、广东、云南；朝鲜、日本。

44. 艳金舟蛾 *Spatalia doerriesi*（Graeser）

寄主：蒙栎。

分布：中国浙江（景宁、百山祖）、黑龙江、吉林、陕西、湖北、四川、云南；俄罗斯、朝鲜、日本。

45. 茅莓蚁舟蛾 *Stauropus basalis* Moore

寄主：茅莓、千金榆、紫藤、野蔷薇、胡枝子。

分布：中国浙江（景宁、天目山、百山祖、杭州、丽水、云和、龙泉）、黑龙江、河北、山东、河南、陕西、江苏、湖北、江西、湖南、福建、台湾、广东、四川、贵州、云南；俄罗斯、朝鲜、日本、越南。

46. 绿蚁舟蛾 *Stauropus virescens* Moore

分布：中国浙江（景宁、古田山、杭州、庆元）、江西、台湾、四川；印度、菲律宾、印度尼西亚、新几内亚岛。

47. 点舟蛾 *Stigmatophorina hammamelis* Mell

分布：中国浙江（景宁、天目山、四明山、古田山、百山祖、杭州、余杭、建德、淳安、慈溪、宁海、浦江、天台）、河南、江苏、安徽、湖北、江西、湖南、福建、广东、四川、云南。

48. 凤舟蛾 *Suzukiana cinerea*（Butler）

分布：中国浙江（景宁、百山祖）、黑龙江、吉林、辽宁；朝鲜、日本。

49. 佩胯舟蛾古田山亚种 *Syntypistis perdix*（Yang, 1995）

分布：中国浙江（景宁、临安、开化）、福建、湖南、广东、海南、广西、台湾。

50. 白斑胯舟蛾 *Syntypistis comatus*（Leech, 1898）

分布：中国浙江（景宁）、甘肃、陕西、湖北、江西、湖南、福建、台湾、广东、四川、云南、西藏；印度（北部）、缅甸、泰国、越南、马来西亚、印度尼西亚、菲律宾。

51. 台湾银斑舟蛾 *Tarsolepis taiwana* Wileman

分布：中国浙江（景宁、遂昌、云和、龙泉、庆元、泰顺）。

52. 胡桃美舟蛾 *Uropyia meticulodina*（Oberthür）

寄主：胡桃、楸。

分布：中国浙江（景宁、莫干山、天目山、百山祖、湖州、长兴、德清、杭州、余杭、临安、桐庐、绍兴、上虞、诸暨、嵊州、新昌、慈溪、余姚、镇海、象山、浦江、兰溪、天台、温岭、丽水、缙云、泰顺）、黑龙江、吉林、辽宁、河北、山东、河南、陕西、江苏、安徽、湖北、江西、湖南、福建、广西、四川、云南；俄罗斯、朝鲜、日本。

53. 梨威舟蛾 *Wilemanus bidentatus*（Wileman）

寄主：梨。

分布：中国浙江（景宁、天目山、百山祖、建德、淳安、东阳、缙云、遂昌、龙泉、泰顺）、黑龙江、辽宁、河北、山西、山东、陕西、安徽、江苏、湖北、江西、湖南、福建、广东、广西、四川；日本。

54. 窦舟蛾 *Zaranga pannosa* Moore

分布：中国浙江（景宁、百山祖）、山西、河南、甘肃、陕西、湖北、云南、四川；印度。

（二十一）毒蛾科 Lymantriidae

姜楠、程瑞、刘淑仙、薛大勇（中国科学院动物研究所）

---

1. 茶白毒蛾 *Arctornis alba*（Bremer）

寄主：柞、茶、油茶、栎、榛。

分布：中国浙江（龙王山、百山祖、临安、建德、鄞州、宁海、三门、天台、仙居、黄岩、温岭、玉环、丽水、遂昌、平阳）、黑龙江、吉林、辽宁、河北、山东、河南、江苏、安徽、湖北、江西、湖南、福建、台湾、广东、广西、四川、贵州、云南；俄罗斯、朝鲜、日本。

2. 白毒蛾 *Arctornis lnigrum* （Muller）

寄主：鹅耳枥、桦、苹果、槭、山毛榉、栎、榛、榆、山楂、杨、柳。

分布：中国浙江（景宁、龙王山、天目山、临安、常山、丽水、龙泉）、黑龙江、吉林、辽宁、河北、山西、山东、河南、江苏、湖北、江西、湖南、四川、云南；朝鲜、日本、欧洲。

3. 莹白毒蛾 *Arctornis xanthochila* Collenette

寄主：相思树、木麻黄、栎。

分布：中国浙江（景宁、百山祖）、湖南、福建、广西、四川、云南；印度。

4. 松丽毒蛾 *Calliteara axutha* （Collenette，1934）

分布：中国浙江（景宁、临安、德清、江山）、河南、浙江、湖北、江西、湖南、福建、广东、广西。

5. 肾毒蛾（豆毒蛾）*Cifuna locuples* Walker

寄主：绿豆、溲蔬、柳、榉、水稻、小麦、玉米、黑荆树、乌桕、蚕豆、豌豆、扛板归、胡枝子、云实、马铃薯、栎、樱、海棠、榆、茶、大豆、紫藤、苜蓿、柿。

分布：中国浙江、黑龙江、吉林、辽宁、内蒙古、宁夏、河北、山西、山东、河南、陕西、江苏、安徽、湖北、江西、湖南、福建、广东、广西、四川、贵州、云南、西藏；俄罗斯、朝鲜、日本、越南、印度。

6. 松茸毒蛾 *Dasychira axutha* Collenette

寄主：马尾松、柏。

分布：中国浙江（景宁、龙王山、天目山、古田山、百山祖、杭州、临安、奉化、金华、仙居、常山、丽水、遂昌）、黑龙江、辽宁、湖北、江西、湖南、广东、广西；日本。

7. 铅茸毒蛾 *Dasychira chekiangensis* Collenette

分布：中国浙江（景宁、百山祖）、广东。

8. 缨茸毒蛾 *Dasychira hoenei* Collenette

分布：中国浙江（景宁、百山祖）、云南。

9. 结茸毒蛾（赤眉毒蛾） *Dasychira lunulata* Butler

寄主：栎、栗。

分布：中国浙江（景宁、天目山、百山祖、临安、常山、龙泉、庆元）、黑龙江、吉林、辽宁、陕西；俄罗斯、朝鲜、日本。

10. 雀茸毒蛾 *Dasychira melli* Collenette

寄主：杉。

分布：中国浙江（景宁、莫干山、天目山、古田山、长兴、淳安、浦江、天台、仙居、云和、庆元）、江西、福建、广东、广西、四川、河南、湖北、湖南。

11. 茸毒蛾 *Dasychira pudibunda*（Linnaeus）

寄主：枫杨、桦、梨、栎、榛、槭、杨、板栗、柳、樱桃、悬钩子、蔷薇、山楂、李。

分布：中国浙江（景宁、龙土山、大目山、德清、杭州、临安、淳安、鄞州、临海、丽水、缙云、遂昌、云和、龙泉）、黑龙江、吉林、辽宁、河北、山西、山东、河南、陕西；日本、欧洲。

12. 叉带黄毒蛾 *Euproctis angulata* Matsumura

寄主：刺槐。

分布：中国浙江（景宁、龙王山、莫干山、天目山、百山祖、杭州、临安、慈溪、余姚、奉化、象山、天台、丽水、龙泉、庆元）、江西、湖南、河南、台湾、广东。

13. 乌桕黄毒蛾 *Euproctis bipunctapex*（Hampson）

寄主：樟、柳杉、大豆、栎、枫香、桑、乌桕、油桐、杨、桑、女贞、泡桐、刺槐、甘薯、南瓜、茶、油茶、梨。

分布：中国浙江、河南、江苏、湖北、江西、湖南、福建、台湾、广东、广西、四川、云南、西藏；印度、新加坡。

14. 孤星黄毒蛾 *Euproctis decussata*（Moore）

分布：中国浙江（景宁、百山祖、丽水、龙泉）、江西、广东、广西、四川、云南；印度、斯里兰卡。

15. 半带黄毒蛾 *Euproctis digramma* Guerin

寄主：梨、火炭母。

分布：中国浙江（景宁、莫干山、杭州、临安、余姚、奉化、云和、庆元）。

16. 双弓黄毒蛾 *Euproctis diploxutha* Collenette

寄主：板栗、菝葜、梨、梅、李、月季、蔷薇、栗、栎。

分布：中国浙江（景宁、龙王山、百山祖、德清、杭州、萧山、桐庐、淳安、鄞州、慈溪、余姚、镇海、奉化、宁海、象山、丽水、遂昌、龙泉、庆元、温州）、江苏、安徽、湖北、江西、湖南、广东、云南。

17. 岩黄毒蛾 *Euproctis flavotriangulata* Gaede

寄主：胡桃。

分布：中国浙江（景宁、天目山、古田山、百山祖、临安）、河北、陕西、湖南、福建、四川。

18. 缘点黄毒蛾 *Euproctis fraterna*（Moore）

寄主：梨、蔷薇、羊蹄甲。

分布：中国浙江（景宁、百山祖）、湖南、广东、广西、云南；印度、斯里兰卡。

19. 红尾黄毒蛾（弧纹黄毒蛾、蓖麻黄毒蛾）*Euproctis lunata* Walker

寄主：蓖麻、苦槠、青冈、石栎、米槠。

分布：中国浙江（景宁、龙王山、天目山、湖州、德清、杭州、临安、淳安、诸暨、镇海、永康、温州、龙泉、庆元、平阳）、江西、湖南、福建、四川；缅甸、印度、斯里兰卡。

20. 沙带黄毒蛾 *Euproctis mesustiba* Collenette

分布：中国浙江（景宁、百山祖、诸暨、余姚）、辽宁、江苏、江西。

21. 梯带黄毒蛾 *Euproctis montis*（Leech）

寄主：梨、桃、葡萄、柑橘、桑、茶、马铃薯、茄。

分布：中国浙江（景宁、德清、杭州、临安、余姚、象山、嵊泗、丽水、龙泉、庆元）、江苏、江西、福建、湖北、湖南、广东、广西、四川、云南。

22. 茶黄毒蛾（茶毒蛾、茶毛虫）*Euproctis pseudoconspersa* Strand

寄主：椿、油桐、泡桐、茶、油茶、玉米、柑橘、柿、枇杷、梨、乌桕。

分布：中国浙江（景宁、百山祖、余杭、桐庐、建德、上虞、嵊州、鄞州、慈溪、余姚、奉化、宁海、象山、三门、金华、浦江、天台、仙居、临海、黄岩、玉环、衢州、常山、丽水、遂昌、龙泉、庆元、温州、永嘉、平阳）、陕西、江苏、安徽、湖北、江西、湖南、福建、台湾、广东、广西、四川、贵州、云南；日本。

23. 肘带黄毒蛾 *Euproctis straminea* Leech

分布：中国浙江（景宁、长兴、龙泉）。

24. 景星毒蛾 *Euproctis telephanes* Collenette

分布：中国浙江（景宁、杭州、庆元）。

25. 幻带黄毒蛾 *Euproctis varians*（Walker）

寄主：桃、李、梨、棉、栎、柑橘、茶、油茶、侧柏、马尾松。

分布：中国浙江（景宁、莫干山、天目山、百山祖、安吉、杭州、临安、奉化、象山、嵊泗、岱山、东阳、丽水、缙云、庆元、温州、乐清、永嘉）、河北、山东、河南、陕西、江苏、安徽、湖北、江西、湖南、福建、台湾、广东、广西、四川、贵州、云南；印度、马来西亚。

26. 云黄毒蛾 *Euproctis xuthonepha* Collenette

分布：中国浙江（景宁、莫干山、杭州、富阳、庆元）。

27. 榆毒蛾（榆黄足毒蛾） *Ivela ochropoda* Eversmann

寄主：榆、旱柳。

分布：中国浙江（景宁、龙王山、杭州、临安、桐庐、诸暨、新昌、慈溪、奉化、三门、定海、普陀、金华、天台、仙居、临海、黄岩、温岭、玉环、江山、缙云、云和、龙泉）、黑龙江、内蒙古、河北、山西、山东、河南、陕西；朝鲜、日本、俄罗斯。

28. 辉毒蛾 *Kanchia subritrea*（Walker）

分布：中国浙江（景宁、百山祖）、台湾、广东、四川、云南；越南、印度、斯里兰卡。

29. 素毒蛾 *Laelia coenosa*（Hubner）

寄主：水稻、牧草、杨、榆、桂。

分布：中国浙江（景宁、龙王山、莫干山、百山祖、杭州、余杭、临安、富阳、桐庐、淳安、诸暨、嵊州、新昌、慈溪、余姚、镇海、象山、定海、普陀、黄岩、温岭、泰顺）、黑龙江、吉林、辽宁、河北、山东、河南、江苏、湖北、江西、湖南、福建、广东、广西、贵州、云南；朝鲜、日本、越南、欧洲。

30. 脂素毒蛾 *Laelia gigantea* Hampson

寄主：竹。

分布：中国浙江（景宁、龙王山、百山祖、杭州）、河南、安徽、江西、湖南；日本。

31. 瑕素毒蛾 *Laelia monoscola* Couenstte

分布：中国浙江（景宁、天目山、百山祖、长兴、德清、临安、慈溪、奉化、宁海、象山、普陀、丽水、缙云、云和、庆元、瑞安）、湖北、江西、福建。

32. 夜窗毒蛾 *Leucoma comma* Huffon

分布：中国浙江（景宁、百山祖）、云南；印度。

33. 点窗毒蛾 *Leucoma diaphora* Collenette

分布：中国浙江（景宁、莫干山、百山祖、杭州、淳安、奉化、庆元）、江西、广东。

34. 丛毒蛾 *Locharna strigipennis* Moore，1879

分布：中国浙江（景宁、临安、德清、舟山）、甘肃、江苏、安徽、湖北、江西、湖南、福建、台湾、广东、广西、四川、贵州、云南；印度、缅甸、马来西亚。

35. 舞毒蛾（松针黄毒蛾、秋千毛虫）*Lymantria dispar*（Linnaeus）

寄主：桃、梨、山楂、柿、桑、杨、胡桃、榆、栗、黄檀、桦、柑橘、檫、柳杉、水稻、麦、栎、柳、槭、鹅耳枥、山毛榉、李。

分布：中国浙江（景宁、百山祖、慈溪、天台、丽水、温州）、黑龙江、吉林、辽宁、内蒙古、河北、山西、山东、河南、宁夏、陕西、甘肃、青海、新疆、江西、安徽、湖南、四川、贵州、云南；朝鲜、日本、欧洲、美国。

36. 东毒蛾（条毒蛾）*Lymantria dissoluta* Swinhoe

寄主：马尾松、黑松、栎。

分布：中国浙江（景宁、莫干山、百山祖、平湖、杭州、临安、建德、诸暨、奉化、嵊泗、金华、浦江、东阳、永康、兰溪、仙居、常山、丽水、缙云、遂昌、青田、云和、龙泉、庆元、永嘉）、江苏、安徽、湖北、江西、湖南、台湾、广东、广西。

37. 芒果毒蛾 *Lymantria marginata* Walker

分布：中国浙江（景宁、龙王山、莫干山、云和、庆元）、陕西、湖北、江西、湖南、福建、河南、广东、广西、四川、贵州、云南。

38. 栎毒蛾 *Lymantria mathura* Moore

寄主：苹果、梨、楮、李、栎、栗、榉、青冈、泡桐、杨、柳、木麻黄、杏。

分布：中国浙江（景宁、百山祖）、黑龙江、吉林、辽宁、河北、山西、山东、河南、陕西、江苏、安徽、湖北、江西、湖南、台湾、广西、四川、贵州、云南；日本、印度。

39. 模毒蛾（松针毒蛾）*Lymantria monacha*（Linnaeus）

寄主：杉、桦、松、槲、栎、榆、槭、椴、花楸、杏、榛、冷杉、水青冈、柳、铁杉、华山松。

分布：中国浙江（景宁、天目山、百山祖、杭州、余杭、临安、淳安、象山、金华、黄岩、龙泉）、黑龙江、吉林、辽宁、台湾、贵州、云南；日本、欧洲。

40. 木毒蛾（相思叶毒蛾、相思树毒蛾）*Lymantria xylina* Swinhoe

寄主：木麻黄、相思树、枫杨、柳、油桐、油茶、蓖麻、无花果、梨、紫穗槐、板栗、枇杷、黑荆树。

分布：中国浙江（景宁、庆元、平阳）。

41. 络毒蛾 *Lymantria concolor* Walker，1855

分布：中国浙江（景宁、临安、磐安）、陕西、湖南、四川、云南、西藏；越南、印度。

42. 黄斜带毒蛾 *Numenes disparilis* Staudinger

寄主：鹅耳枥、铁木。

分布：中国浙江（景宁、天目山、临安、建德、淳安、新昌、镇海、天台、临海、云和、龙泉）、黑龙江、湖北、四川、陕西；日本。

43. 刚竹毒蛾 *Pantana phyllostachysae* Chao

寄主：竹。

分布：中国浙江（景宁、龙王山、百山祖、丽水、遂昌、松阳、龙泉、庆元）、湖北、江西、湖南、福建、广东、广西、四川。

44. 华竹毒蛾 *Pantana sinica* Moore

寄主：竹。

分布：中国浙江（景宁、龙王山、莫干山、天目山、百山祖、湖州、长兴、杭州、余杭、临安、富阳、嵊州、宁海、衢州、庆元）、江苏、安徽、湖北、湖南、广东、广西、江西。

45. 黄羽毒蛾 *Pida strigipennis* （Moore）

分布：中国浙江（景宁、湖州、龙王山、莫干山、天目山、古田山、百山祖、长兴、德清、杭州、桐庐、建德、淳安、上虞、鄞州、宁海、义乌、衢州、丽水、遂昌、云和、龙泉）、河南、江苏、上海、安徽、湖北、江西、湖南、台湾、广东、广西、四川、贵州、云南、西藏；缅甸、印度、斯里兰卡、马来西亚。

46. 黑褐盗毒蛾 *Porthesia atereta* Collenette

寄主：茶、板栗。

分布：中国浙江（景宁、龙王山、莫干山、天目山、古田山、百山祖、长兴、杭州、嵊州、奉化、仙居、衢州、遂昌、龙泉、庆元）、湖北、江西、湖南、福建、台湾、广东、广西、四川、贵州、云南、西藏；马来西亚。

47. 豆盗毒蛾 *Porthesia piperita* （Oberthur）

寄主：茶、豆类、楸。

分布：中国浙江（景宁、莫干山、百山祖）、黑龙江、吉林、辽宁、河北、山东、河南、安徽、江西、福建、广东、四川、贵州；朝鲜、日本。

48. 戟盗毒蛾 *Porthesia kurosawai* （Inoue，1956）

分布：中国浙江（景宁、余姚、磐安）、辽宁、河北、河南、陕西、江苏、安徽、湖北、湖南、福建、台湾、广西、四川；朝鲜、日本。

49. 盗毒蛾 *Porthesia similis* （Fueszly）

寄主：乌桕、梨、桑、石楠、忍冬、槐、枫杨、桃、梅、马铃薯、蓖麻、茶、油茶、柿、棉、十字花科、柳、桦、榛、桤木、山毛榉、栎、李、山楂、蔷薇、梧桐、泡桐。

分布：中国浙江、黑龙江、吉林、辽宁、内蒙古、青海、甘肃、河北、山东、河南、江苏、安徽、湖北、江西、湖南、福建、台湾、广东、广西、四川；朝鲜、日本、欧洲。

50. 黑枊盗毒蛾 *Porthesia virguncula* （Walker）

分布：中国浙江（景宁、丽水、云和、龙泉）。

51. 鹅点足毒蛾 *Redoa anser* Collenette

寄主：茶。

分布：中国浙江（景宁、龙王山、莫干山、天目山、古田山、百山祖、湖州、长兴、杭州、临安、淳安、上虞、余姚、奉化、宁海、常山、天台、丽水、缙云、庆元、永嘉）、陕西、湖北、江西、湖南、福建、四川、云南。

52. 直角点足毒蛾 *Redoa anserella*（Collenette，1938）

分布：中国浙江（景宁、临安、江山、磐安）、陕西、湖北、江西、湖南、福建、广西、贵州、云南。

53. 簪黄点足毒蛾 *Redoa crocophala* Collenette

寄主：茶。

分布：中国浙江（景宁、开化、江山、龙泉）、山东、广东、贵州、福建。

54. 白点足毒蛾 *Redoa cygnopsis* Collenette

寄主：茶。

分布：中国浙江（景宁、古田山、龙泉、庆元）、江西、广东、贵州。

55. 雪毒蛾 *Stilpnotia salicis*（Linnaeus）

寄主：杨、柳、榛、槭。

分布：中国浙江（景宁、龙泉）。

56. 明毒蛾（接骨木毒蛾）*Topomesoides jonasi*（Butler）

寄主：接骨木、老叶儿树。

分布：中国浙江（景宁、百山祖）、湖北、江西、湖南、福建、广东；朝鲜、日本。

（二十二）苔蛾亚科 Lithosiinae

1. 煤色滴苔蛾 *Agrisius fuliginosus* Moore

分布：中国浙江（景宁、湖州、长兴、临安、天目山、绍兴、上虞、淳安、百山祖）、江苏、江西、河南、湖北、湖南、四川、贵州；日本。

2. 滴苔蛾 *Agrisius guttivitta* Walker

分布：中国浙江（景宁、龙王山、天目山、百山祖、安吉、杭州）、陕西、安徽、湖北、江西、湖南、广西、四川、贵州、云南。

3. 黄黑华苔蛾 *Agylla alboluteola* Rothschild

分布：中国浙江（景宁、莫干山、天目山、奉化、龙泉、庆元）。

4. 白黑华苔蛾 *Agylla ramelana*（Moore）

分布：中国浙江（景宁、莫干山、天目山、龙泉、庆元）。

5. 褐脉艳苔蛾 *Asura esmia*（Swinhoe）

分布：中国浙江（景宁、天目山、江山、龙泉）、河南、湖南、湖北、江西、四川、云南；缅甸。

6. 条纹艳苔蛾 *Asura strigipennis*（Herrich-Shafer）

寄主：柑橘。

分布：中国浙江（景宁、莫干山、天目山、百山祖、长兴、余杭、临安、桐庐、建德、淳安、绍兴、上虞、诸暨、嵊州、新昌、慈溪、镇海、象山、三门、东阳、永康、武义、兰溪、天台、仙居、临海、黄岩、温岭、玉环、丽水、缙云、遂昌、龙泉、云和、庆元、温州）、山东、陕西、江苏、上海、安徽、湖北、江西、湖南、福建、台湾、广东、海南、广西、四川、云南、西藏；印度、印度尼西亚。

7. 绣苔蛾 *Asuridia carnipicta*（Butler）

分布：中国浙江（景宁、莫干山、天目山、百山祖、临安、天台、庆元）、江西、甘肃、福建、广东、广西、四川、西藏；日本。

8. 蓝缘苔蛾 *Conilepia nigricosta* Leech

分布：中国浙江（景宁、开化、云和、庆元）、湖北、江西、湖南、福建、台湾、广西；日本。

9. 蛛雪苔蛾 *Cyana ariadne*（Elwes）

分布：中国浙江（景宁、天目山、百山祖）、江苏、湖北、江西、湖南、福建、海南、四川。

10. 锈斑雪苔蛾 *Cyana effracta*（Walker）

分布：中国浙江（景宁、百山祖）、江西、湖南、福建、广西、四川、云南；缅甸、尼泊尔。

11. 红束雪苔蛾 *Cyana fasciola*（Elwes）

分布：中国浙江（景宁、莫干山、天目山、百山祖）、江苏、湖南、安徽、广东、湖北、江西、福建、广西、四川。

12. 优雪苔蛾 *Cyana hamata* （Walker）

寄主：玉米、棉、豆、柑橘。

分布：中国浙江（景宁、龙王山、莫干山、天目山、百山祖）、河南、陕西、江苏、湖北、江西、湖南、福建、台湾、广东、海南、广西、四川、贵州、云南；朝鲜、日本。

13. 血红雪苔蛾 *Cyana sanguinea* （Bremer et Grey）

分布：中国浙江（景宁、百山祖）、河北、山西、河南、陕西、湖北、湖南、台湾、四川、云南；日本。

14. 缘点土苔蛾 *Eilema costipuncta* （Leech）

寄主：地衣。

分布：中国浙江（景宁、天目山、开化、江山、龙泉）、河南、山东、安徽、湖北、江西、湖南、福建、台湾、陕西、四川。

15. 黄边土苔蛾 *Eilema fumidisca* Hampson

分布：中国浙江（杭州、天目山、临安、仙居、丽水、云和、龙泉）。

16. 灰土苔蛾 *Eilema griseola* （Hubner）

寄主：地衣。

分布：中国浙江（景宁、丽水、缙云、庆元）、黑龙江、吉林、辽宁、北京、山西、山东、甘肃、陕西、安徽、江西、湖南、福建、广西、四川、云南；日本、朝鲜、尼泊尔、欧洲等。

17. 黄土苔蛾 *Eilema nigripoda* （Bremer *et* Grey）

分布：中国浙江（景宁、莫干山、天目山、古田山、德清、奉化、云和、龙泉）、陕西、上海、甘肃、江苏、福建；日本。

18. 前痣土苔蛾 *Eilema stigma* Fang，2000

分布：中国浙江（景宁）、甘肃、陕西、湖北、福建、广西、四川、云南。

19. 良苔蛾 *Eugoa grisea* Butler

寄主：牛毛毡。

分布：中国浙江（景宁、天目山、古田山、长兴、临安、奉化、开化、庆元）、福建、江西、湖南、台湾、广西、四川、云南、西藏；朝鲜、日本。

20. 乌闪网苔蛾 *Macrobrochis staudingeri*（Alphéraky，1897）

分布：中国浙江（景宁）、吉林、河南、甘肃、陕西、湖北、江西、湖南、福建、台湾、四川、云南；朝鲜半岛、日本、尼泊尔。

21. 异美苔蛾 *Miltochrista aberrans* Butler

寄主：柑橘。

分布：中国浙江（景宁、龙王山、莫干山、天目山、安吉、杭州、淳安、余姚、奉化、仙居、庆元、泰顺、平阳）、黑龙江、吉林、河南、河北、陕西、江苏、湖北、江西、湖南、福建、台湾、广东、海南、四川；日本、朝鲜。

22. 黑缘美苔蛾 *Miltochrista delineata*（Walker）

分布：中国浙江（景宁、天目山、百山祖、德清、嘉兴、桐乡、杭州、余杭、临安、镇海、奉化、定海、玉环、云和、庆元、文成）、甘肃、江苏、湖北、江西、湖南、福建、台湾、广东、香港、广西、四川、云南、西藏。

23. 齿美苔蛾 *Miltochrista dentifascia* Hampson

分布：中国浙江（景宁、龙王山、莫干山、古田山、宁海、丽水、遂昌、龙泉、庆元）、福建、广西、云南；缅甸、印度。

24. 美苔蛾 *Miltochrista miniata*（Forster）

分布：中国浙江（景宁、百山祖）、黑龙江、辽宁、内蒙古、河北、山西、四川；朝鲜、日本、欧洲。

25. 东方美苔蛾 *Miltochrista orientalis* Daniel

分布：中国浙江（景宁、龙王山、莫干山、天目山、杭州、临安、镇海、遂昌、庆元）、河南、陕西、湖北、江西、海南、福建、台湾、广东、广西、四川、云南、西藏；尼泊尔。

26. 朱美苔蛾 *Miltochrista pulchra* Butler

寄主：中国茶、胡麻、苔藓。

分布：中国浙江（景宁、龙王山、天目山、古田山、百山祖、杭州、临安、上虞、嵊州、东阳、丽水、缙云、云和、龙泉、庆元、泰顺）、黑龙江、吉林、辽宁、内蒙古、河北、山东、河南、陕西、江苏、湖北、江西、福建、广西、四川、云南；朝鲜、日本。

27. 优美苔蛾 *Miltochrista striata* Bremer *et* Grey

寄主：地衣、大豆、豇豆、松。

分布：中国浙江（景宁、龙王山、天目山、古田山、百山祖、湖州、长兴、安吉、德清、嘉兴、平湖、杭州、临安、桐庐、淳安、慈溪、镇海、奉化、宁海、丽水、缙云、遂昌、云和、龙泉、庆元）、吉林、河北、山东、河南、陕西、甘肃、江苏、湖北、江西、湖南、福建、广东、海南、广西、四川、云南；日本。

28. 端黑美苔蛾 *Miltochrista terminifusca* （Daniel）

分布：中国浙江（景宁、百山祖、开化、庆元）、福建、广西、四川。

29. 之美苔蛾 *Miltochrista zicazac* （Walker）

分布：中国浙江（景宁、天目山、百山祖、杭州、临安、桐庐、奉化、仙居）、河南、陕西、山西、江苏、湖北、江西、湖南、福建、广东、广西、四川、云南、台湾。

30. 掌痣苔蛾 *Stigmatophora palmata* （Moore）

分布：中国浙江（景宁、龙王山、天目山、古田山、临安、龙泉）、湖北、江西、湖南、广东、广西、四川、云南、西藏；印度、喜马拉雅西北。

31. 黄痣苔蛾 *Stigmatophora flava* （Bremer *et* Grey）

寄主：玉米、桑、高粱、牛毛毡。

分布：中国浙江（景宁、天目山、百山祖、长兴、德清、杭州、临安、桐庐、鄞州、奉化、象山、嵊泗、仙居、黄岩、丽水）、黑龙江、吉林、辽宁、内蒙古、河北、山西、山东、河南、甘肃、陕西、新疆、江苏、湖北、江西、湖南、福建、台湾、广东、四川、贵州、云南；朝鲜、日本。

32. 两色颚苔蛾 *Strysopha postmaculosa* （Matsumura）

分布：中国浙江（景宁、杭州、天目山、庆元、乐清、平阳）、福建、广东、台湾、四川。

33. 圆斑苏苔蛾 *Thysanoptyx signata* （Walker）

分布：中国浙江（景宁、天目山、百山祖、临安、桐庐、奉化、天台、龙泉、庆元）、福建、湖北、江西、湖南、广西、四川、云南。

34. 长斑苏苔蛾 *Thysanoptyx tetragona* （Walker）

分布：中国浙江（景宁、百山祖、临安、淳安、丽水、遂昌、龙泉、庆元）、江西、湖南、福建、台湾、广东、海南、广西、四川、云南、西藏；尼泊尔、印度、印度尼西亚。

(二十三) 灯蛾亚科 Arctiinae

姜楠、程瑞、班晓双、薛大勇（中国科学院动物研究所）

1. 大丽灯蛾 *Aglaomorpha histrio*（Walker）

寄主：杉、油茶。

分布：中国浙江（景宁、龙王山、莫干山、百山祖、开化、江山、丽水、龙泉、庆元）、江苏、吉林、安徽、湖北、江西、湖南、福建、台湾、广西、四川、贵州、云南；朝鲜、日本、俄罗斯。

2. 红缘灯蛾 *Aloa lactinea*（Cramer）

寄主：玉米、大豆、棉、芝麻、高粱、桑、胡麻、柿、柳、黑荆树、乌桕、向日葵、绿豆、紫穗槐。

分布：中国浙江、辽宁、河北、山西、山东、河南、陕西、江苏、安徽、福建、湖北、江西、湖南、广东、海南、广西、四川、云南、西藏、台湾；尼泊尔、缅甸、印度、越南、日本、朝鲜、斯里兰卡、印度尼西亚。

3. 白雪灯蛾 *Chionarctia niveua*（Ménétriès）

寄主：大豆、麦、车前、蒲公英、黍。

分布：中国浙江（景宁、安吉、龙王山、临安、桐庐、新昌、上虞、奉化、东阳、开化、丽水、缙云、百山祖）、黑龙江、吉林、辽宁、内蒙古、河北、山东、河南、陕西、湖北、江西、湖南、福建、广西、四川、贵州、云南；朝鲜、日本。

4. 黑条灰灯蛾 *Creatonotos gangis*（Linnaeus）

寄主：桑、茶、柑橘、大豆、甘蔗。

分布：中国浙江（景宁、龙王山、百山祖、雁荡山、长兴、安吉、德清、平湖、建德、嵊州、新昌、余姚、三门、普陀、义乌、永康、天台、临海、黄岩、温岭、玉环、开化、常山、丽水、遂昌、云和、温州、平阳）、辽宁、河南、江苏、安徽、湖北、江西、湖南、福建、台湾、广东、海南、广西、四川、云南、西藏；越南、缅甸、印度、尼泊尔、巴基斯坦、斯里兰卡、马来西亚、印度尼西亚、新加坡、澳大利亚。

5. 八点灰灯蛾 *Creatonotos transiens*（Walker）

寄主：桑、茶、水稻、柑橘、油茶、甘薯、无花果、乌桕、悬铃木。

分布：中国浙江、山西、山东、河南、陕西、江苏、上海、安徽、湖北、江西、湖南、广东、海南、广西、福建、台湾、广东、四川、贵州、云南、西藏；越南、缅甸、印度、菲律宾、印度尼西亚。

6. 漆黑望灯蛾 *Lemyra infernalis*（Butler）

寄主：桃、李、桑、樱桃、柳。

分布：中国浙江（景宁、龙王山、天目山、百山祖、岱山、淳安、兰溪、丽水、遂昌、青田、云和、庆元）、辽宁、北京、河北、陕西、湖北、湖南；日本。

7. 粉蝶灯蛾 *Nyctemera adversata*（Schaller）

寄主：柑橘、菊科、无花果、狗舌草。

分布：中国浙江（景宁、龙王山、百山祖、长兴、杭州、建德、淳安、余姚、定海、临海、温岭、常山、丽水、缙云、遂昌、青田、云和、龙泉、庆元、平阳）、内蒙古、北京、河南、江苏、湖北、江西、湖南、福建、台湾、广东、海南、广西、四川、云南、西藏；日本、缅甸、印度、马来西亚、印度尼西亚、尼泊尔。

8. 肖浑黄灯蛾 *Rhyparioides amurensis*（Bremer）

寄主：栎、柳、榆、蒲公英、染料木。

分布：中国浙江（景宁、莫干山、天目山、安吉、新昌、鄞州、慈溪、余姚、镇海、奉化、象山、三门、东阳、武义、天台、仙居、临海、黄岩、温岭、玉环、龙泉、庆元、泰顺）、黑龙江、吉林、辽宁、内蒙古、河北、山西、山东、河南、陕西、江苏、湖北、江西、湖南、福建、广西、云南、四川；日本、朝鲜。

9. 红点浑黄灯蛾 *Rhyparioides subvarius*（Walker）

分布：中国浙江（景宁、天目山、长兴、杭州、临安、奉化、天台、丽水、缙云、遂昌、云和、龙泉、庆元）、内蒙古、北京、天津、河北、山西、安徽、湖北、江西、湖南、福建、广东、四川；朝鲜、日本。

10. 黑须污灯蛾 *Spilarctia casigneta*（Kollar）

分布：中国浙江（景宁、莫干山、天目山、古田山、百山祖）、陕西、湖北、湖南、福建、广西、四川、云南、西藏；克什米尔。

11. 强污灯蛾 *Spilarctia robusta*（Leech）

分布：中国浙江（景宁、天目山、百山祖、杭州、临安、仙居、庆元）、北京、陕西、河北、山东、江苏、福建、湖北、江西、湖南、广东、四川、云南。

12. 红线污灯蛾 *Spilarctia rubilinea*（Moore）

分布：中国浙江（景宁、百山祖）、四川、西藏；缅甸、印度、尼泊尔、不丹。

13. 斜带污灯蛾 *Spilarctia rubitincta*（Moore）

分布：中国浙江（景宁、百山祖）、陕西、云南。

14. 连星污灯蛾 *Spilarctia seriatopunctata*（Motschulsky）

分布：中国浙江（景宁、宁波、江山、庆元）。

15. 点污灯蛾 *Spilarctia stigmata*（Moore）

分布：中国浙江（景宁、百山祖）、四川、云南、西藏；印度。

16. 人纹污灯蛾 *Spilarctia subcarnea*（Walker）

寄主：桑、十字花科、豆类、木槿、榆、杨、柳、柿、槐。

分布：中国浙江、黑龙江、吉林、辽宁、内蒙古、北京、天津、河北、山西、山东、河南、甘肃、陕西、江苏、上海、安徽、湖北、江西、湖南、福建、台湾、广东、广西、四川、贵州、云南；朝鲜、日本、菲律宾。

17. 净雪灯蛾 *Spilosoma album*（Bremer *et* Grey）

分布：中国浙江（景宁、龙泉）、河北、陕西、江西、福建、湖北、湖南、四川、云南；朝鲜。

18. 星白雪灯蛾 *Spilosoma menthastri*（Esper）

寄主：甜菜、薄荷、蒲公英、蓼、桑、青冈、木槿、马尾松、油茶、悬铃木。

分布：中国浙江（景宁、龙王山、莫干山、长兴、安吉、嘉善、杭州、余杭、临安、绍兴、上虞、嵊州、新昌、鄞州、慈溪、余姚、三门、定海、岱山、普陀、义乌、永康、天台、仙居、临海、黄岩、温岭、玉环、常山、丽水、缙云、庆元、温州）、黑龙江、吉林、辽宁、内蒙古、河北、河南、陕西、江苏、安徽、湖北、江西、湖南、福建、四川、贵州、云南；朝鲜、日本、欧洲。

19. 红星雪灯蛾（红星灯蛾、点纹红灯蛾） *Spilosoma punctarium*（Stoll）

寄主：甘蓝、萝卜、棉、桑。

分布：中国浙江（景宁、天目山、杭州、宁波、鄞州、定海、丽水、庆元、永嘉）、黑龙江、广西、吉林、辽宁、北京、陕西、江苏、安徽、湖北、江西、湖南、台湾、四川、贵州、云南；日本、俄罗斯（西伯利亚）、朝鲜。

20. 洁雪灯蛾 *Spilosoma pura* Leech

分布：中国浙江（景宁、百山祖）、陕西、四川、贵州、云南。

（二十四）鹿蛾科 Clenuchidae（Amatidae）

1. 广鹿蛾 *Amata emma*（Butler）

分布：中国浙江（景宁、天目山、百山祖、德清、建德、淳安、嵊州、新昌、余姚、金华、浦江、义乌、东阳、永康、武义、兰溪、天台、衢州、开化、常山、江山、遂昌）、河北、山东、河南、陕西、江苏、湖北、江西、湖南、福建、台湾、广东、广西、四川、贵州、云南；日本、缅甸、印度。

2. 茶鹿蛾 *Amata fortunei* de Lorza

寄主：白栎、山苍子、茶。

分布：中国浙江（景宁、鄞州、宁海、丽水、龙泉）。

3. 蕾鹿蛾 *Amata germana*（Felder）

寄主：茶、桑、蓖麻、柑橘、油茶、白栎、黑荆树。

分布：中国浙江（景宁、龙王山、莫干山、湖州、安吉、平湖、海宁、绍兴、诸暨、镇海、鄞州、慈溪、奉化、象山、定海、岱山、普陀、武义、丽水、缙云、遂昌、青田、云和、龙泉、庆元、温州）、黑龙江、吉林、辽宁、内蒙古、山东、江苏、上海、安徽、江西、湖南、福建、广东、海南、广西、四川、云南；日本、印度尼西亚。

4. 明鹿蛾 *Amata lucerna*（Wileman）

分布：中国浙江（景宁、莫干山、百山祖）、台湾、四川、云南、西藏。

5. 牧鹿蛾 *Amata pascus*（Leech）

寄主：松、胡桃、榆、柏。

分布：中国浙江（景宁、莫干山、天目山、百山祖、上虞、云和、龙泉）、陕西、江苏、湖北、江西、湖南、福建、广西、四川、西藏。

（二十五）虎蛾科 Agaristidae

1. 日龟虎蛾 *Chelonomorpha japona* Motschulsky

分布：中国浙江（景宁、百山祖、杭州、丽水）、福建、广东、西南；日本。

2. 选彩虎蛾 *Episteme lectrix*（Linnaeus）

分布：中国浙江（景宁、莫干山、庆元）、湖北、江西、台湾、四川、贵州、云南。

3. 葡萄修虎蛾 *Sarbanissa subflava* (Moore)

寄主：葡萄、爬山虎。

分布：中国浙江（景宁、莫干山、古田山、杭州、临安、普陀、天台、缙云、庆元）、黑龙江、辽宁、河北、山东、湖北、广东、江西、贵州；日本、朝鲜。

4. 艳修虎蛾 *Seudyra venusta* Leech

寄主：葡萄。

分布：中国浙江（景宁、杭州、淳安、镇海、龙泉、温州）。

（二十六）夜蛾科 Noctuidae

姜楠[1]、程瑞[1]、韩辉林[2]（1.中国科学院动物研究所；2.东北林业大学）

1. 两色绮夜蛾 *Acontia bicolora* Leech

寄主：扶桑。

分布：中国浙江（景宁、龙王山、百山祖、德清、杭州、临安、余姚、奉化、天台、常山、庆元）、河北、山东、河南、江苏、湖北、江西、湖南、福建、贵州；朝鲜、日本。

2. 桃剑纹夜蛾 *Acronicta intermedia* Warren

寄主：杨、榆、柑橘、梨、苹果、胡桃、桃、樱桃、梅、杏、李、柳。

分布：中国浙江（景宁、百山祖、湖州、长兴、德清、建德、嘉善、平湖、桐乡、临安、淳安、慈溪、余姚、宁海、岱山、东阳、温州、乐清、永嘉、瑞安、洞头、文成、平阳、泰顺）、河北、青海、湖北、湖南、福建、四川、云南、西藏；朝鲜、日本。

3. 梨剑纹夜蛾 *Acronicta rumicis* (Linnaeus)

寄主：李、苹果、桑、玉米、十字花科、棉、豌豆、大豆、蚕豆、向日葵、泡桐、乌桕、蓼、梨、桃、山楂、梅、柳、悬钩子。

分布：中国浙江、黑龙江、辽宁、河北、山东、新疆、江苏、湖北、江西、湖南、福建、四川、贵州、云南；朝鲜、日本、印度、叙利亚、土耳其、欧洲。

4. 小地老虎 *Agrotis ipsilon* (Hufnagel)

寄主：棉、芝麻、花生、向日葵、豆类、油菜、麦类、甘薯、芋、茶、甜菜、菠菜、洋葱、辣椒、茄、番茄、胡萝卜、大蒜、瓜类、梨、桃、柑橘、葡萄、桑、槐、苜蓿、生地、当归、大黄、松、杉、柏、杨、苎麻、蓖麻、泡桐、紫云英、桂花、悬铃木、槭、樟、罗汉松、菊、一串红、百日草、雏菊、石竹、玉米、高粱、烟草、麻、马铃薯、椴、水曲柳。

分布：中国浙江及全国各地广布；世界广布。

5. 灰地老虎 *Agrotis lanescens*（Butler）

寄主：槭。

分布：中国浙江（景宁、莫干山、百山祖、杭州、丽水、云和、庆元）。

6. 黄斑研夜蛾 *Aletia flavostigma*（Bremer）

分布：中国浙江（景宁、天目山、百山祖、德清、杭州、临安）、黑龙江、江苏、湖南、福建、江西、云南；日本、朝鲜、印度、俄罗斯。

7. 暗杂夜蛾 *Amphipyra erebina* Butler

分布：中国浙江（景宁、百山祖）、黑龙江、湖北、湖南、云南；朝鲜、日本。

8. 匀杂夜蛾 *Amphipyra tripartita* Butler

分布：中国浙江（景宁、百山祖）、湖北、湖南、四川、贵州；朝鲜、日本。

9. 后案夜蛾 *Analetia postica* Hampson

分布：中国浙江（景宁、龙王山、百山祖、安吉、德清、临安、龙泉、庆元）、湖北、江西；日本。

10. 葫芦夜蛾 *Anadevidia peponis*（Fabricius）

寄主：葫芦科。

分布：中国浙江（景宁、百山祖、嘉兴、嘉善、桐乡、杭州、余杭、临安、萧山、富阳、慈溪、天台、仙居、丽水、庆元）及全国各地广布；俄罗斯、日本、印度、斯里兰卡、印度尼西亚、大洋洲。

11. 小桥夜蛾 *Anomis flava*（Fabricius）

寄主：秋葵、大豆、绿豆、黄麻、柑橘、棉、木槿、蜀葵、冬苋菜、烟草、木耳菜、石榴。

分布：中国浙江（景宁、龙王山、莫干山、百山祖、湖州、德清、嘉兴、杭州、余杭、临安、桐庐、淳安、慈溪、余姚、镇海、宁海、象山、三门、普陀、金华、天台、仙居、临海、黄岩、温岭、玉环、常山、丽水、缙云、温州、永嘉），全国棉区广布（内蒙古、宁夏、青海、甘肃除外）；亚洲其他国家、欧洲、非洲。

12. 超桥夜蛾 *Anomis fulvida* Guenee

寄主：棉、木槿、梨、李、柑橘。

分布：中国浙江（景宁、龙王山、莫干山、德清、平湖、杭州、余杭、临安、建德、淳安、三门、定海、普陀、东阳、天台、仙居、临海、黄岩、温岭、玉环、龙泉、乐清、永嘉、瑞安、洞头、平阳）、山东、福建、湖北、江西、湖南、广东、四川、云南；缅甸、印度、斯里兰卡、印度尼西亚、大洋洲、美洲。

13. 中桥夜蛾 *Anomis mesogona* Walker

寄主：红悬钩、醋栗、棉、木芙蓉、柑橘、梨、李、桃。

分布：中国浙江（景宁、莫干山、古田山、百山祖、长兴、德清、杭州、临安、鄞州、天台、黄岩、庆元）、北京、黑龙江、辽宁、河北、山东、江苏、江西、河南、湖北、湖南、福建、广东、海南、贵州、云南；朝鲜、日本、缅甸、印度、斯里兰卡、马来西亚、印度尼西亚。

14. 巨桥夜蛾 *Anomis maxima* Berio，1956

分布：中国浙江（景宁、磐安）、甘肃、陕西、江苏、广东。

15. 连桥夜蛾 *Anomis combinans*（Walker，1858）

分布：中国浙江（景宁、余姚）、陕西、湖北、广东；斯里兰卡、印度尼西亚、澳大利亚。

16. 烦夜蛾（甘薯按夜蛾、甘薯黑褐夜蛾）*Anophia leucomelas* Linnaeus

寄主：甘薯。

分布：中国浙江（景宁、百山祖、庆元）、台湾、四川、广东；俄罗斯、日本、印度、伊朗、阿尔及利亚、欧洲南部。

17. 桔安纽夜蛾 *Anua triphaenoides*（Walker）

寄主：柑橘、李、梅、桃、梨、枇杷。

分布：中国浙江（景宁、龙王山、莫干山、百山祖、德清、临安、萧山、建德、淳安、慈溪、余姚、普陀、临海、浦江、天台、仙居、黄岩、温岭、玉环、丽水、缙云、云和、龙泉、庆元、温州）、江西、湖南、台湾、广东、云南；缅甸、印度。

18. 月殿尾夜蛾 *Anuga lunulata* Moore

分布：中国浙江（景宁、百山祖、杭州、余杭）、河南、西藏、湖南、福建、四川、云南。

19. 折纹殿尾夜蛾 *Anuga multiplicans* （Walker）

分布：中国浙江（景宁、莫干山、古田山、长兴、德清、杭州、临安、镇海、奉化、龙泉、庆元）、河南、湖南、福建、广东、海南、四川、贵州、云南、西藏；马来西亚、缅甸、印度、斯里兰卡、新加坡、孟加拉国。

20. 笋秀夜蛾 *Apamea apameoides* （Draudt）

寄主：竹。

分布：中国浙江（景宁、龙王山、莫干山、百山祖、庆元）、湖南、河南；日本。

21. 云薄夜蛾 *Araeognatha nubiferalis* Leech

分布：中国浙江（景宁、百山祖、长兴、德清、杭州、临安、奉化、仙居、常山、庆元）。

22. 银纹夜蛾 *Argyrogramma agnata* （Staudinger）

寄主：四季豆、大豆、十字花科、泡桐、水蓼、竹、黑荆树、油桐、棉、甘薯、马铃薯、蜀葵。

分布：中国浙江及全国各地广布；俄罗斯、朝鲜、日本。

23. 白条银纹夜蛾 *Argyrogramma albostriata* （Bremer et Grey）

寄主：桃、苹果、加拿大蓬、艾、蒿。

分布：中国浙江（景宁、百山祖、杭州、临安、桐庐、淳安、鄞州、余姚、镇海、常山、云和、温州、平阳）、黑龙江、河北、陕西、湖北、湖南、福建、广东；朝鲜、日本、印度、印度尼西亚、大洋洲、非洲。

24. 中爱丽夜蛾 *Ariolica chinensis* Swinhoe

分布：中国浙江（景宁、古田山、百山祖、临安）、湖南、四川。

25. 满丫纹夜蛾 *Autographa mandarina* Freyer

寄主：胡萝卜。

分布：中国浙江（景宁、百山祖）、黑龙江、河北；俄罗斯、日本。

26. 朽木夜蛾 *Axylia putris* （Linnaeus）

寄主：繁缕、缤藜、车前。

分布：中国浙江（景宁、龙王山、百山祖、德清、杭州、临安、淳安、嵊州、新昌、鄞州、定海、普陀、浦江、常山、丽水、缙云、遂昌、云和、温州）、黑龙江、河北、山西、新疆、湖南、云南；朝鲜、日本、印度、欧洲。

27. 枫杨癣皮蛾 *Blenina quinaria* Moore

寄主：枫杨。

分布：中国浙江（景宁、天目山、百山祖、长兴、德清、杭州、嵊泗、丽水、缙云、庆元）、陕西、安徽、湖北、江西、湖南、海南、四川、云南、西藏；印度。

28. 柿癣皮夜蛾 *Blenina senex*（Butler）

寄主：柿。

分布：中国浙江（景宁、龙王山、莫干山、百山祖、德清、杭州、临安、奉化、三门、定海、天台、临海、丽水、龙泉、庆元、平阳、泰顺）、江苏、江西、湖南、福建、广西、四川、云南；朝鲜、日本。

29. 白线尖须夜蛾 *Bleptina albolinealis* Leech

分布：中国浙江（景宁、莫干山、百山祖、长兴、德清、杭州、临安、建德、淳安、余姚、奉化、象山、仙居、庆元）、江西、四川。

30. 淡缘波夜蛾 *Bocana marginata*（Leech）

分布：中国浙江（景宁、临安、云和、庆元）、江西、湖南、福建、贵州。

31. 满卜夜蛾（满卜馍夜蛾）*Bomolocha mandarina*（Leech）

分布：中国浙江（景宁、龙王山、莫干山、百山祖）、湖北、湖南、福建、西藏、四川、云南等；日本。

32. 张卜夜蛾（张卜馍夜蛾）*Bomolocha rhombalis*（Guenee）

分布：中国浙江（景宁、百山祖、安吉、德清、杭州、临安、桐庐、嵊州、奉化、天台、遂昌）、河南、福建、江苏、湖北、湖南、广西、重庆、四川、贵州、云南、西藏；缅甸、印度。

33. 污卜夜蛾 *Bomolocha squalida* Butler

分布：中国浙江（景宁、临安、淳安、余姚、奉化、鄞州、丽水、缙云、云和、龙泉、庆元、温州）。

34. 阴卜夜蛾 *Bomolocha stygiana*（Butler）

分布：中国浙江（景宁、百山祖）、江西、湖南、西藏；朝鲜、日本。

35. 胞短栉夜蛾（短栉夜蛾）*Brevipecten consanguis* Leech

寄主：扶桑、朴、田麻。

分布：中国浙江（景宁、四明山、长兴、德清、临安、淳安、慈溪、嵊泗、普陀、常山、丽水、龙泉）。

36. 弧角散纹夜蛾 *Callopistria duplicans*（Walker）

寄主：海金沙。

分布：中国浙江（景宁、莫干山、百山祖、德清、杭州、临安、建德、天台、黄岩、丽水、遂昌、云和、庆元、乐清、平阳）、山东、江苏、江西、福建、台湾、海南、四川；朝鲜、日本、缅甸、印度。

37. 散纹夜蛾 *Callopistria juventina*（Cramer）

寄主：蕨。

分布：中国浙江（景宁、龙王山、莫干山、古田山、湖州、长兴、德清、平湖、杭州、余杭、临安、淳安、鄞州、定海、普陀、天台、玉环、缙云、龙泉、永嘉、瑞安、洞头、泰顺）、黑龙江、河南、江苏、湖北、江西、湖南、福建、海南、广西、四川；日本、印度、欧洲、美洲。

38. 红晕散纹夜蛾 *Callopistria repleta* Walker

分布：中国浙江（景宁、龙王山、古田山、百山祖、长兴、平湖、杭州、临安、桐庐、淳安、慈溪、余姚、镇海、奉化、象山、普陀、仙居、龙泉、庆元）、黑龙江、山西、河南、陕西、湖北、湖南、福建、海南、广西、云南、四川；俄罗斯（西伯利亚）、朝鲜、日本、印度。

39. 疖角壶夜蛾（壶夜蛾）*Calyptra minuticornis*（Guenee）

寄主：千金藤、木防己、柑橘。

分布：中国浙江（景宁、百山祖、杭州、建德、新昌、黄岩、缙云、温州）、辽宁、河北、河南、福建、广东、四川、云南；印度、斯里兰卡、印度尼西亚、俄罗斯。

40. 壶夜蛾 *Calyptra thalictri*（Borkhausen）

寄主：唐松草、柑橘、梨、桃、葡萄。

分布：中国浙江（景宁、龙王山、百山祖、杭州、兰溪）、黑龙江、辽宁、河北、山东、河南、新疆、福建、四川、云南；日本、朝鲜、欧洲。

41. 鸱裳夜蛾 *Catocala patala* Felder *et* Rogenhofer

寄主：梨、藤叶。

分布：中国浙江（景宁、龙王山、天目山、百山祖、德清、杭州、临安、淳安、余姚、镇海、奉化、兰溪、云和、龙泉）、黑龙江、河南、宁夏、湖北、江西、湖南、福建、四川、云南；日本、缅甸、印度。

42. 圣光裳夜蛾 *Catocala nagioides* （Chen，1999）

分布：中国浙江（景宁）、甘肃、湖北。

43. 中带三角夜蛾 *Chalciope geometrica* Fabricius

寄主：馒头果、叶下珠、石榴、柑橘、悬钩子、蓖麻、蓼、乌桕、无患子、水稻、花生、大豆。

分布：中国浙江（景宁、百山祖、杭州、临安、淳安、金华、兰溪、黄岩、常山、丽水、遂昌、云和、庆元、温州、平阳）、湖北、湖南、台湾、广东、四川、云南；缅甸、印度、越南、新加坡、斯里兰卡、印度尼西亚、伊朗、土耳其、南太平洋诸岛、欧洲、大洋洲、非洲。

44. 融卡夜蛾 *Cherotis deplanata* （Eversmann）

分布：中国浙江（景宁、百山祖）、黑龙江、河北、青海、新疆；俄罗斯。

45. 客来夜蛾 *Chrysorithrum amata* Bremer et Grey

寄主：胡枝子、梨。

分布：中国浙江（景宁、龙王山、百山祖、长兴、新昌、余姚、东阳、丽水、遂昌、云和、庆元、永嘉）、黑龙江、内蒙古、辽宁、山东、陕西、云南；朝鲜、日本。

46. 胸须夜蛾 *Cidariplura gladiata* Butler

分布：中国浙江（景宁、天目山、古田山、百山祖、杭州、桐庐）、湖北、湖南、福建、四川；日本。

47. 红衣夜蛾 *Clethrophora distincta* （Leech）

分布：中国浙江（景宁、古田山、百山祖、杭州、临安、天目山）、湖北、湖南、福建、台湾、云南、西藏；朝鲜、日本、印度、印度尼西亚。

48. 苎麻夜蛾 *Cocytodes coerula* （Guenee）

寄主：苎麻、黄麻、荨麻、亚麻、椿、柑橘、槠、黑荆树、泡桐、大豆。

分布：中国浙江、河北、湖北、江西、湖南、福建、广东、四川、云南；日本、印度、斯里兰卡、太平洋南部若干岛屿。

49. 印度康夜蛾 *Conservula indica* （Moore）

分布：中国浙江（景宁、百山祖）、湖南、四川、云南、西藏；印度。

50. 中华康夜蛾 *Conservula sinensis* Hampson

分布：中国浙江（景宁、百山祖、龙泉）、湖北、云南。

51. 柑橘孔夜蛾 *Corgatha dictaria*（Walker）

寄主：柑橘。

分布：中国浙江（景宁、龙王山、德清、杭州、鄞州、丽水、缙云、云和、庆元）、江苏、四川；日本。

52. 昭孔夜蛾 *Corgatha nitens*（Butler）

寄主：柑橘、地衣。

分布：中国浙江（景宁、百山祖、临安、仙居、常山、庆元、瑞安）、江苏、江西；日本。

53. 毛首夜蛾 *Craniophora inquieta* Draudt

分布：中国浙江（景宁、天目山、百山祖）、黑龙江、河北；俄罗斯（西伯利亚）、日本。

54. 重冬夜蛾 *Cucullia duplicata* Staudinger

分布：中国浙江（景宁、百山祖）、内蒙古、宁夏、青海、新疆、西藏；蒙古。

55. 三斑蕊夜蛾 *Cymatophoropsis trimaculata*（Bremer）

寄主：鼠李。

分布：中国浙江（景宁、龙王山、百山祖、湖州、长兴、德清、临安、淳安、慈溪、余姚、宁海、兰溪、天台、丽水、龙泉、庆元、永嘉、瑞安、文成、泰顺）、黑龙江、河北、湖北、湖南、福建、广西、云南；俄罗斯（西伯利亚）、朝鲜、日本。

56. 中金弧夜蛾（中金翅夜蛾）*Diachrysia intermixta* Warren

寄主：胡萝卜、菊、蓟、车前、牛蒡。

分布：中国浙江（景宁、百山祖、桐庐、新昌、奉化、永康、天台、庆元）、河北、山东、陕西、湖南、福建、四川；越南、印度、印度尼西亚。

57. 明歹夜蛾 *Diarsia albipennis* Butler

分布：中国浙江（景宁、天目山、百山祖）、陕西、江西、福建、云南；印度。

58. 红尺夜蛾 *Dierna timandra* Alphéraky，1897

分布：中国浙江（景宁、余姚、江山）、黑龙江、吉林、河北、河南、甘肃、陕西、湖北、湖南；日本、朝鲜。

59. 曲带双衲夜蛾（双纳夜蛾） *Dinumma deponens* Walker

寄主：樱桃、大叶合欢。

分布：中国浙江（景宁、莫干山、天目山、百山祖、长兴、德清、平湖、临安、桐庐、淳安、江山、丽水、缙云、龙泉、庆元）、山东、河北、河南、江苏、江西、湖南、福建、广东、广西、云南；朝鲜、日本、印度。

60. 狄夜蛾 *Diomea rotandata* Walker

分布：中国浙江（景宁、百山祖）、西藏；印度、斯里兰卡。

61. 月牙巾夜蛾 *Dysqonia analis*（Guenee）

分布：中国浙江（景宁、古田山、百山祖、湖州、德清、杭州、临安、建德、鄞州、永嘉）、湖北、广东、云南；缅甸、印度、斯里兰卡、印度尼西亚。

62. 小直巾夜蛾 *Dysqonia dulcis* Butler

分布：中国浙江（景宁、百山祖、湖州、安吉、德清、杭州、余姚、鄞州、宁海、常山、丽水、缙云、青田）、河北、湖北、湖南；朝鲜、日本。

63. 鼎点钻夜蛾 *Earias cupreoviridis*（Walker）

寄主：棉、蜀葵、木棉、木槿、冬葵、黄花稔、向日葵、蒲公英、麻类、茄、玄参、柿、冬苋菜、黄秋葵。

分布：中国浙江（景宁、龙王山、杭州、临安、萧山、上虞、嵊州、新昌、宁波、慈溪、余姚、普陀、金华、东阳、永康、兰溪、天台、仙居、丽水、缙云、云和、龙泉、平阳）、河南、江苏、湖北、湖南、台湾、广东、四川、云南、西藏；日本、朝鲜、印度、印度尼西亚、斯里兰卡、非洲。

64. 粉缘钻夜蛾 *Earias pudicana* Staudinger

寄主：柳、杨。

分布：中国浙江（景宁、龙王山、莫干山、百山祖、长兴、德清、杭州、余杭、临安、萧山、鄞州、余姚、天台、临海、仙居、丽水、缙云、云和、龙泉、庆元、温州、永嘉）、黑龙江、辽宁、河北、山西、山东、河南、宁夏、江苏、湖北、江西、湖南、福建、四川；日本、印度、俄罗斯、朝鲜。

65. 玫斑钻夜蛾 *Earias roseifera* Butler

寄主：杜鹃。

分布：中国浙江（景宁、百山祖、金华、兰溪、江山）、黑龙江、河北、江苏、湖北、江西、湖南、四川；日本、印度、越南。

66. 白肾夜蛾 *Edessena gentiusalis* Walker

分布：中国浙江（景宁、龙王山、古田山、百山祖、庆元、平阳）、湖北、湖南、福建、四川、云南、西藏；日本。

67. 钩白肾夜蛾（肾白夜蛾）*Edessena hamada* Felder *et* Rogenhofer

寄主：地衣、苔藓。

分布：中国浙江（景宁、杭州、临安、建德、淳安、余姚、奉化、天台、古田山、百山祖、文成）、河北、华东、江西；日本。

68. 旋夜蛾（臭椿皮蛾）*Eligma narcissus*（Gramer）

寄主：香椿、臭椿、桃。

分布：中国浙江（景宁、龙王山、天目山、百山祖、长兴、德清、海宁、杭州、余杭、桐庐、建德、淳安、绍兴、上虞、新昌、鄞州、宁海、定海、金华、天台、临海、常山、丽水、缙云、遂昌、云和、龙泉、温州、文成、平阳）、陕西、河北、山西、山东、湖北、江西、湖南、四川、河南、福建、云南；朝鲜、日本、印度、马来西亚、菲律宾、印度尼西亚。

69. 目夜蛾 *Erebus crepuscularis* Linnaeus，1758

分布：中国浙江（景宁、临安、余姚、磐安）、湖北、江西、广东、四川；日本、印度、斯里兰卡、缅甸、新加坡、印度尼西亚。

70. 玉线目夜蛾 *Erebus gemmans*（Guenee）

分布：中国浙江（景宁、百山祖）、四川、云南；印度、不丹。

71. 毛目夜蛾（毛魔目夜蛾）*Erebus pilosa*（Leech）

分布：中国浙江（景宁、龙王山、百山祖、临安、云和）、湖北、江西、福建、湖南、四川。

72. 二红猎夜蛾 *Eublemma dimidialis*（Fabricius）

寄主：豇豆、赤小豆。

分布：中国浙江（景宁、百山祖、杭州）、湖北、江西、湖南、福建、海南、台湾；日本、印度、斯里兰卡、印度尼西亚、大洋洲。

73. 艳叶夜蛾 *Eudocima salaminia* (Cramer)

寄主：蝙蝠、柑橘、桃、苹果、梨、黄皮、石榴、无花果。

分布：中国浙江（景宁、龙王山、莫干山、百山祖、杭州、临海、温岭、开化、丽水、洞头、文成、平阳）、江西、福建、台湾、广东、广西、云南；印度、大洋洲、南太平洋诸岛、非洲。

74. 白边切夜蛾（白边切根虫）*Euxoa oberthuri* (Leech)

寄主：杨、柳、高粱、玉米、甜菜、苦荬菜、苍耳、车前。

分布：中国浙江（景宁、新昌、鄞州、嵊泗、东阳、丽水、龙泉）。

75. 宏遗夜蛾 *Fagitana gigantea* Draudt

分布：中国浙江（景宁、江山、丽水、庆元）、陕西、黑龙江、云南；日本。

76. 霜夜蛾（燎夜蛾）*Gelastocera exusta* Butler

分布：中国浙江（景宁、莫干山、天目山、百山祖、开化）、湖北、湖南、海南、西藏、四川、福建；朝鲜、日本。

77. 棉铃实夜蛾（棉铃虫）*Heliothis armigera* (Hubner)

寄主：番茄、辣椒、茄、芝麻、万寿菊、向日葵、南瓜、苘麻、苜蓿、苹果、梨、柑橘、葡萄、桃、李、无花果、草莓、青麻、亚麻、蓖麻、黑荆树、高粱、大豆、烟、木槿、棉、玉米、小麦、泡桐。

分布：中国浙江（景宁、龙王山、百山祖）；世界广布。

78. 烟实夜蛾（烟草青虫、烟夜蛾）*Heliothis assulta* Guenee

寄主：烟、棉、麻、玉米、茄、番茄、辣椒、南瓜、大豆、苎麻、向日葵、甘薯、马铃薯、蕹菜、木槿、泡桐、万寿菊、香石竹、石竹。

分布：中国浙江（景宁、长兴、德清、嘉善、平湖、桐乡、海盐、杭州、临安、萧山、淳安、宁波、慈溪、余姚、镇海、奉化、宁海、象山、普陀、永康、天台、丽水、缙云、龙泉、云和、庆元、永嘉、平阳）。

79. 粉翠夜蛾 *Hylophilodes orientalis* (Hampson)

寄主：栎。

分布：中国浙江（景宁、龙王山、莫干山、天目山、古田山、百山祖、杭州、临安、建德、奉化、仙居、庆元）、四川、福建；印度。

80. 太平粉翠夜蛾 *Hylophilodes tsukusensis* Nagano

分布：中国浙江（景宁、古田山、德清、杭州、余姚、天台、仙居、庆元）；日本。

81. 豆鬏夜蛾 *Hypena tristalis* Lederer

寄主：大豆。

分布：中国浙江（景宁、天目山、鄞州、奉化、浦江、丽水、庆元）。

82. 鹰夜蛾 *Hypocala deflorata*（Fabricius）

寄主：柿、君迁子、梨。

分布：中国浙江（景宁、百山祖、杭州、临安、桐庐、建德、淳安、奉化、三门、天台、临海、丽水、温州、泰顺）、河北、湖北、江西、湖南、广东、四川、贵州、云南；日本、泰国、印度。

83. 苹梢鹰夜蛾 *Hypocala subsatura* Guenee

寄主：栎、苹果、柿、梨。

分布：中国浙江（景宁、龙王山、天目山、古田山、百山祖、长兴、德清、慈溪）、辽宁、内蒙古、河北、山东、河南、甘肃、陕西、江苏、湖北、江西、湖南、福建、台湾、广东、海南、云南、西藏；日本、印度、孟加拉国。

84. 变色夜蛾 *Hypopyra vespertilio*（Fabricius，1787）

分布：中国浙江（景宁）、江苏、江西、广东、云南；日本、印度、缅甸、印度尼西亚。

85. 蓝条夜蛾 *Ischyja manlia*（Cramer）

寄主：樟、榄仁树。

分布：中国浙江（景宁、天目山、百山祖、德清、杭州、临安、奉化、黄岩、丽水、遂昌、龙泉、庆元）、山东、江西、湖南、广东、广西、云南、海南、福建；缅甸、印度、斯里兰卡、菲律宾、印度尼西亚。

86. 桔肖毛翅夜蛾 *Lagoptera dotata* Fabricius

寄主：柑橘、桃、梨、苹果。

分布：中国浙江（景宁、莫干山、古田山、百山祖、德清、杭州、临安、桐庐、建德、淳安、新昌、奉化、宁海、三门、浦江、天台、仙居、临海、黄岩、温岭、玉环、丽水、缙云、云和、龙泉、温州、平阳）、湖北、江西、台湾、广东、四川、贵州；缅甸、印度、新加坡。

87. 肖毛翅夜蛾 *Lagoptera juno* (Dalman)

寄主：桦、李、木槿、柑橘、梨、桃、苹果。

分布：中国浙江（景宁、龙王山、莫干山、天目山、百山祖、丽水、遂昌、龙泉、庆元）、黑龙江、河南、辽宁、河北、湖北、江西、湖南、四川、云南；日本、印度。

88. 贪夜蛾（甜菜夜蛾、玉米夜蛾）*Laphygma exigua* Hubner

寄主：茄、葱、马铃薯、十字花科、番茄、豆类、棉、亚麻、洋麻、烟草、苜蓿、玉米、花生、芝麻、蓖麻、甘薯、胡萝卜、麦类、泡桐、侧柏、刺槐、水稻。

分布：中国浙江（景宁、杭州、余杭、临安、萧山、东阳、天台、常山、丽水、庆元、温州）。

89. 间纹德夜蛾 *Lepidodelta intermedia* (Bremer)

分布：中国浙江（景宁、龙王山、百山祖、湖州、长兴、安吉、德清、杭州、临安、建德、淳安、慈溪、余姚、镇海、三门、东阳、兰溪、天台、仙居、临海、黄岩、温岭、玉环、常山、丽水、缙云、庆元、乐清、永嘉、瑞安、洞头、文成、平阳、泰顺）、黑龙江、陕西、湖北、湖南、河南、四川、云南；朝鲜、日本、印度、斯里兰卡、非洲。

90. 仿劳粘夜蛾 *Leucania insecuta* Walker

分布：中国浙江（景宁、古田山、德清、杭州、龙泉、庆元）、河北、江苏、云南；日本。

91. 白脉粘夜蛾 *Leucania venalba* Moore

寄主：麦、高粱、玉米、水稻、甘蔗、豆、麻、乌桕。

分布：中国浙江（景宁、百山祖、长兴、余杭、临安、鄞州、慈溪、镇海、宁海、天台、丽水、遂昌、青田、云和、龙泉、庆元、温州、平阳）、河北、湖北、福建；印度、斯里兰卡、新加坡、大洋洲。

92. 稻俚夜蛾 *Lithacodia distinguenda* Staudinger

寄主：水稻。

分布：中国浙江（景宁、古田山、百山祖）、黑龙江、江西、福建；朝鲜、日本。

93. 虚俚夜蛾 *Lithacodia falsa* (Butler)

分布：中国浙江（景宁、百山祖）、江苏、江西、四川；日本。

94. 阴俚夜蛾 *Lithacodia stygia*（Butler）

寄主：竹、水稻。

分布：中国浙江（景宁、百山祖、长兴、德清、临安、奉化、仙居、庆元）、湖北、四川、福建；朝鲜、日本。

95. 玲瑙夜蛾 *Maliattha separata* Walker

分布：中国浙江（景宁、百山祖、平阳）、广东；缅甸、印度、斯里兰卡、印度尼西亚。

96. 大斑薄夜蛾 *Mecrdina subcostalis* Walker

分布：中国浙江（景宁、莫干山、百山祖、长兴、杭州、临安、淳安、鄞州、镇海、金华、丽水、缙云、遂昌、平阳）、河北、湖北、湖南、广西；朝鲜、日本。

97. 蚪目夜蛾 *Metopta rectifasciata* Menestcies

寄主：菝葜、牛尾菜、桃、梨、柑橘、枇杷。

分布：中国浙江（景宁、龙王山、古田山、湖州、长兴、德清、杭州、慈溪、镇海、奉化、宁海、东阳、黄岩、丽水、缙云、遂昌、龙泉、温州、乐清、永嘉、瑞安、平阳、泰顺）、湖南、河南、江苏、江西、福建、台湾；朝鲜、日本。

98. 妇毛胫夜蛾（奚毛胫夜蛾）*Mocis ancilla* Warren

寄主：葛。

分布：中国浙江（景宁、杭州、黄岩、淳安、余姚、普陀、义乌、丽水、遂昌、龙泉、温州）、黑龙江、河北、山东、河南、湖南、福建、江苏、江西；朝鲜、日本。

99. 懈毛胫夜蛾 *Mocis annetta* Butler

寄主：豆类。

分布：中国浙江（景宁、古田山、平湖、临安、永康、仙居、常山、丽水、云和、龙泉）、山东、福建、江苏、湖北、湖南、四川；朝鲜、日本。

100. 宽毛胫夜蛾 *Mocis laxa*（Walker）

分布：中国浙江（景宁、百山祖、东阳、丽水、云和）、河南、湖北、江西、湖南、云南；印度。

101. 鱼藤毛胫夜蛾 *Mocis undata*（Fabricius）

寄主：鱼藤、山蚂蝗、刺槐、花生、大豆、柑橘、梨、桃。

分布：中国浙江（景宁、龙王山、湖州、长兴、德清、平湖、杭州、余杭、临安、萧山、桐庐、建德、淳安、上虞、余姚、镇海、奉化、宁海、浦江、天台、黄岩、丽水、缙云、云和、龙泉、庆元、温州、永嘉）、河北、河南、江苏、江西、湖南、山东、贵州、福建、台湾、广东、云南；朝鲜、日本、缅甸、印度、斯里兰卡、新加坡、菲律宾、印度尼西亚、非洲。

102. 缤夜蛾 *Moma champa* Moore

寄主：柃木。

分布：中国浙江（景宁、百山祖）、内蒙古、山东、河南、新疆、宁夏、甘肃、陕西、青海、江苏、上海、安徽、湖北、江西、湖南、福建、广西、重庆、四川、云南、西藏；俄罗斯（西伯利亚）、日本、印度。

103. 黄颈缤夜蛾 *Moma fulvicollis* Lattin

寄主：栎、青冈。

分布：中国浙江（景宁、莫干山、百山祖、临安、余杭、丽水、缙云、云和、龙泉）、黑龙江、河北、四川、云南；日本。

104. 光腹夜蛾 *Mythimna turca* (Linnaeus)

分布：中国浙江（景宁、百山祖、德清、杭州、临安、定海、丽水、遂昌、龙泉、庆元）、黑龙江、河南、陕西、湖北、江西、湖南、四川、贵州、云南；日本、欧洲。

105. 绿孔雀夜蛾 *Nacna malachites* (Oberthür，1880)

分布：中国浙江（景宁）、黑龙江、辽宁、山西、河南、甘肃、陕西、福建、四川、云南、西藏；俄罗斯、日本、印度。

106. 稻螟蛉夜蛾 *Naranga aenescens* Moore

寄主：甘薯、看麦娘、水稻、玉米、稗、茅草、茭白、高粱。

分布：中国浙江（景宁、长兴、龙王山、百山祖、古田山、德清、嘉善、杭州、余杭、临安、淳安、象山、永康、东阳、临海、黄岩、温岭、丽水、缙云、青田、庆元、乐清）、河北、陕西、江苏、江西、湖南、福建、台湾、广西、云南；朝鲜、日本、缅甸、印度尼西亚。

107. 落叶夜蛾 *Ophideres fullonica* (Linnaeus)

寄主：木通、柑橘、桃、梨、葡萄、通草、石榴。

分布：中国浙江（景宁、龙王山、百山祖、德清、海宁、杭州、桐庐、新昌、定海、岱山、普陀、兰溪、玉环、黄岩、温州、永嘉）、黑龙江、江苏、湖南、台湾、广东、广西、四川、云南；朝鲜、日本、大洋洲、非洲。

108. 鸟嘴壶夜蛾 *Oraesia excavata* (Butler)

寄主：木防己、柑橘、枇杷、梨、桃、苹果、葡萄、梅、无花果。

分布：中国浙江（景宁、龙王山、湖州、长兴、德清、平湖、杭州、余杭、临安、桐庐、建德、淳安、绍兴、上虞、嵊州、余姚、镇海、奉化、宁海、象山、普陀、浦江、义乌、永康、兰溪、天台、黄岩、温岭、常山、丽水、缙云、云和、龙泉、庆元、百山祖、温州、乐清、永嘉、洞头）、江苏、湖南、河南、福建、台湾、广东、广西、云南；朝鲜、日本。

109. 胖夜蛾 *Orthogonia sera* Felder

分布：中国浙江（景宁、龙王山、百山祖、杭州、淳安、建德、新昌、鄞州、慈溪、余姚、义乌、东阳、天台、丽水、缙云、云和、龙泉、乐清）、江西、湖南、河南、福建、云南、四川；印度、日本。

110. 四线直带夜蛾 *Orthozona quadrilineata* (Moore)

分布：中国浙江（景宁、龙王山、百山祖），安徽、江西、湖南、福建、云南；印度。

111. 佩夜蛾 *Oxyodes scrobiculata* Fabricius

分布：中国浙江（景宁、百山祖）、广东；缅甸、印度、斯里兰卡、印度尼西亚。

112. 浓眉夜蛾 *Pangrapta trimantesalis* (Walker)

寄主：杠板归。

分布：中国浙江（景宁、龙王山、莫干山、百山祖、长兴、德清、杭州、临安、淳安、鄞州、余姚、镇海、宁海、浦江、永嘉）、陕西、江苏、河南、湖北、江西、湖南、福建、四川、云南；朝鲜、日本、印度、孟加拉国。

113. 淡眉夜蛾 *Pangrapta umbrosa* (Leech)

分布：中国浙江（景宁、莫干山、百山祖、杭州、临安、淳安、鄞州、慈溪、镇海、宁海、天台、丽水）、陕西、湖北、海南、江西、西南；日本。

114. 遮眉夜蛾 *Pangrapta similistigma* Warren，1913

分布：中国浙江（景宁）、甘肃、陕西、湖北、四川。

115. 东小眼夜蛾 *Panolis exquisita* Draudt

分布：中国浙江（景宁、龙王山、古田山、百山祖、杭州、临安、丽水、龙泉、庆元）、湖北、湖南、福建、云南。

116. 围星夜蛾 *Perigea cyclicoides* Drandt

寄主：大狼巴草。

分布：中国浙江（景宁、天目山、奉化、开化、庆元）、河北、陕西、江苏、湖南、福建。

117. 云晕夜蛾 *Perigeodes polimera* Hampson

分布：中国浙江（景宁、百山祖、临安、淳安、奉化）、湖北、湖南、广东、四川；印度。

118. 紫金翅夜蛾 *Plusia chryson*（Esper）

寄主：泽兰、无花果、紫兰。

分布：中国浙江（景宁、龙王山、百山祖、临安、淳安、新昌、泰顺）、黑龙江、湖南；朝鲜、日本、欧洲。

119. 赤斑金翅夜蛾 *Plusia pulchrina* Haworth

分布：中国浙江（景宁、龙王山、东阳、庆元）。

120. 锦金翅夜蛾 *Plusia rutilifrons* Walker

分布：中国浙江（景宁、百山祖、德清、杭州、临安、建德、余姚、镇海、奉化）、西南、华北；俄罗斯（西伯利亚）、日本。

121. 纯肖金夜蛾（肖金夜蛾） *Plusiodonta casta*（Butler）

寄主：木防己、蝙蝠葛。

分布：中国浙江（景宁、德清、余姚、奉化、定海、临海、黄岩、常山、丽水、庆元、平阳）、黑龙江、山东、江苏、湖北、福建、湖南；日本、朝鲜。

122. 霉裙剑夜蛾（白肾裙剑夜蛾） *Polyhaenis oberthuri* Staudinger

寄主：油茶。

分布：中国浙江（景宁、德清、慈溪、余姚、镇海、奉化、义乌、云和、百山祖）、黑龙江、新疆、河南、陕西、湖北、湖南、四川、云南；朝鲜。

123. 裙剑夜蛾 *Polyphaenis pulcherrima*（Moore）

分布：中国浙江（景宁、德清、慈溪、余姚、镇海、丽水、龙泉、云和）。

124. 黏虫 *Pseudaletia separata*（Walker）

寄主：麦、玉米、稻、甘蔗、乌桕、看麦娘、狗尾草。

分布：中国浙江及全国各地广布（西藏、新疆除外）；古北区东部、印澳地区、东南亚。

125. 显长角皮夜蛾（长角皮蛾）*Risoba prominens* Moore

寄主：使君子、紫檀。

分布：中国浙江（景宁、莫干山、天目山、百山祖、长兴、德清、杭州、临安、金华、天台、云和、龙泉、永嘉）、河南、海南、广西、河北、湖北、江西、湖南、福建、四川、云南、西藏；日本、缅甸、印度、马来西亚、新加坡。

126. 稻蛀茎夜蛾 *Sesamia inferens* Walker

寄主：水稻、麦、玉米、甘蔗、茭白、稗、薄荷。

分布：中国浙江（景宁、百山祖、长兴、德清、嘉兴、杭州、临安、淳安、上虞、余姚、镇海、奉化、定海、浦江、东阳、江山、遂昌、云和、庆元、温州）、江苏、湖北、福建、台湾、四川；日本、缅甸、印度、斯里兰卡、马来西亚、新加坡、菲律宾、印度尼西亚。

127. 紫棕扇夜蛾 *Sineugraphe exusta* Butler

分布：中国浙江（景宁、古田山、百山祖）、黑龙江、湖北、贵州；日本。

128. 胡桃豹夜蛾 *Sinna extrema* Walker

寄主：胡桃、枫杨。

分布：中国浙江（景宁、龙王山、莫干山、天目山、古田山、百山祖、长兴、余杭、临安、淳安、鄞州、临海、丽水）、黑龙江、河南、陕西、江苏、湖北、江西、湖南、福建、海南、四川；日本。

129. 旋目夜蛾 *Spirama retorta*（Clerck）

寄主：合欢、柑橘、梨、桃、枇杷、李。

分布：中国浙江、辽宁、北京、河北、山东、河南、江苏、湖北、江西、湖南、福建、广东、海南、广西、四川、云南、西藏；日本、朝鲜、印度、缅甸、斯里兰卡、马来西亚。

130. 日月明夜蛾 *Sphragifera biplagiata*（Walker，1865）

分布：中国浙江（景宁、余姚、鄞州、舟山、江山、磐安）、甘肃、陕西、河北、河南、湖北、湖南、江苏、福建、贵州；日本、朝鲜。

131. 斜纹灰翅夜蛾 *Spodoptera litura*（Fabricius，1775）

分布：中国浙江（景宁、磐安、鄞州、江山）、山东、甘肃、陕西、江苏、湖南、福建、广东、海南、贵州、云南；亚热带地区、非洲。

132. 交兰纹夜蛾 *Stenoloba confusa* Leech

分布：中国浙江（景宁、龙王山、天目山、古田山、百山祖、德清、杭州、临安）、湖南、福建、广西、四川、云南；日本。

133. 海兰纹夜蛾 *Stenoloba marina* Draudt

分布：中国浙江（景宁、天目山、百山祖、庆元）、湖南、广东、广西。

134. 白点朋闪夜蛾 *Stypersypnoides astrigera* Butler

分布：中国浙江（景宁、莫干山、百山祖、杭州）、湖北、江西、湖南、四川、云南；日本。

135. 赫析夜蛾 *Sypnoides hercules*（Butler，1881）

分布：中国浙江（景宁）、甘肃、陕西、西藏；日本。

136. 两色困夜蛾 *Tarache bicolora* Leech

分布：中国浙江（景宁、百山祖）、内蒙古、北京、天津、河北、山西、山东、河南、江苏、上海、安徽、湖北、江西、湖南、福建。

137. 掌夜蛾 *Tiracola plagiata*（Walker）

寄主：柑橘、茶、萝卜、水茄。

分布：中国浙江（景宁、天目山、百山祖、萧山、建德、淳安、天台、龙泉）、山东、河南、湖北、湖南、福建、台湾、海南、四川、云南、西藏；印度、斯里兰卡、印度尼西亚、大洋洲、美洲中部。

138. 暗后夜蛾 *Trisuloides caliginea*（Butler）

分布：中国浙江（景宁、龙王山、莫干山、百山祖）、黑龙江、河北、山西、陕西、江西、湖南、四川、云南、西藏；俄罗斯、朝鲜、日本。

139. 角后夜蛾 *Trisuloides cornelia* （Staudinger）

分布：中国浙江（景宁、百山祖）、黑龙江、辽宁、湖南、云南；俄罗斯。

140. 明后夜蛾 *Trisuloides nitida* （Butler）

分布：中国浙江（景宁、龙王山、百山祖、杭州、临安、奉化）、黑龙江、河北、河南、江苏、湖北、江西、湖南、福建、四川、云南；俄罗斯、朝鲜、日本。

141. 俊夜蛾 *Westermannia superba* Hubner

寄主：榄仁树属。

分布：中国浙江（景宁、天目山、百山祖、淳安）、河南、湖南、福建、广东、广西、云南；日本、印度、新加坡、斯里兰卡、印度尼西亚。

142. 三角鲁夜蛾 *Xestia triangulum* （Hufnagel）

寄主：柳、山楂、野李、柳杉、酸横、繁缕。

分布：中国浙江（景宁、百山祖、杭州、临安、鄞州、慈溪、余姚、镇海、宁海、丽水）。

143. 匹鲁夜蛾 *Xestia vidua* （Staudinger）

分布：中国浙江（景宁、百山祖）、黑龙江、江西、四川、云南。

144. 叔灰镰须夜蛾 *Zanclognatha subgriselda* Sugi

分布：中国浙江（景宁、百山祖、杭州）、福建；日本。

145. 透斑策夜蛾 *Zethes sphaeriphora* Moore

分布：中国浙江（景宁、百山祖）、江苏、湖南、广西；印度。

（二十七）凤蝶科 Papilionidae

王敏[1]、陈刘生[2]（1. 华南农业大学；2. 广东省林业科学研究院）

1. 宽尾凤蝶（大尾凤蝶） *Agehana elwesi* Leech

寄主：檫、鹅掌楸、凹叶厚朴、厚朴、木兰、玉兰、深山含笑、天女花、兰。

分布：中国浙江（景宁、龙王山、莫干山、天目山、古田山、百山祖、杭州、东阳、丽水、遂昌、松阳、云和、龙泉、庆元、泰顺）、陕西、安徽、江西、湖南、福建、台湾、广西、四川、贵州。

2. 麝凤蝶（华中麝凤蝶）*Byasa confusa* (Rothschild)

寄主：枥、萝摩、马兜铃、马利筋、木防己。

分布：中国浙江（景宁、龙王山、莫干山、古田山、百山祖、长兴、德清、海宁、杭州、余杭、临安、萧山、桐庐、建德、淳安、绍兴、上虞、诸暨、嵊州、新昌、鄞州、镇海、奉化、象山、三门、义乌、永康、天台、仙居、临海、黄岩、温岭、玉环、常山、丽水、遂昌、云和、龙泉、庆元、温州、乐清、泰顺）、黑龙江、河北、山东、河南、甘肃、陕西、青海、湖北、江西、湖南、福建、广东、广西、贵州、云南；朝鲜、日本、印度、不丹。

3. 长尾麝凤蝶 *Byasa impediens* Rothschild

分布：中国浙江（景宁、天目山、百山祖）、江西、福建、台湾。

4. 灰绒麝凤蝶（雅麝凤蝶、白缘麝凤蝶）*Byasa mencius* (Felder et Felder)

寄主：马兜铃、木防己。

分布：中国浙江（景宁、龙王山、天目山、古田山、百山祖、宁波、龙泉）、甘肃、陕西、江西、湖南、福建、广西、四川、云南。

5. 褐斑凤蝶 *Chilasa agestor* (Leech)

寄主：楠。

分布：中国浙江（景宁、百山祖、泰顺）、陕西、福建、台湾、广东、四川等；印度、泰国、缅甸、马来西亚等。

6. 小黑斑凤蝶（小褐凤蝶）*Chilasa epycides* (Hewitson)

寄主：樟。

分布：中国浙江（景宁、天目山、百山祖、萧山、丽水、遂昌、龙泉、泰顺）、湖南、福建、台湾、四川、云南；印度、缅甸、斯里兰卡。

7. 统帅青凤蝶（绿斑凤蝶）*Graphium agamemnon* (Linnaeus)

寄主：越南酒饼叶、紫玉盘、白兰花。

分布：中国浙江（景宁、天目山）、福建、台湾、广东、海南、广西、四川、云南；印度、泰国、澳大利亚、马来西亚。

8. 宽带青凤蝶（同斑凤蝶、长尾青凤蝶）*Graphium cloanthus* Westwood

寄主：芳香桢楠。

分布：中国浙江（景宁、龙王山、天目山、百山祖、杭州、淳安、开化、丽水、缙云、遂昌、龙泉、庆元、文成、泰顺）、湖北、江西、福建、台湾、广东、海南、广西、贵州、云南、西藏；日本、印度、不丹、缅甸、泰国、尼泊尔、马来西亚、印度尼西亚。

9. 木兰青凤蝶 *Graphium doson* (Felder *et* Felder)

寄主：木兰科。

分布：中国浙江（景宁、百山祖、丽水、松阳、泰顺）、陕西、福建、台湾、广东、海南、广西、云南等；印度、尼泊尔、缅甸、越南、泰国、马来西亚、印度尼西亚。

10. 青凤蝶（樟青凤蝶）*Graphium sarpedon* (Linnaeus)

寄主：樟、楠。

分布：中国浙江（景宁、龙王山、莫干山、天目山、古田山、百山祖、长兴、平湖、杭州、淳安、绍兴、嵊州、鄞州、慈溪、余姚、奉化、宁海、定海、金华、常山、丽水、遂昌、龙泉、庆元、温州、乐清、泰顺）、黑龙江、吉林、辽宁、内蒙古、陕西、江苏、湖南、福建、台湾、广东、广西、四川、贵州、云南；朝鲜、日本、印度、缅甸、越南、老挝、菲律宾、印度尼西亚、马来西亚。

11. 红珠凤蝶（红纹凤蝶）*Pachliopta aristolochiae* (Fabricius)

寄主：马兜铃。

分布：中国浙江（景宁、天目山、杭州、百山祖、淳安、临海、丽水、缙云、遂昌、松阳、龙泉、庆元、乐清、泰顺）、河南、陕西、台湾、广东、海南、广西、云南；印度、斯里兰卡、缅甸、泰国、菲律宾、马来西亚、印度尼西亚。

12. 碧凤蝶 *Papilio bianor* Cramer

寄主：柑橘、吴茱萸、漆树、山椒。

分布：中国浙江（景宁、龙王山、莫干山、古田山、百山祖、长兴、杭州、临安、萧山、建德、淳安、上虞、嵊州、新昌、鄞州、慈溪、余姚、奉化、宁海、象山、定海、金华、永康、丽水、遂昌、龙泉、庆元、温州、乐清、平阳）及全国各地广布；朝鲜、日本、缅甸、越南。

13. 穹翠凤蝶（拟碧凤蝶）*Papilio dialis* Leech

寄主：柑橘、吴茱萸、漆树、飞龙掌血。

分布：中国浙江（景宁、古田山、百山祖、丽水、遂昌、泰顺）、台湾、重庆、四川、贵州、云南、西藏；缅甸、柬埔寨。

14. 黄纹凤蝶（小黄斑凤蝶、玉斑凤蝶）*Papilio helenus* Linnaeus

寄主：两面针、柑橘、樟、黄檗。

分布：中国浙江（景宁、天目山、百山祖、淳安、宁波、丽水、遂昌、泰顺）、江西、湖南、福建、台湾、广东、海南、广西、云南、西藏；日本、印度、尼泊尔、东南亚。

15. 绿带翠凤蝶（马氏凤蝶、玛氏凤蝶）*Papilio maackii* Ménétries

寄主：柑橘属。

分布：中国浙江（景宁、莫干山、天目山、百山祖、杭州、临安、遂昌、松阳、龙泉）、黑龙江、江西、台湾、四川；日本、朝鲜。

16. 金凤蝶（黄凤蝶、茴香凤蝶）*Papilio machaon* Linnaeus

寄主：茴香、樟、楠、枳壳、当归、防风、独活、羌活、胡萝卜、芹菜、柴胡。

分布：中国浙江（景宁、龙王山、天目山、古田山、百山祖、长兴、德清、杭州、余杭、临安、桐庐、建德、淳安、绍兴、上虞、诸暨、嵊州、新昌、鄞州、镇海、奉化、宁海、象山、三门、浦江、义乌、东阳、天台、仙居、临海、黄岩、温岭、玉环、衢州、缙云、遂昌、龙泉、庆元、泰顺）及全国各地广布；亚洲其他国家、欧洲、非洲北部、北美洲。

17. 美姝凤蝶（长尾凤蝶）*Papilio macilentus* Janson

寄主：茴香、柑橘。

分布：中国浙江（景宁、龙王山、天目山、百山祖、杭州、临安、萧山、淳安、丽水、松阳）、河南、陕西；日本、朝鲜。

18. 美凤蝶（多型凤蝶）*Papilio memnon* Linnaeus

寄主：柑橘。

分布：中国浙江（景宁、天目山、百山祖、丽水、云和、龙泉、温州、永嘉、文成、平阳、泰顺）、湖北、江西、福建、台湾、广东、广西、四川、云南；日本、印度、斯里兰卡、缅甸、泰国、印度尼西亚。

19. 巴黎翠凤蝶 *Papilio paris* Linnaeus

寄主：飞龙掌血、柑橘。

分布：中国浙江（景宁、天目山、百山祖、兰溪、缙云、遂昌、龙泉、乐清、文成、泰顺）、湖北、江西、福建、台湾、广东、广西、云南；日本、印度、尼泊尔、缅甸、泰国、马来西亚。

20. 玉带凤蝶 *Papilio polytes* Linnaeus

寄主：柑橘、两面针、柠檬、花椒。

分布：中国浙江（景宁、龙王山、莫干山、天目山、古田山、百山祖、湖州、长兴、平湖、桐乡、海宁、杭州、余杭、萧山、桐庐、淳安、绍兴、上虞、新昌、鄞州、慈溪、镇海、奉化、宁海、象山、三门、嵊泗、岱山、普陀、义乌、东阳、永康、武义、天台、仙居、临海、黄岩、温岭、玉环、常山、丽水、缙云、遂昌、青田、云和、龙泉、温州、乐清）及全国各地广布；日本、泰国、印度、马来西亚、印度尼西亚。

21. 蓝凤蝶（鸟凤蝶） *Papilio protenor* Cramer

寄主：两面针、枳、柑橘、山椒。

分布：中国浙江（景宁、龙王山、天目山、古田山、百山祖、杭州、临安、建德、淳安、诸暨、新昌、鄞州、余姚、宁海、金华、常山、丽水、遂昌、青田、龙泉、庆元、乐清、平阳）、山东、河南、陕西、湖北、江西、湖南、福建、台湾、广东、广西、四川、贵州；朝鲜、日本、印度、尼泊尔、不丹、越南、缅甸。

22. 柑橘凤蝶（凤子蝶、燕尾蝶） *Papilio xuthus* Linnaeus

寄主：金橘、构树、柚、马尾松、刺槐、枫杨、茄、柑橘、肉桂、吴茱萸、山椒、花椒。

分布：中国浙江及全国各地广布；俄罗斯、朝鲜、日本、缅甸、印度、马来西亚、菲律宾、澳大利亚。

23. 金斑剑凤蝶（飘带凤蝶、黄斑黑纹凤蝶） *Pazala alebion*（Gray）

寄主：樟。

分布：中国浙江（景宁、龙王山、莫干山、百山祖、天目山、诸暨、丽水、遂昌）、河南、江西、湖南、福建、台湾；朝鲜。

24. 金链剑凤蝶（朝仓凤蝶、升天剑凤蝶） *Pazala eurous*（Leech）

寄主：润楠。

分布：中国浙江（景宁、龙王山、莫干山、天目山、百山祖、杭州、遂昌、龙泉、泰顺）、江西、福建、台湾、广东、四川、云南、西藏；巴基斯坦、印度、尼泊尔、不丹、缅甸。

25. 铁木剑凤蝶 *Pazala timur*（Ney）

寄主：樟。

分布：中国浙江（景宁、百山祖、诸暨、丽水、遂昌、泰顺）、江西、台湾、四川。

26. 丝带凤蝶 *Sericinus montela* Gray

寄主：马兜铃、青木香。

分布：中国浙江（景宁、龙王山、莫干山、古田山、百山祖、长兴、平湖、杭州、临安、萧山、桐庐、建德、淳安、上虞、诸暨、鄞州、慈溪、余姚、镇海、奉化、宁海、岱山、浦江、义乌、东阳、永康、天台、常山、龙泉、庆元、温州）、黑龙江、吉林、河北、山东、宁夏、甘肃、陕西、江西、福建、广西；朝鲜。

27. 金裳凤蝶 *Troide aeacus* (Felder et Felder)

寄主：马兜铃。

分布：中国浙江（景宁、莫干山、天目山、古田山、百山祖、淳安、开化、遂昌）、陕西、江西、福建、台湾、广东、广西、云南、西藏；印度、尼泊尔、不丹、斯里兰卡、缅甸、泰国、马来西亚。

（二十八）粉蝶科 Pieridae

黄思遥（华南农业大学）

1. 斑缘豆粉蝶 *Colias erate* Esper

分布：中国浙江、黑龙江、甘肃、辽宁、新疆、河北、陕西、河南、江西、湖北、福建、台湾、四川、云南；俄罗斯、朝鲜、印度半岛。

2. 宽边黄粉蝶 *Eurema hecabe* (Linnaeus, 1758)

分布：中国浙江及全国各地广布；日本、韩国、印度、尼泊尔、阿富汗、斯里兰卡、越南（南部）、缅甸、泰国、柬埔寨、孟加拉国、菲律宾、新加坡、马来西亚、印度尼西亚、澳大利亚、非洲。

3. 圆翅钩粉蝶（红点粉蝶）*Gonepteryx amintha* Blanchard

寄主：桶钩藤、黄槐。

分布：中国浙江（景宁、龙王山、天目山、古田山、百山祖、杭州、临安、淳安、定海、开化、丽水、缙云、遂昌、龙泉、庆元、泰顺）、云南。

4. 锐角钩粉蝶 *Gonepteryx mahagura* Menetries

寄主：鼠李、枣、酸枣。

分布：中国浙江（景宁、天目山、杭州、临安、建德、淳安、鄞州、慈溪、余姚、镇海、奉化、宁海、象山、三门、金华、天台、仙居、临海、黄岩、温岭、江山、遂昌、龙泉、乐清、永嘉、文成）。

5. 钩粉蝶（角翅粉蝶、鼠李蝶、锐角翅粉蝶） *Gonepteryx rhamni* （Linnaeus）

寄主：杉、鼠李、枣、酸枣。

分布：中国浙江（景宁、龙王山、莫干山、天目山、古田山、百山祖、长兴、德清、杭州、余杭、临安、淳安、上虞、诸暨、新昌、鄞州、慈溪、镇海、奉化、宁海、象山、定海、普陀、浦江、永康、武义、天台、开化、丽水、缙云、遂昌、云和、龙泉、庆元、泰顺）、黑龙江、北京、河北、河南、陕西、江西、福建、广东、广西、云南、西藏；朝鲜、日本、印度、缅甸、欧洲。

6. 东方菜粉蝶（东方粉蝶） *Pieris canidia* （Sparrman）

寄主：马尾松、薤菜、荠菜。

分布：中国浙江（景宁、莫干山、龙王山、天目山、古田山、百山祖、湖州、长兴、杭州、临安、淳安、绍兴、上虞、诸暨、嵊州、新昌、宁波、鄞州、慈溪、奉化、宁海、金华、浦江、东阳、临海、江山、缙云、乐清、永嘉、瑞安）、山东、河南、陕西、新疆、湖北、江西、湖南、福建、台湾、广东、海南、四川、贵州、云南、西藏；俄罗斯、朝鲜、日本、阿富汗、印度、尼泊尔、缅甸、泰国、越南、老挝、柬埔寨、孟加拉国、巴基斯坦、伊朗。

7. 黑脉粉蝶 *Pieris melete* Menetries

寄主：十字花科。

分布：中国浙江（景宁、莫干山、天目山、临安、余姚、武义、丽水、遂昌、龙泉、庆元）。

8. 暗脉菜粉蝶（暗脉粉蝶） *Pieris napi* （Linnaeus）

寄主：南芥菜、薤菜、荠菜。

分布：中国浙江（景宁、龙王山、莫干山、天目山、湖州、德清、杭州、临安、淳安、鄞州、奉化、天台、临海、丽水、遂昌、龙泉）、河北、河南、甘肃、陕西、江西、湖南、福建、广西、贵州；亚洲其他国家、欧洲、非洲北部、北美洲。

9. 菜粉蝶 *Pieris rapae* （Linnaeus）

寄主：十字花科。

分布：中国浙江（景宁、龙王山、莫干山、天目山、古田山、百山祖）及全国各地广布；亚洲其他国家、欧洲、大洋洲、北美洲。

（二十九）眼蝶科 Satyridae

谭舜云[1]、黄国华[2]（1. 华南农业大学；2. 湖南农业大学）

1. 多点眼蝶 *Kirinia epaminondas*（Staudinger）

寄主：竹、早熟禾、马唐。

分布：中国浙江（景宁、百山祖、金华、浦江、遂昌、龙泉、庆元、温州）、黑龙江、北京、河北、山东、河南、甘肃、陕西、湖北、江西、福建；朝鲜、日本。

2. 曲纹黛眼蝶 *Lethe chandica* Leech

寄主：竹。

分布：中国浙江（景宁、龙王山、莫干山、天目山、百山祖、临安、淳安、丽水、遂昌、龙泉、泰顺）、江西、福建、台湾、广东、广西、云南、西藏；印度、缅甸、泰国、越南、孟加拉国、菲律宾、马来西亚、印度尼西亚、新加坡。

3. 棕褐黛眼蝶 *Lethe christophi*（Leech）

寄主：玉山竹。

分布：中国浙江（景宁、龙王山、天目山、百山祖、临安、富阳、开化、常山、遂昌、龙泉）、陕西、江西、福建、台湾、四川；缅甸、巴基斯坦。

4. 白带黛眼蝶 *Lethe confusa*（Fruhstorfer）

寄主：竹。

分布：中国浙江（景宁、百山祖、金华、遂昌、庆元、泰顺）、广东、海南、广西、贵州、云南；印度、尼泊尔、缅甸、泰国、越南、老挝、柬埔寨、马来西亚。

5. 苔娜黛眼蝶 *Lethe diana* Butler

寄主：刚竹。

分布：中国浙江（景宁、龙王山、天目山、古田山、百山祖）、山东、河南、陕西、江苏、上海、安徽、湖北、江西、湖南、福建；日本、朝鲜。

6. 黛眼蝶 *Lethe dura*（Marshall）

寄主：竹。

分布：中国浙江（景宁、天目山）、陕西、台湾、四川、云南；印度、尼泊尔、不丹、缅甸、越南、老挝、孟加拉国、菲律宾。

7. 长纹黛眼蝶 *Lethe europa* Fabricius

寄主：竹。

分布：中国浙江（景宁、古田山、百山祖、金华、丽水、遂昌、温州、文成）、江西、福建、台湾、广东、云南、西藏；印度、尼泊尔、不丹、缅甸、泰国、越南、老挝、柬埔寨、孟加拉国、巴基斯坦、马来西亚、新加坡、菲律宾、印度尼西亚。

8. 孪斑黛眼蝶 *Lethe gemina* Leech

寄主：竹。

分布：中国浙江（景宁、龙王山、天目山、百山祖、临安）、台湾、四川；缅甸、南亚。

9. 深山黛眼蝶 *Lethe insana* Kollar

寄主：茶秆竹。

分布：中国浙江（景宁、百山祖、遂昌、龙泉、庆元、泰顺）、江西、台湾、广东、云南；印度、尼泊尔、不丹、缅甸、泰国、越南、老挝、孟加拉国、巴基斯坦。

10. 直带黛眼蝶 *Lethe lanaris* （Butler）

寄主：竹。

分布：中国浙江（景宁、龙王山、莫干山、天目山、百山祖、杭州、宁波、云和、龙泉、泰顺）、陕西。

11. 边纹黛眼蝶 *Lethe marginalis* （Motschulsky）

寄主：禾本科。

分布：中国浙江（景宁、龙王山、莫干山、天目山、德清、东阳、遂昌、百山祖）、黑龙江、山东、河南、甘肃、陕西、江苏、上海、安徽、江西、湖北、福建；朝鲜、日本。

12. 八目黛眼蝶 *Lethe oculatissima* （Poujade）

寄主：竹。

分布：中国浙江（景宁、古田山、百山祖、金华、龙游、丽水、遂昌、龙泉、泰顺）。

13. 蛇神黛眼蝶 *Lethe satyrina* （Butler）

寄主：竹。

分布：中国浙江（景宁、天目山、百山祖、金华、丽水、遂昌、龙泉、泰顺）、河南、陕西、江苏、湖北、江西。

14. 连纹黛眼蝶 *Lethe syrcis* Hewiston

分布：中国浙江（景宁、龙王山、莫干山、天目山、百山祖、湖州、长兴、安吉、德清、金华、丽水、遂昌、龙泉）、黑龙江、北京、河北、河南、陕西、福建；印度、印度尼西亚。

15. 重瞳黛眼蝶 *Lethe trimacula* Leech

寄主：竹。

分布：中国浙江（景宁、百山祖）、河南、湖北、湖南。

16. 蓝斑丽眼蝶（蓝纹眼蝶） *Mandarina regalis* （Leech）

分布：中国浙江（景宁、莫干山、天目山、古田山、百山祖、杭州、金华、开化、丽水、遂昌、龙泉、庆元、泰顺）、河南、江苏、安徽、湖北、广东、海南、四川；越南、缅甸。

17. 白眼蝶 *Melanargia halimede* （Menetries）

寄主：水稻、甘蔗、竹。

分布：中国浙江（景宁、龙王山、百山祖）、黑龙江、吉林、辽宁、河北、山西、山东、河南、宁夏、甘肃、青海、陕西、湖北、四川、云南；蒙古、朝鲜、俄罗斯（西伯利亚南部）。

18. 黑纱白眼蝶 *Melanargia lugens* （Honrath）

寄主：水稻、竹。

分布：中国浙江（景宁、龙王山、天目山、古田山、百山祖、雁荡山、杭州、临安、宁波、镇海、象山、三门、嵊泗、定海、金华、临海、丽水、遂昌、龙泉、庆元、文成、泰顺）、河南、湖北、湖南。

19. 稻蔗眼蝶（暮眼蝶、稻褐眼蝶） *Melanitis leda* （Linnaeus）

寄主：水稻、马唐、玉米、麦、甘蔗。

分布：中国浙江（景宁、龙王山、莫干山、天目山、古田山、百山祖、杭州、临海、常山、遂昌、龙泉、庆元、文成、泰顺）、河南及长江以南各省份；日本、东南亚、大洋洲、非洲。

20. 双环眼蝶（蛇眼蝶） *Minois dryas* （Scopoli）

寄主：水稻、看麦娘、李氏禾、竹、芒、早熟禾、繁缕。

分布：中国浙江（景宁、龙王山、天目山、古田山、百山祖、长兴、杭州、临安、诸暨、奉化、宁海、象山、金华、浦江、东阳、永康、黄岩、丽水、遂昌、龙泉、温州、永嘉、瑞安、洞头、文成、平阳、泰顺）、黑龙江、吉林、河北、山东、河南、宁夏、甘肃、陕西；朝鲜、日本、欧洲。

21. 拟稻眉眼蝶 *Mycalesis francisca* Stoll

寄主：水稻、芒。

分布：中国浙江（景宁、龙王山、天目山、古田山、百山祖、湖州、长兴、安吉、杭州、余杭、镇海、奉化、东阳、永康、天台、开化、常山、丽水、遂昌、云和、龙泉、永嘉、平阳、泰顺）、河南、陕西、江苏、江西、福建、台湾、云南；朝鲜、日本、印度。

22. 稻眉眼蝶 *Mycalesis gotama* Moore

寄主：水稻、甘蔗、竹、小麦。

分布：中国浙江（景宁、龙王山、莫干山、天目山、古田山、百山祖）、河南、陕西、江苏、安徽、湖北、江西、湖南、福建、台湾、广东、海南、广西、四川、贵州、云南、西藏；朝鲜、蒙古、日本、印度、不丹、缅甸、泰国、越南、老挝、孟加拉国、巴基斯坦。

23. 小眉眼蝶（异型眉眼蝶）*Mycalesis mineus*（Linnaeus）

寄主：水稻、刚莠竹、棕榈。

分布：中国浙江（景宁、龙王山、天目山、古田山、百山祖、丽水、遂昌）、湖北、江西、福建、台湾、广东、海南、广西、四川、云南；印度、尼泊尔、不丹、缅甸、泰国、越南、老挝、巴基斯坦、马来西亚、新加坡、印度尼西亚。

24. 僧袈眉眼蝶（斜线眉眼蝶）*Mycalesis sangaica* Butler

寄主：芒、狗尾草。

分布：中国浙江（景宁、百山祖、淳安、普陀、丽水）、江西、台湾、广西；蒙古。

25. 布莱荫眼蝶 *Neope bremeri* Felder

寄主：竹。

分布：中国浙江（景宁、龙王山、莫干山、天目山、百山祖、杭州）、陕西、湖北、江西、福建、台湾、广东、海南、四川、贵州、西藏。

26. 蒙链荫眼蝶 *Neope muirheadi* Felder

寄主：水稻、竹。

分布：中国浙江（景宁、龙王山、莫干山、天目山、古田山、百山祖、金华、丽水、缙云、遂昌、龙泉）、山东、河南、陕西、江苏、上海、安徽、湖北、江西、湖南、福建、广东、海南、广西、云南；东南亚。

27. 黄斑荫眼蝶 *Neope pulaha* Moore

寄主：竹。

分布：中国浙江（景宁、莫干山、百山祖、龙泉、泰顺）、河南、湖北、湖南、广东、海南、广西；印度。

28. 丝链荫眼蝶 *Neope yama* Moore

分布：中国浙江（景宁、龙王山、天目山、百山祖、龙泉）、河南、陕西、湖北、四川、云南、西藏。

29. 古眼蝶（右眼蝶）*Palaeonympha opalina* Butler

寄主：求米草、淡竹、芒。

分布：中国浙江（景宁、龙王山、天目山、古田山、百山祖、长兴、德清、淳安、云和、龙泉、文成、泰顺）、甘肃、河南、陕西、湖北、江西、台湾、广东、四川。

30. 白斑眼蝶（四星云眼蝶、大黑眼蝶）*Penthema adelma* Felder

寄主：绿竹、凤凰竹。

分布：中国浙江（景宁、龙王山、天目山、古田山、百山祖、丽水、缙云、遂昌、云和、龙泉、泰顺）、北京、河南、陕西、湖北、湖南、台湾、重庆、四川、贵州、云南、西藏。

31. 网眼蝶 *Rhaphicera dumicola*（Oberthür）

分布：中国浙江（景宁、龙泉）、河南、陕西、湖北、四川。

32. 矍眼蝶 *Ypthima baldus*（Fabricius）

寄主：刚莠竹、金丝草。

分布：中国浙江（景宁、龙王山、莫干山、天目山、古田山、百山祖、杭州、宁波、鄞州、宁海、金华、丽水、缙云、遂昌、云和、泰顺）、河南、湖北、江西、福建、台湾、广东、海南、广西、四川；印度、尼泊尔、不丹、缅甸、巴基斯坦、马来西亚。

33. 中华矍眼蝶 *Ypthima chinensis* Leech

分布：中国浙江（景宁、龙王山、莫干山、天目山、百山祖、湖州、长兴、杭州、普陀、丽水、缙云、泰顺）、山东、河南、陕西、湖北、福建、广西。

34.幽矍眼蝶 *Ypthima conjuncta* Leech

分布：中国浙江（景宁、龙王山、莫干山、天目山、百山祖、临安、丽水、遂昌、龙泉、庆元、平阳、泰顺）、陕西。

35.东亚矍眼蝶 *Ypthima motschulskyi*（Bremer *et* Grey）

分布：中国浙江（景宁、龙王山、天目山、古田山、百山祖、德清、嘉兴、平湖、杭州、淳安、宁波、余姚、象山、三门、定海、普陀、金华、仙居、临海、开化、丽水、遂昌、龙泉、温州、乐清、文成、平阳、泰顺）、黑龙江、陕西、江西、台湾、广东、海南、四川、云南；朝鲜、澳大利亚。

36.前雾矍眼蝶 *Ypthima praenubilia* Leech

寄主：金丝草。

分布：中国浙江（景宁、莫干山、天目山、百山祖、松阳、龙泉、泰顺）、江西、福建、台湾、广东、海南；东南亚、非洲、澳大利亚。

37.卓矍眼蝶 *Ypthima zodia* Butler

寄主：禾本科。

分布：中国浙江（景宁、龙王山、莫干山、天目山、百山祖、杭州）。

（三十）斑蝶科 Danaidae

1.金斑蝶 *Danaus chrysippus*（Linnaeus）

分布：中国浙江、海南、广东、广西、台湾、福建、云南、四川、江西、湖北、陕西等；澳大利亚、南欧、非洲、西亚、东南亚。

2.虎斑蝶（黑脉桦斑蝶、吉斑蝶） *Danaus genutia*（Cramer）

寄主：马利筋、天星藤、牛皮消。

分布：中国浙江（景宁、莫干山、杭州、普陀、缙云、泰顺）、台湾、广东、海南、香港、广西、四川、贵州；巴基斯坦、印度、斯里兰卡、缅甸、泰国、越南、老挝、柬埔寨、马来西亚。

3.蓝点紫斑蝶 *Euploea midamus*（Linnaeus）

寄主：夹竹桃、羊角扭、弓果藤。

分布：中国浙江（景宁、百山祖）、江西、福建、台湾、广东、广西、云南；印度、缅甸、老挝、印度尼西亚。

4. 黑绢斑蝶 *Parantica melaneus*（Cramer）

寄主：娃儿藤。

分布：中国浙江（景宁、百山祖、龙泉、庆元）、江西、台湾、广东、香港、广西、云南；日本、印度、不丹、尼泊尔、缅甸、泰国、越南、老挝、柬埔寨、马来西亚、印度尼西亚。

5. 大绢斑蝶（青斑蝶、大透翅斑蝶） *Parantica sita*（Kollar）

寄主：牛奶菜、鹅绒藤、娃儿藤。

分布：中国浙江（景宁、天目山、百山祖、临安、庆元、泰顺）、江西、广东、海南、四川；朝鲜、日本、阿富汗、印度、不丹、孟加拉国、缅甸、泰国、马来西亚、巴基斯坦。

（三十一）环蝶科 Amathusiidae

李泽建[1]、缪志鹏[2]（1. 华东药用植物园；2. 华南农业大学）

1. 灰翅串珠环蝶 *Faunis aerope*（Leech）

寄主：菝葜、栎。

分布：中国浙江（景宁、百山祖、丽水、龙泉、文成、泰顺）、陕西、江西、广西、云南。

2. 箭环蝶（鱼纹环蝶） *Stichophthalma howqua*（Westwood）

寄主：竹、棕榈。

分布：中国浙江（景宁、龙王山、莫干山、天目山、古田山、百山祖、上虞、诸暨、鄞州、余姚、奉化、宁海、浦江、丽水、遂昌、青田、云和、龙泉、乐清、永嘉、泰顺）、陕西、湖北、江西、湖南、福建、台湾、广东、海南、四川、云南、西藏；缅甸、印度、孟加拉国、不丹、泰国、越南、老挝、柬埔寨。

（三十二）蛱蝶科 Nymphalidae

王敏、马丽君（华南农业大学）

1. 婀蛱蝶（雄红三线蛱蝶） *Abrota ganga* Moore

分布：中国浙江（景宁、百山祖、遂昌、龙泉、泰顺）、台湾、广东、四川、云南；南亚、东南亚。

2. 柳紫闪蛱蝶 *Apatura ilia* Stichel

寄主：柳。

分布：中国浙江（景宁、龙王山、莫干山、天目山、古田山、百山祖、杭州、淳安、宁波、奉化、普陀、永康、丽水、温州）、黑龙江、吉林、辽宁、内蒙古、河南、陕西、湖北、湖南、福建、台湾、重庆、四川、贵州、云南、西藏；朝鲜、日本、缅甸、欧洲东南缘、大洋洲。

3. 斐豹蛱蝶 *Argyreus hyperbius* (Linnaeus)

寄主：紫花地丁、堇菜科。

分布：中国浙江（景宁、龙王山、莫干山、天目山、古田山、百山祖、杭州、余姚、丽水、龙泉、永嘉、泰顺）、新疆、山东、陕西、福建、台湾、广东、广西、四川；朝鲜、日本、越南、泰国、缅甸、印度、尼泊尔、巴基斯坦、斯里兰卡、马来西亚、菲律宾、印度尼西亚、奥地利。

4. 豹蛱蝶（绿豹蛱蝶） *Argynnis paphia* (Linnaeus)

寄主：紫花地丁、悬钩子。

分布：中国浙江（景宁、龙王山、莫干山、天目山、古田山、百山祖、杭州、余杭、淳安、诸暨、新昌、奉化、常山、丽水、缙云、遂昌、龙泉、云和、温州、文成、泰顺）、北京、河北、山东、河南、陕西、新疆、湖北、湖南、福建、台湾、广东、四川、贵州、云南；朝鲜、日本、欧洲、非洲。

5. 老豹蛱蝶 *Argyronome laodice* (Pallas)

寄主：堇科。

分布：中国浙江（景宁、莫干山、天目山、百山祖、长兴、德清、杭州、临安、富阳、淳安、奉化、象山、定海、普陀、金华、义乌、开化、丽水、遂昌、云和、龙泉、庆元、乐清、泰顺）、北京、河北、河南、甘肃、陕西、湖北、江西、湖南、台湾、四川、云南；朝鲜、日本、缅甸、印度、欧洲东部。

6. 珠履带蛱蝶 *Athyma asura* Moore

寄主：茜草树。

分布：中国浙江（景宁、百山祖、杭州、丽水、缙云、遂昌、松阳、龙泉、庆元、泰顺）、湖北、江西、台湾、广东、重庆、四川、贵州、云南、西藏；印度、尼泊尔、不丹、泰国、越南、老挝、柬埔寨、缅甸、孟加拉国、马来西亚、印度尼西亚。

7. 紫光带蛱蝶（幸福带蛱蝶、缺环叉蛱蝶）*Athyma fortuna* Leech

分布：中国浙江（景宁、天目山、古田山、百山祖、丽水、缙云、遂昌、泰顺）、河南、陕西、湖北、江西、台湾、广东、海南、广西。

8. 玉杵带蛱蝶（白带蛱蝶）*Athyma jina* Moore

分布：中国浙江（景宁、龙王山、古田山、百山祖、衢州、龙游、丽水、遂昌、龙泉、庆元、泰顺）、台湾、四川、云南；印度。

9. 带蛱蝶（拟叉蛱蝶、虬眉带蛱蝶）*Athyma opalina* Kollar

分布：中国浙江（景宁、龙王山、天目山、古田山、百山祖、临安、淳安、开化、丽水、缙云、遂昌、龙泉、庆元、泰顺）、陕西、福建、四川、云南；缅甸、印度、尼泊尔。

10. 黑点带蛱蝶（玄珠带蛱蝶、三线叉蛱蝶）*Athyma perius* Linnaeus

寄主：馒头果、算盘子。

分布：中国浙江（景宁、百山祖、遂昌）、河南、湖北、江西、湖南、福建、台湾、广东、海南、广西、云南、西藏；印度、尼泊尔、不丹、缅甸、马来西亚、泰国、越南、老挝、孟加拉国、印度尼西亚。

11. 绢蛱蝶（桑蛱蝶）*Calinaga buddha* Moore

寄主：桑科。

分布：中国浙江（景宁、龙王山、天目山、百山祖、杭州、临安、龙泉、庆元、泰顺）、山东、河南、湖北、湖南、福建、台湾、广东、海南、广西、云南；印度、缅甸、克什米尔。

12. 白带螯蛱蝶 *Charaxes bernardus* Fabricius

寄主：樟、浙江楠。

分布：中国浙江（景宁、龙王山、天目山、古田山、百山祖、杭州、宁波、定海、金华、丽水、温州）、江西、湖南、福建、广东、四川、云南；印度、马来西亚。

13. 银豹蛱蝶（大豹蛱蝶）*Childrena childreni* (Gray)

分布：中国浙江（景宁、龙王山、百山祖、杭州、临安、淳安、宁波、鄞州、宁海、象山、天台、缙云、龙泉、云和、庆元、温州、永嘉、瑞安、洞头、平阳、泰顺）、河南、陕西、湖北、福建、广东、广西、贵州、云南、西藏；印度、缅甸。

14. 丝蛱蝶（石崖蛱蝶） *Cyrestis thyodamas* Boisduval

分布：中国浙江（景宁、百山祖、杭州、临安、淳安、开化、丽水、遂昌、龙泉、平阳、泰顺）、江西、福建、台湾、广东、香港、四川、西藏；日本、印度、缅甸、泰国、斯里兰卡、阿富汗、尼泊尔、不丹、越南、老挝、柬埔寨、马来西亚、印度尼西亚、巴布亚新几内亚。

15. 青豹蛱蝶 *Damora sagana*（Doubleday）

寄主：堇菜科。

分布：中国浙江（景宁、龙王山、莫干山、天目山、古田山、百山祖、湖州、杭州、临安、萧山、建德、淳安、宁波、奉化、普陀、兰溪、开化、丽水、遂昌、龙泉、文成、泰顺）、黑龙江、陕西、湖南、广东、四川、云南；俄罗斯（东南部）、蒙古、朝鲜、日本。

16. 电蛱蝶（墨流蛱蝶） *Dichorragia nesimachus* Grose-Smith

寄主：泡花树。

分布：中国浙江（景宁、龙王山、天目山、百山祖、杭州、临安、淳安、开化、丽水、遂昌、龙泉、泰顺）、陕西、江西、福建、台湾、广东、香港、四川、云南；日本、印度、菲律宾、马来西亚。

17. 矛翠蛱蝶 *Euthalia aconthea* Fruhstorfer

分布：中国浙江（景宁、百山祖、缙云、遂昌）；马来西亚、印度尼西亚、老挝。

18. 鹰翠蛱蝶（淡翠蛱蝶） *Euthalia anosia*（Moore）

分布：中国浙江（景宁、龙王山、古田山、百山祖、临安、丽水、遂昌、泰顺）、云南；老挝、印度、马来西亚、印度尼西亚。

19. 黄翅翠蛱蝶 *Euthalia kosempona* Frustorfer

寄主：栎。

分布：中国浙江（景宁、天目山、百山祖、泰顺）、福建、台湾、广东。

20. 黄铜翠蛱蝶 *Euthalia nara* Moore

寄主：栎。

分布：中国浙江（景宁、莫干山、天目山、古田山、百山祖、临安、泰顺）、四川、贵州；南亚、东南亚。

21. 珠翠蛱蝶（珀翠蛱蝶）*Euthalia pratti* Leech

寄主：壳斗科。

分布：中国浙江（景宁、天目山、古田山、百山祖、丽水、遂昌、松阳、云和、龙泉、泰顺）、湖北、湖南、福建、广东、四川。

22. 西藏翠蛱蝶（白带翠蛱蝶）*Euthalia thibetana*（Poujade）

寄主：壳斗科。

分布：中国浙江（景宁、龙王山、莫干山、百山祖、临安、萧山、淳安、金华、衢州、丽水、缙云、遂昌、龙泉、庆元、泰顺）、河南、陕西、江西、福建、台湾、云南、西藏。

23. 灿福蛱蝶（捷豹蛱蝶）*Fabriciana adippe* Denis et Schiffermüller

寄主：堇菜科。

分布：中国浙江（景宁、龙王山、莫干山、杭州、临安、天目山、仙居、临海、黄岩、丽水、缙云、云和、龙泉、庆元、百山祖）、黑龙江；亚洲北部、欧洲。

24. 蟾福蛱蝶（蟾豹蛱蝶）*Fabriciana nerippe*（Felder *et* Felder）

寄主：堇菜科。

分布：中国浙江（景宁、龙王山、杭州、临安、淳安、丽水、云和、龙泉）、西藏；朝鲜、日本。

25. 傲白蛱蝶（银白蛱蝶）*Helcyra superba*（Leech）

寄主：朴。

分布：中国浙江（景宁、龙王山、天目山、淳安、遂昌、龙泉、泰顺）、河南、陕西、江西、福建、台湾、四川。

26. 银白蛱蝶（里白蛱蝶）*Helcyra subalba*（Poujade）

寄主：朴。

分布：中国浙江（景宁、龙王山、天目山、古田山、百山祖、萧山、建德、淳安、丽水、缙云、遂昌、龙泉、泰顺）、河南、陕西、湖北、湖南、福建、四川。

27. 黑脉蛱蝶（拟欢蛱蝶）*Hestina assimilis*（Linnaeus）

寄主：朴。

分布：中国浙江（景宁、龙王山、莫干山、天目山、古田山、百山祖、杭州、临安、萧山、富阳、淳安、宁波、奉化、舟山、丽水、缙云、遂昌、龙泉、泰顺）、北京、河北、河南、陕西、江苏、江西、福建、台湾、广东、香港、广西、四川、西藏；朝鲜、日本。

28. 幻紫斑蛱蝶埔里亚种 *Hypolimnas bolinakezia* Butler

寄主：马齿苋、虾钳菜、甘薯。

分布：中国浙江（景宁、百山祖、舟山、洞头）、山东、江苏、上海、安徽、江西、福建、台湾、广东、香港、海南、广西、云南；澳大利亚、印度、缅甸、泰国、巴基斯坦、马来西亚、印度尼西亚。

29. 美眼蛱蝶 *Junonia almana*（Linnaeus）

寄主：红草、水蓑、水丁黄、爵床科。

分布：中国浙江（景宁、龙王山、莫干山、天目山、古田山、百山祖、淳安、宁波、普陀、东阳、天台、丽水、缙云、温州）、河南、陕西、湖北、江西、台湾、广东、香港、云南、西藏；印度、马来西亚、菲律宾、印度尼西亚。

30. 翠蓝眼蛱蝶（青拟蛱蝶） *Junonia orithya*（Linnaeus）

寄主：金鱼草、泡桐、甘薯、爵床科。

分布：中国浙江（景宁、龙王山、天目山、百山祖、平湖、杭州、淳安、普陀、金华、仙居、黄岩、开化、丽水、遂昌、温州、泰顺）、北京、河北、河南、陕西、湖北、江西、湖南、福建、台湾、广东、香港、四川、云南；亚洲其他国家、非洲、大洋洲。

31. 枯叶蛱蝶 *Kallima inachus* Fruhstorfer

寄主：鳞球花。

分布：中国浙江（景宁、天目山、百山祖、淳安、丽水、遂昌、庆元）、江西、福建、台湾、广东、广西、四川、云南、西藏，云南；日本、印度、缅甸、尼泊尔、泰国、越南、老挝、柬埔寨。

32. 琉璃蛱蝶 *Kaniska canace* Linnaeus

寄主：百合、菝葜。

分布：中国浙江（景宁、龙王山、莫干山、天目山、古田山、百山祖、湖州、杭州、建德、淳安、新昌、奉化、宁海、普陀、东阳、丽水、龙泉、温州、乐清、洞头、泰顺）、山东、河南、陕西、江西、福建、台湾、四川；朝鲜、日本、越南、老挝、柬埔寨、缅甸、印度、尼泊尔、马来西亚、印度尼西亚。

33. 线蛱蝶（扬眉线蛱蝶） *Limenitis helmanni* Lederer

寄主：水马桑。

分布：中国浙江（景宁、龙王山、莫干山、天目山、古田山、百山祖、杭州、临安、淳安、开化、丽水、缙云、遂昌、松阳、龙泉、庆元、泰顺）、黑龙江、河南、宁夏、甘肃、陕西、四川。

34. 星线蛱蝶（残锷线蛱蝶）*Limenitis sulpitia*（Cramer）

寄主：水马桑、金银花。

分布：中国浙江（景宁、龙王山、天目山、古田山、百山祖、杭州、临安、淳安、宁波、开化、丽水、缙云、遂昌、龙泉、泰顺）、河南、陕西、江西、福建、台湾、广东、香港、四川、西藏；越南、老挝、柬埔寨。

35. 折线蛱蝶 *Limenitis sydyi* Lederer

寄主：绣线菊。

分布：中国浙江（景宁、龙王山、天目山、百山祖、杭州、临安、淳安、缙云、遂昌、云和、龙泉）、黑龙江、河南、陕西；朝鲜、日本。

36. 云豹蛱蝶 *Nephargynnis anadyomene*（Felder）

寄主：堇菜科。

分布：中国浙江（景宁、龙王山、天目山、古田山、百山祖、杭州、临安、萧山、淳安、定海、丽水、遂昌、龙泉、泰顺）、黑龙江、山东、河南、陕西、福建、西藏；朝鲜、日本。

37. 重环蛱蝶 *Neptis alwina* Bremer *et* Gray

寄主：桃、梅、李、杏。

分布：中国浙江（景宁、龙王山、天目山、古田山、百山祖、临安、开化、遂昌、龙泉、泰顺）、黑龙江、北京、河北、山东、河南、宁夏、甘肃、陕西、湖北、四川、贵州、云南；蒙古、朝鲜、日本。

38. 黄环蛱蝶（阿环蛱蝶）*Neptis ananta* Moore

分布：中国浙江（景宁、龙王山、天目山、百山祖、临安、淳安、丽水、龙泉、泰顺）、陕西、江西、福建、台湾、广东、广西、四川、云南；缅甸、印度、马来西亚。

39. 缺黄环蛱蝶（羚环蛱蝶）*Neptis antilope* Leech

分布：中国浙江（景宁、天目山、百山祖、缙云、遂昌、云和、龙泉、泰顺）、河南、山西、山东、陕西、江苏、上海、安徽、湖北、江西、湖南、福建。

40. 波纹黄环蛱蝶（蛛环蛱蝶）*Neptis arachne* Leech

分布：中国浙江（景宁、天目山、百山祖、龙泉、泰顺）、广东、海南、广西、华西。

41. 黄重环蛱蝶（折环蛱蝶） *Neptis beroe* Leech

寄主：鹅耳枥。

分布：中国浙江（景宁、龙王山、天目山、百山祖、淳安、缙云、龙泉、泰顺）。

42. 卡林环蛱蝶 *Neptis clinia* Moore

分布：中国浙江（景宁、天目山、百山祖、遂昌、松阳、泰顺）、广东、海南、广西、四川；南亚、东南亚。

43. 莲花环蛱蝶 *Neptis hesione* Leech

分布：中国浙江（景宁、天目山、百山祖、遂昌、龙泉、泰顺）、台湾、广西、四川、西藏。

44. 中环蛱蝶 *Neptis hylas*（Linnaeus）

寄主：蝶形花科。

分布：中国浙江（景宁、龙王山、莫干山、天目山、古田山、百山祖）、黑龙江、陕西、湖北、江西、福建、台湾、广东、海南、广西、四川、云南；朝鲜、日本、越南、老挝、柬埔寨、泰国、缅甸、印度、斯里兰卡、马来西亚、印度尼西亚、马里。

45. 拟黄环蛱蝶 *Neptis manasa* Leech

分布：中国浙江（景宁、龙王山、天目山、百山祖、龙泉、庆元、泰顺）、湖北、四川、云南；缅甸、南亚。

46. 拟小环蛱蝶 *Neptis nata* Moore

寄主：葛藤。

分布：中国浙江（景宁、百山祖、泰顺）、台湾、海南、云南；南亚、东南亚。

47. 三线环蛱蝶（啡环蛱蝶） *Neptis philyra* Ménétriès

寄主：水马桑。

分布：中国浙江（景宁、龙王山、天目山、百山祖、淳安、缙云、泰顺）、吉林、辽宁、河南、陕西、福建、台湾、云南；朝鲜、日本。

48. 拟三线环蛱蝶 *Neptis philyroides* Staudinger

寄主：鹅耳枥。

分布：中国浙江（景宁、百山祖、余杭、缙云、泰顺）、黑龙江、河南、台湾；俄罗斯、朝鲜。

49. 星环蛱蝶（链环蛱蝶） *Neptis pryeri* Butler

寄主：绣线菊。

分布：中国浙江（景宁、龙王山、莫干山、天目山、古田山、百山祖、杭州、淳安、新昌、宁波、普陀、金华、丽水、龙泉、温州）、黑龙江、河南、陕西、湖北、江西、福建、台湾、广东；朝鲜、日本。

50. 断环蛱蝶 *Neptis sankara* (Kollar)

分布：中国浙江（景宁、龙王山、天目山、古田山、百山祖、杭州、丽水、遂昌、龙泉、泰顺）、陕西、江西、福建、台湾、四川、云南；印度、克什米尔、尼泊尔。

51. 小环蛱蝶 *Neptis sappho* (Pallas)

寄主：香豌豆、胡枝子。

分布：中国浙江（景宁、龙王山、天目山、古田山、百山祖、杭州、萧山、淳安、丽水、缙云、遂昌、松阳、龙泉、泰顺）、黑龙江、吉林、辽宁、内蒙古、北京、河北、山东、河南、甘肃、陕西、江西、湖南、台湾、广东、四川、贵州、云南；朝鲜、日本、越南、泰国、缅甸、印度、巴基斯坦、欧洲西部。

52. 斯莱环蛱蝶（司环蛱蝶） *Neptis speyeri* Staudinger

寄主：假地豆。

分布：中国浙江（景宁、天目山、龙泉、泰顺）、黑龙江、云南；俄罗斯。

53. 银钩蛱蝶（白钩蛱蝶） *Polygonia c-album* (Linnaeus)

寄主：榆、荨麻。

分布：中国浙江（景宁、龙王山、莫干山、天目山、古田山、百山祖、平湖、杭州、萧山、淳安、诸暨、宁海、丽水、平阳）及全国各地广布；欧洲、东亚其他国家、非洲北部。

54. 金钩蛱蝶（黄钩蛱蝶） *Polygonia caureum* (Linnaeus)

寄主：榆、柑橘、梨、大麻、亚麻。

分布：中国浙江（景宁、龙王山、莫干山、天目山、百山祖、长兴、德清、杭州、临安、萧山、桐庐、诸暨、奉化、象山、定海、普陀、衢州、常山、平阳）、黑龙江、北京、河北、河南、陕西、江西、福建、台湾、广东、四川、云南；朝鲜、日本、越南。

55. 大二尾蛱蝶（新二尾蛱蝶）*Polyura eudamippus* Doubleday

寄主：黄檀、合欢。

分布：中国浙江（景宁、百山祖、庆元、泰顺）、江西、福建、台湾、广东、海南、广西、西藏、云南、贵州；日本、巴基斯坦、印度、尼泊尔、不丹、孟加拉国、缅甸、泰国、老挝、越南、马来西亚。

56. 二尾蛱蝶指名亚种*Polyura narcaeanarcaea*（Hewitson）

寄主：樟、乌桕、马尾松、银金树、柏、山合欢、菝葜、樱桃。

分布：中国浙江（景宁、龙王山、莫干山、天目山、古田山、百山祖、嘉兴、杭州、建德、淳安、诸暨、奉化、宁海、象山、义乌、天台、江山、丽水、遂昌、龙泉、庆元、温州）、河北、山西、山东、河南、陕西、安徽、江西、湖南、福建、台湾、广东、四川、云南；越南、泰国、缅甸、印度。

57. 拟二尾蛱蝶（忘忧尾蛱蝶）*Polyura nepenthes*（Grose-Smith）

寄主：合欢。

分布：中国浙江（景宁、百山祖、遂昌、松阳、庆元）、福建、广东；越南、老挝、泰国、缅甸、印度。

58. 大紫蛱蝶*Sasakia charonda* Hewitson

寄主：朴、紫弹树。

分布：中国浙江（景宁、龙王山、天目山、百山祖、定海、普陀、遂昌、龙泉、泰顺）、山东、河南、陕西、江苏、上海、安徽、湖北、江西、湖南、福建、台湾、广东、海南、广西、四川；朝鲜、日本。

59. 黑紫蛱蝶（黑大紫蛱蝶）*Sasakia funebris*（Leech）

寄主：朴、紫弹树。

分布：中国浙江（景宁、百山祖、遂昌、泰顺）、陕西、福建、四川；印度。

60. 帅蛱蝶*Sephisa chandra*（Moore）

寄主：栎。

分布：中国浙江（景宁、百山祖、泰顺）、山东、江苏、上海、安徽、江西、福建、台湾、广东、海南、广西、云南；印度、不丹、孟加拉国、缅甸、泰国、马来西亚。

61. 黄帅蛱蝶*Sephisa princeps*（Fixsen）

寄主：栎。

分布：中国浙江（景宁、龙王山、天目山、古田山、百山祖、临安、淳安、开化、丽水、遂昌、松阳、龙泉、泰顺）、黑龙江、河南、甘肃、陕西、福建、四川；朝鲜。

62. 黄带叉蛱蝶（黄带蛱蝶、花豹盛蛱蝶）*Symbrenthia hypselis*（Godart）

寄主：荨麻科。

分布：中国浙江（景宁、百山祖、开化、松阳、庆元、泰顺）、山东、江苏、上海、安徽、江西、福建、台湾、广东、海南、广西、云南、西藏；日本、印度、尼泊尔、不丹、孟加拉国、缅甸、泰国、老挝、越南、柬埔寨、马来西亚、印度尼西亚。

63. 猫蛱蝶（白裳猫蛱蝶）*Timelaea albescens*（Oberthur）

寄主：朴、紫弹树。

分布：中国浙江（景宁、龙王山、莫干山、天目山、百山祖、杭州、临安、淳安、建德、仙居、临海、黄岩、丽水、缙云、遂昌、龙泉、庆元、泰顺）、山东、陕西、四川。

64. 拟猫蛱蝶 *Timelaea maculata*（Bremer *et* Grey）

寄主：朴。

分布：中国浙江（景宁、百山祖、杭州）、山东、河南、陕西、江苏、上海、安徽、湖北、江西、湖南、福建、台湾、广东、海南、广西。

65. 小红蛱蝶 *Vanessa cardui* Linnaeus

寄主：麻、大豆、艾、牛蒡。

分布：中国浙江（景宁、龙王山、莫干山、天目山、古田山、百山祖、杭州、临安、绍兴、新昌、宁波、奉化、象山、普陀、金华、义乌、丽水、庆元、瑞安、平阳、泰顺）；世界广布。

66. 大红蛱蝶（印度蛱蝶）*Vanessa indica* Herbst

寄主：麻、榆、榉。

分布：中国浙江（景宁、龙王山、天目山、古田山、百山祖、海宁、杭州、余杭、淳安、绍兴、新昌、宁波、奉化、普陀、东阳、黄岩、丽水、遂昌、龙泉、庆元、乐清、瑞安、洞头、泰顺）、黑龙江、甘肃、河北、山东、河南、陕西、湖北、江西、福建、台湾、广东、海南、广西、四川、云南；朝鲜、日本、泰国、缅甸、印度、斯里兰卡、巴基斯坦、菲律宾、欧洲南部。

（三十三）珍蝶科 Acraeidae

黄思遥、王厚帅（华南农业大学）

苎麻珍蝶 *Acraea issoria*（Hubner）

寄主：刺桐、茶、荨麻、苎麻、醉鱼草。

分布：中国浙江（景宁、龙王山、莫干山、天目山、百山祖、余杭、临安、萧山、建德、淳安、镇海、奉化、仙居、临海、丽水、云和、龙泉、庆元、温州、文成）、河南、安徽、湖北、江西、湖南、福建、台湾、广东、海南、广西、云南、西藏、四川；日本、印度、尼泊尔、缅甸、泰国、越南、菲律宾、马来西亚、印度尼西亚。

（三十四）喙蝶科 Libythaeidae

黄思遥、王厚帅（华南农业大学）

朴喙蝶 *Libythea celtis* Laicharting

寄主：朴。

分布：中国浙江（景宁、龙王山、莫干山、天目山、百山祖、临安、淳安、金华、遂昌、龙泉、庆元、泰顺）、河南、陕西、湖北、台湾、贵州、云南；朝鲜、日本、老挝、缅甸、印度、孟加拉国、斯里兰卡、菲律宾、巴基斯坦、伊朗、伊拉克、西班牙。

（三十五）蚬蝶科 Riodinidae

王厚帅[1]、李泽建[2]（1. 华南农业大学；2. 华东药用植物园）

---

1. 白点褐蚬蝶（皮氏蚬蝶） *Abisara burnii*（de Niceville）

寄主：紫金牛科。

分布：中国浙江（景宁、莫干山、天目山、百山祖、遂昌、龙泉、泰顺）、江西、福建、广东、广西、云南；缅甸、印度。

2. 蛇目褐蚬蝶 *Abisara echerius* Stoll

寄主：紫金牛科。

分布：中国浙江（景宁、百山祖、遂昌、庆元、泰顺）、福建、广东、海南、广西、香港；朝鲜、东南亚、南亚。

3. 乳带褐蚬蝶（黄带褐蚬蝶） *Abisara fylla* （Doubleday）

寄主：紫金牛科、杜茎山。

分布：中国浙江（景宁、龙王山、莫干山、天目山、古田山、百山祖、开化、遂昌、庆元、泰顺）、陕西、福建、四川、云南；越南、老挝、泰国、缅甸、印度、尼泊尔。

4. 花蚬蝶 *Dodona eugenes* Bates

寄主：禾本科。

分布：中国浙江（景宁、百山祖、临安、遂昌、庆元、泰顺）、河南、陕西、台湾、广东、香港、四川、西藏；越南、老挝、柬埔寨、泰国、缅甸、孟加拉国、印度、尼泊尔、不丹、巴基斯坦、马来西亚。

5. 白蚬蝶（白室蚬蝶） *Stiboges nymphidia* Fruhstorfer

分布：中国浙江（景宁、百山祖、庆元）、陕西、广东、云南；缅甸、印度、马来西亚、印度尼西亚。

6. 波蚬蝶（紫金牛蚬蝶） *Zemeros flegyas* （Cramer）

寄主：杜茎山、鲫鱼胆。

分布：中国浙江（景宁、龙王山、天目山、古田山、百山祖、杭州、临安、淳安、开化、江山、丽水、遂昌、龙泉、庆元、泰顺）、陕西、湖北、福建、江西、广东、海南、四川、云南；印度尼西亚、马来西亚、老挝、泰国、缅甸、印度、菲律宾。

（三十六）灰蝶科 Lycaenidae

王敏、莫世芳（华南农业大学）

1. 梳灰蝶 *Ahlbergia ferrea* （Butler）

寄主：杜鹃、马醉木、苹果、梅。

分布：中国浙江（景宁、百山祖、杭州、萧山、淳安、龙泉）、河南、福建；朝鲜、日本。

2. 丫灰蝶（叉纹小灰蝶） *Amblopala avidiena* （Hewitson）

寄主：合欢。

分布：中国浙江（景宁、龙王山、天目山、百山祖、杭州、萧山、淳安、松阳、龙泉）、山东、河南、陕西、江苏、上海、安徽、湖北、江西、湖南、福建、台湾、四川；日本、印度。

3. 青灰蝶（水色长尾小灰蝶）*Antigius attilia*（Bremer）

寄主：栎。

分布：中国浙江（景宁、龙王山、天目山、百山祖、萧山、龙泉）、黑龙江、吉林、辽宁、内蒙古、河南、湖北、台湾；朝鲜、日本。

4. 百娆灰蝶 *Arhopala bazalus* Hewitson

寄主：锥栗、青冈。

分布：中国浙江（景宁、龙王山、百山祖、临安、淳安、丽水、泰顺）、江西、台湾、四川；日本、印度、马来西亚、印度尼西亚。

5. 枝娆灰蝶（齿翅娆灰蝶）*Arhopala rama*（Kollar）

分布：中国浙江（景宁、天目山、古田山、百山祖、临安、淳安、开化、丽水、遂昌、云和、龙泉、泰顺）、四川；印度。

6. 绿灰蝶（绿背小灰蝶）*Artipe eryx*（Linnaeus）

寄主：栀子花。

分布：中国浙江（景宁、天目山、百山祖、淳安、丽水、遂昌、松阳、龙泉、泰顺）、广东、香港、广西；日本、缅甸、印度、马来西亚、印度尼西亚。

7. 琉璃灰蝶 *Celastrina argiolus*（Linnaeus）

寄主：葛、蚕豆、紫藤、苦参、山绿豆、胡枝子、李、山茱萸、冬青。

分布：中国浙江（景宁、龙王山、莫干山、天目山、古田山、百山祖、湖州、杭州、淳安、诸暨、宁波、奉化、定海、丽水、遂昌、松阳、云和、龙泉、乐清、泰顺）、河北、山东、河南、陕西、湖北、江西、湖南、福建、台湾、四川；日本、缅甸、印度、马来西亚、欧洲、北美洲、非洲北部。

8. 奥雷琉璃灰蝶（大紫琉璃灰蝶）*Celastrina oreas*（Leech）

寄主：枪木。

分布：中国浙江（景宁、天目山、百山祖、杭州、泰顺）、四川。

9. 闪光金灰蝶 *Chrysozephyrus scintillans* Leech

寄主：板栗、榛。

分布：中国浙江（景宁、龙王山、杭州、临安、龙泉）、甘肃、河南；日本。

10. 尖翅银灰蝶 *Curetis acuta* Moore

寄主：鸡血藤、葛藤、紫藤、槐、云实。

分布：中国浙江（景宁、龙王山、莫干山、天目山、古田山、百山祖、杭州、临安、淳安、开化、常山、江山、丽水、遂昌、龙泉、庆元、温州、泰顺）、河南、陕西、湖北、江西、湖南、福建、四川、贵州、云南、西藏；朝鲜、日本、缅甸、印度。

11. 齿突银灰蝶 *Curetis dentata* Moore

寄主：崖豆藤、鸡血藤。

分布：中国浙江（景宁、百山祖、余杭）、广东；东南亚、南亚。

12. 短尾蓝灰蝶（蓝灰蝶、菲长尾蓝灰蝶）*Everes argiades*（Pallas）

寄主：苦参、草决明、苜蓿、紫云英、豌豆。

分布：中国浙江（景宁、龙王山、莫干山、天目山、古田山、百山祖、湖州、长兴、德清、杭州、淳安、新昌、奉化、江山、丽水、遂昌、青田、云和、龙泉、温州、洞头、泰顺）、黑龙江、河北、山东、河南、陕西、江西、台湾；朝鲜、日本、欧洲。

13. 长尾蓝灰蝶 *Everes lacturnus* Godart

寄主：山麻黄。

分布：中国浙江（景宁、龙王山、天目山、百山祖、遂昌、龙泉、平阳）、山东、河南、陕西、江苏、上海、安徽、湖北、江西、湖南、福建、台湾、广东、香港、广西；印度、斯里兰卡、马来西亚、澳大利亚。

14. 波亮灰蝶（里波小灰蝶、黑波小灰蝶、亮灰蝶）*Lampides boeticus*（Linnaeus）

寄主：豆科。

分布：中国浙江（景宁、龙王山、莫干山、天目山、古田山、百山祖、杭州、临海、丽水、遂昌、龙泉、温州、平阳）、陕西、江西、福建、台湾、广东、香港、广西；日本、地中海沿岸、欧洲、非洲、大洋洲。

15. 凹翅小灰蝶（玛灰蝶）*Mahathala ameria*（Hewitson）

寄主：扛香藤。

分布：中国浙江（景宁、古田山、百山祖、淳安、开化、丽水、遂昌、龙泉、泰顺）、江西、福建、台湾、广东、海南、广西、四川、云南；日本、泰国、缅甸、孟加拉国、印度、马来西亚、印度尼西亚。

16. 黑灰蝶 *Niphanda fusca*（Bremer *et* Grey）

寄主：栎。

分布：中国浙江（景宁、百山祖、平湖、杭州、淳安、奉化、宁海、浦江、东阳、丽水、缙云、松阳、龙泉、泰顺）、黑龙江、北京、河北、山东、陕西、江西、福建；朝鲜、日本。

17. 褐斑蓝灰蝶（锯灰蝶） *Orthomiella pontis*（Elwes）

分布：中国浙江（景宁、龙王山、天目山、龙泉、泰顺）、河南、陕西、江苏、福建；缅甸、印度。

18. 拟小灰蝶（酢浆灰蝶） *Pseudozizeeria maha*（Kollar）

寄主：酢浆草。

分布：中国浙江（景宁、龙王山、天目山、古田山、百山祖）、山东、河南、江西、福建、台湾、广东、香港、广西、西藏；朝鲜、日本、缅甸、印度、尼泊尔、巴基斯坦、马来西亚、伊朗。

19. 小燕灰蝶（淡紫灰蝶、蓝燕灰蝶） *Rapala caerulea*（Bremer *et* Grey）

寄主：野蔷薇、鼠李。

分布：中国浙江（景宁、天目山、古田山、百山祖、杭州、淳安、镇海、象山、开化、江山、丽水、缙云、遂昌、云和、龙泉、庆元）、黑龙江、吉林、辽宁、内蒙古、山东、河南、陕西、江西、福建、台湾；朝鲜。

20. 尼氏燕灰蝶（闪蓝长尾灰蝶） *Rapala nissa*（Kollar）

寄主：蔷薇科。

分布：中国浙江（景宁、莫干山、百山祖、杭州、萧山、淳安、丽水、遂昌、松阳、龙泉、庆元）、内蒙古、北京、天津、河北、山西、山东、河南、陕西、江苏、上海、安徽、湖北、江西、湖南、福建、台湾、四川；日本、南亚、东南亚。

21. 洒灰蝶（优秀洒灰蝶） *Satyrium eximium*（Fixsen）

寄主：苹果、蔷薇。

分布：中国浙江（景宁、天目山、杭州、萧山、龙泉）、黑龙江、内蒙古、北京、河北、河南、陕西、台湾；朝鲜。

22. 大洒灰蝶（拟洒灰蝶） *Satyrium grande*（Felder *et* Felder）

寄主：蔷薇科。

分布：中国浙江（景宁、天目山、丽水、龙泉）、内蒙古、北京、天津、河北、山西、山东、江苏、上海、安徽、江西、福建、四川；俄罗斯、蒙古。

23. 银线灰蝶 *Spindasis lohita*（Horsfield）

寄主：五叶薯蓣、石榴。

分布：中国浙江（景宁、百山祖、杭州、临安、淳安、衢州、开化、丽水、遂昌、松阳、龙泉、泰顺）、陕西、江西、福建、台湾、广东、香港、广西；东南亚、南亚。

24. 豆粒银线灰蝶 *Spindasis syama*（Fruhstorfer）

寄主：石榴、薯蓣。

分布：中国浙江（景宁、百山祖、杭州、淳安、泰顺）、河南、江西、福建、台湾、广东、广西、四川；日本、泰国、缅甸、印度、马来西亚、印度尼西亚。

25. 蚜灰蝶（黑花斑灰蝶、蚜小灰蝶）*Taraka hamada*（Druce）

寄主：蚜。

分布：中国浙江（景宁、龙王山、莫干山、天目山、古田山、百山祖、杭州、淳安、开化、丽水、遂昌、云和、龙泉、庆元、泰顺）、山东、河南、江苏、江西、湖南、福建、台湾、广东、广西、四川；朝鲜、日本、越南、老挝、柬埔寨、泰国、缅甸、印度、不丹、马来西亚、印度尼西亚。

26. 点玄灰蝶 *Tongeia filicaudis*（Pryer）

寄主：景天科。

分布：中国浙江（景宁、龙王山、天目山、古田山、百山祖）、山西、山东、河南、江西、台湾、四川；老挝、印度。

27. 青白琉璃灰蝶（迪乐琉璃灰蝶、珍贵妩灰蝶）*Udara dilecta*（Moore）

寄主：锥栗。

分布：中国浙江（景宁、天目山、百山祖、临安、遂昌、龙泉、泰顺）、江西、海南、四川；日本、缅甸、印度、尼泊尔、马来西亚、印度尼西亚。

28. 黑边赭灰蝶（黄黑灰蝶）*Ussuriana gabrielis* Leech

分布：中国浙江（景宁、龙王山、天目山、百山祖、临安、泰顺）。

29. 毛眼灰蝶（蓝小灰蝶）*Zizina otis*（Fabricius）

寄主：丁癸草、苜蓿。

分布：中国浙江（景宁、百山祖、丽水）、福建、台湾、广东、广西、云南、西藏；印度半岛、澳大利亚。

（三十七）弄蝶科 Hesperidae

范骁凌、侯永翔（华南农业大学）

1. 白弄蝶 *Abraximorpha davidii* Mabille

寄主：芋、薯蓣、悬钩子。

分布：中国浙江（景宁、龙王山、莫干山、天目山、百山祖、丽水、遂昌、龙泉）、黑龙江、山东、河南、陕西、湖北、江西、湖南、福建、广东、广西、台湾、四川、云南；朝鲜、日本、缅甸。

2. 伊娜锷弄蝶（河伯锷弄蝶）*Aeromachus inachus* Ménétriès

寄主：芒。

分布：中国浙江（景宁、龙王山、百山祖、淳安、遂昌）、陕西、台湾、华中、华东、东北；朝鲜、日本。

3. 钩形黄斑弄蝶 *Ampittia virgata* Leech

寄主：禾本科。

分布：中国浙江（景宁、天目山、百山祖、丽水、遂昌、龙泉、泰顺）、河南、陕西、湖北、江西、湖南、福建、台湾、广东、四川。

4. 腌翅弄蝶 *Astictopterus jama* Leech

寄主：芒。

分布：中国浙江（景宁、古田山、百山祖、临安、开化、丽水、遂昌、松阳）、广东、海南、香港、广西；朝鲜、日本、印度、缅甸、泰国、菲律宾、马来西亚、印度尼西亚。

5. 黄绒伞弄蝶（绿伞弄蝶）*Bibasis striata*（Hewitson）

分布：中国浙江（景宁、龙王山、天目山、百山祖、丽水、遂昌、泰顺）、河南、福建、四川。

6. 白点褐弄蝶（籼弄蝶）*Borbo cinnara*（Wallace）

寄主：水稻、玉米、芒、狗尾草。

分布：中国浙江（景宁、百山祖、萧山、丽水、遂昌、龙泉）、山东、河南、陕西、江苏、上海、安徽、湖北、江西、湖南、福建、台湾、广东、海南、香港、广西；印度、澳大利亚。

7. 无斑珂弄蝶 *Caltoris bromus* Leech

分布：中国浙江（景宁、天目山、百山祖、泰顺）、河南、陕西、湖北、湖南、台湾、广东、海南、香港、广西、四川；日本、印度、缅甸、泰国、越南、老挝、柬埔寨、马来西亚、印度尼西亚。

8. 黑纹珂弄蝶 *Caltoris cahira*（Moore）

分布：中国浙江（景宁、龙王山、百山祖、泰顺）、山东、河南、江苏、上海、安徽、湖北、江西、湖南、福建、台湾、广东、海南、广西、重庆、四川、贵州、云南、西藏；印度、不丹、缅甸、泰国、越南、老挝、马来西亚。

9. 星弄蝶 *Celaenorrhinus consanguinea* Leech

寄主：悬钩子。

分布：中国浙江（景宁、莫干山、百山祖、杭州、丽水、龙泉）、河南、陕西、湖北、江西、福建、台湾、广东、广西、四川、云南；缅甸。

10. 绿弄蝶（绿翅弄蝶、大绿弄蝶）*Choaspes benjaminii* Guerin-Ménéville

寄主：清风藤、罗浮抱花树、笔罗子。

分布：中国浙江（景宁、龙王山、天目山、古田山、百山祖、安吉、杭州、奉化、三门、丽水、缙云、遂昌、龙泉、庆元、平阳、泰顺）、山东、河南、陕西、福建、台湾、广东、广西、云南、西藏；朝鲜、日本、印度、孟加拉国、尼泊尔、不丹、缅甸、泰国、越南、老挝、柬埔寨、斯里兰卡、印度尼西亚。

11. 绵羊窗弄蝶 *Coladenia agni*（de Niceville）

分布：中国浙江（景宁、百山祖、临安）、山东、江苏、上海、安徽、江西、福建、台湾、广东、海南、广西；印度、缅甸、泰国、菲律宾、马来西亚。

12. 透翅弄蝶（齿翅弄蝶、栉脉弄蝶、梳翅弄蝶）*Ctenoptilum vasava* Moore

分布：中国浙江（景宁、龙王山、莫干山、天目山、百山祖、杭州、缙云）、河南、陕西、湖北、湖南、云南；南亚、东南亚。

13. 菲氏黑弄蝶 *Daimio phisara* Moore

寄主：黄檀。

分布：中国浙江（景宁、百山祖、丽水、缙云、遂昌、庆元）、山东、江苏、上海、安徽、江西、福建、广东、海南、香港、广西；南亚、东南亚。

14. 中华黑弄蝶 *Daimio sinica* Felder

分布：中国浙江（景宁、龙王山、百山祖、杭州、龙泉、松阳、泰顺）、山东、河南、江苏、上海、安徽、湖北、江西、湖南、福建、重庆、四川、贵州、云南、西藏；南亚、东南亚。

15. 黑芋弄蝶 *Daimio tethys* （Mabille）

寄主：芋、薯蓣。

分布：中国浙江（景宁、龙王山、莫干山、天目山、古田山、百山祖、长兴、德清、杭州、建德、淳安、鄞州、慈溪、宁海、三门、永康、仙居、开化、丽水、缙云、遂昌、云和、龙泉、庆元、永嘉、平阳、泰顺）、黑龙江、山东、河南、陕西、湖北、湖南、福建、台湾、广东、海南、广西、重庆、四川、贵州、云南、西藏；日本、朝鲜、大洋洲。

16. 芭蕉弄蝶 *Erionota torus* Evans

分布：中国浙江（景宁、百山祖、龙泉、泰顺）、山东、河南、陕西、江苏、上海、安徽、湖北、江西、湖南、福建、广东、海南、香港、广西、四川；老挝。

17. 珠弄蝶（黄星弄蝶、深山珠弄蝶）*Erynnis montanus* （Bremer）

寄主：水青冈、小橡子、麻栎、柞。

分布：中国浙江（景宁、龙王山、天目山、百山祖、德清、杭州、淳安）、内蒙古、北京、天津、河北、山西、山东、河南、陕西、江苏、上海、安徽、湖北、江西、湖南、福建；朝鲜、日本、印度。

18. 窄翅弄蝶（旖弄蝶）*Isoteinon lamprospilus* Felder *et* Felder

寄主：竹、芒、白茅。

分布：中国浙江（景宁、莫干山、天目山、古田山、百山祖、杭州、临安、淳安、宁波、开化、丽水、遂昌、龙泉、平阳、泰顺）、湖北、江西、湖南、福建、台湾、广东、广西、四川；朝鲜、日本、越南。

19. 双带弄蝶 *Lobocla bifasciata* Bremer *et* Grey

分布：中国浙江（景宁、龙王山、天目山、百山祖、杭州、建德、宁波、淳安、三门、定海、金华、仙居、临海、开化、丽水、遂昌、龙泉、庆元、文成、平阳、泰顺）及全国各地广布；朝鲜、印度、缅甸。

20. 曲纹袖弄蝶（白斑袖弄蝶）*Notocrypta curvifascia* Felder *et* Felder

寄主：山姜属。

分布：中国浙江（景宁、天目山、百山祖、普陀、丽水、遂昌、龙泉）、江西、福建、台湾、广东、海南、香港、广西、四川、云南、西藏；日本、印度、越南、泰国、老挝、柬埔寨、缅甸、孟加拉国、巴基斯坦、斯里兰卡、马来西亚、印度尼西亚。

21. 菲氏袖弄蝶 *Notocrypta feisthamelii* Boisduval

寄主：姜科。

分布：中国浙江（景宁、百山祖、庆元、泰顺）、广东、海南、广西；南亚、东南亚。

22. 宽缘赭弄蝶（黑豹弄蝶）*Ochlodes ochracea* Bremer

寄主：禾本科。

分布：中国浙江（景宁、百山祖、兰溪、遂昌、龙泉、乐清）、黑龙江、吉林、辽宁、内蒙古、陕西、河南、湖北、湖南；朝鲜、日本。

23. 小赭弄蝶 *Ochlodes subhualina* Bremer *et* Grey

寄主：缩箬、莎草。

分布：中国浙江（景宁、龙王山、天目山、古田山、百山祖、长兴、德清、杭州、建德、淳安、诸暨、鄞州、奉化、象山、三门、定海、普陀、仙居、丽水、遂昌、龙泉、温州、乐清、文成、平阳、泰顺）、河北、山西、山东、河南、陕西、江苏、安徽、湖北、江西、福建、台湾、云南；朝鲜、日本、缅甸。

24. 浅色赭弄蝶 *Ochlodes venata* Bremer *et* Grey

寄主：芒、苔草。

分布：中国浙江（景宁、天目山、百山祖、杭州）、黑龙江、吉林、辽宁、内蒙古、山东、河南、陕西、江苏、上海、安徽、湖北、江西、湖南、福建；朝鲜、日本、欧洲、亚洲北部。

25. 竹内弄蝶 *Onryza maga*（Leech）

分布：中国浙江（景宁、龙王山、天目山、百山祖、杭州、临安、温州）、山东、河南、江苏、上海、安徽、湖北、江西、湖南、福建、台湾、广东、海南、广西；马来西亚。

26. 曲纹稻弄蝶 *Parnara ganga* Evansman

寄主：水稻、竹、芦苇、芒、稗。

分布：中国浙江（景宁、莫干山、百山祖）、陕西、湖南。

27. 直纹稻弄蝶 *Parnara guttata* Moore

寄主：水稻、高粱、玉米、甘蔗、大麦、稗、三棱草、狗尾草、樟、松、柏、云杉、楠、竹、楝、大麦。

分布：中国浙江（景宁、龙王山、古田山、百山祖）及全国各地广布；朝鲜、日本、印度半岛、东南亚。

28. 么纹稻弄蝶 *Parnara naso* Fabricius

寄主：茭白、游草、稗、白茅、水稻。

分布：中国浙江（景宁、龙王山、百山祖、萧山、丽水、温州、平阳）、山东、陕西、江苏、上海、安徽、江西、福建、台湾、广东、香港、海南、广西；日本、印度、斯里兰卡、印度尼西亚、菲律宾、法国。

29. 隐纹谷弄蝶 *Pelopidas mathias*（Fabricius）

寄主：甘蔗、玉米、竹、白茅、芒、狼尾草、狗尾草、茭白、水稻、毛竹。

分布：中国浙江（景宁、龙王山、莫干山、天目山、古田山、百山祖）、河北、山东、河南、陕西、湖北、江西、福建、台湾、广东、海南、广西、云南；朝鲜、日本、印度、泰国、老挝、缅甸、斯里兰卡、马来西亚、菲律宾、埃及、印度尼西亚。

30. 曲纹多孔弄蝶 *Polytremis pellucida*（Murray）

寄主：水稻、芒、竹。

分布：中国浙江（景宁、龙王山、天目山、百山祖、杭州、鄞州、慈溪、奉化、宁海、松阳、龙泉、庆元、温州、泰顺）、黑龙江、吉林、辽宁、内蒙古、山东、河南、陕西、江苏、上海、安徽、湖北、江西、湖南、福建、台湾；朝鲜、日本。

31. 孔弄蝶 *Polytremis zina* Eversman

寄主：水稻、竹、芦苇、芒、稗、狗尾草。

分布：中国浙江（景宁、龙王山、百山祖、桐庐、淳安、鄞州、东阳、丽水、遂昌、龙泉、庆元、瑞安、泰顺）、江西、福建、四川。

32. 稻黄室弄蝶 *Potanthus confucius* Felder *et* Felder

寄主：竹、水稻、玉米、芒。

分布：中国浙江（景宁、龙王山、古田山、百山祖、临安、丽水、缙云、遂昌、松阳、云和、龙泉、泰顺）、河南、陕西、湖北、台湾、福建、广东、海南、广西、云南；日本、印度、斯里兰卡、泰国、缅甸、老挝、马来西亚。

33. 伪籼弄蝶（黑褐弄蝶） *Pseudoborbo bevani* Moore

寄主：禾本科。

分布：中国浙江（景宁、百山祖、平阳）、山东、河南、河南、陕西、江苏、上海、安徽、湖北、江西、湖南、福建、台湾、广东、海南、广西；日本、南亚、东南亚。

34. 花弄蝶 *Pyrgus maculatus* Bremer et Grey

寄主：委陵菜、翻白草。

分布：中国浙江（景宁、龙王山、天目山、古田山、百山祖）、黑龙江、吉林、辽宁、河北、河南、陕西、江西、福建、四川、云南、西藏；蒙古、朝鲜、日本。

35. 飒弄蝶（拟大环弄蝶） *Satarupa gopala* Moore

分布：中国浙江（景宁、龙王山、天目山、龙泉）、河南、陕西、江西、福建、台湾、海南、广西；印度、缅甸、马来西亚、印度尼西亚。

36. 大环飒弄蝶（大环弄蝶、密纹飒弄蝶） *Satarupa monbeigi* Oberthur

寄主：飞龙掌血。

分布：中国浙江（景宁、天目山、百山祖、丽水、龙泉、泰顺）、江西、湖南、广东、海南、广西。

37. 红翅长标弄蝶（埔里红弄蝶） *Telicota ancilla* Evans

分布：中国浙江（景宁、百山祖、富阳、遂昌、平阳）、江西、福建、台湾、广东、海南、香港、广西；印度、尼泊尔、不丹、孟加拉国、缅甸、老挝、越南、柬埔寨、菲律宾、新加坡、印度尼西亚、新几内亚岛、澳大利亚。

38. 陀弄蝶（长纹弄蝶、花裙陀弄蝶） *Thoressa submacula* (Leech)

分布：中国浙江（景宁、天目山、杭州、丽水、遂昌、龙泉、庆元）、河南、陕西、湖北、福建、台湾。

39. 豹弄蝶 *Thymelicus leoninus* (Butler)

寄主：鹅观草。

分布：中国浙江（景宁、天目山、古田山、百山祖、临安、开化）、黑龙江、陕西、江西、云南；朝鲜、日本。

40. 姜弄蝶 *Udaspes folus* Cramer

寄主：姜、姜黄、月桃。

分布：中国浙江（景宁、百山祖、丽水）、江西、台湾、广东、广西、云南、西藏；印度、尼泊尔、不丹、斯里兰卡、越南、老挝、泰国、缅甸、孟加拉国、马来西亚、印度尼西亚。

二十、长翅目 Mecoptera

高小形、王吉申、花保祯（西北农林科技大学昆虫博物馆）

长翅目昆虫因常见的蝎蛉科雄虫腹部末端上举似蝎尾，一般称为蝎蛉。成虫体中型，细长。头向腹面延伸成宽喙状；口器咀嚼式，位于喙的末端；触角长，丝状。翅两对，膜质，前、后翅较窄，其大小、形状和脉序均相似，翅脉接近原始脉相；翅有时退化或消失，尾须短。雄虫有显著的外生殖器，完全变态。本文共记述保护区长翅目2科3属7种。

（一）蝎蛉科 Panorpidae

1. 暗新蝎蛉 *Neopanorpa abstrusa* Zhou *et* Wu

分布：中国浙江（景宁、莫干山、凤阳山、百山祖）。

2. 莫干山新蝎蛉 *Neopanorpa moganshanensis* Zhou *et* Wu

分布：中国浙江（景宁、龙王山、莫干山、天目山、凤阳山、百山祖）。

3. 圆翅新蝎蛉（卵翅新蝎蛉）*Neopanorpa ovata* Cheng

分布：中国浙江（景宁、莫干山、古田山、百山祖）、福建。

4. 周氏蝎蛉 *Panorpa choui* Zhou *et* Wu

分布：中国浙江（景宁、龙王山、莫干山、凤阳山）、福建。

5. 黄翅蝎蛉 *Panorpa lutea* Carpenter

分布：中国浙江（景宁、龙王山、莫干山、天目山、古田山、百山祖）、安徽。

6. 四带蝎蛉 *Panorpa tetrazonia* Navas

分布：中国浙江（景宁、龙王山、天目山、古田山、百山祖）、江西。

（二）蚊蝎蛉科 Bittacidae

中华蚊蛉（中华蚊蝎蛉）*Bittacus sinensis* Walker

分布：中国浙江（景宁、龙王山、莫干山、天目山、古田山、百山祖）、江苏；朝鲜。

二十一、蚤目 Siphonaptera

蚤目昆虫通称跳蚤，简称蚤。成虫体型微小，能爬善跳，部分种类寄生于人、哺乳动物或鸟类体表，叮咬并吸食血液，常引起宿主烦躁不安，并能传播多种疾病。成虫体长0.8~1.0 mm，体壁坚韧，体表多鬃毛，体常左右侧扁，复眼明显或退化，常无单眼。触角棒状。口器刺吸式。无翅。后足发达，适宜跳跃。跗节5节。腹部10节，雄虫第8~9节和雌虫第7~10节变形为外生殖器。本文共记述保护区蚤目3科3属3种。

（一）蚤科 pulicidae

猫栉首蚤指名亚种 *Ctenocephalides felis felis*（Bouché）

寄主：家猫、家犬、野猫、黄胸鼠、家兔、人等。

分布：中国浙江及全国各地广布；世界广布。

（二）多毛蚤科 Hystrichopsyllidae

台湾栉眼蚤浙江亚种 *Ctenophthalmus taiwanus zhejiangensis* Lu *et* Qiu

分布：中国浙江（景宁、松阳）、云南。

（三）角叶蚤科 Ceratophyllidae

同高大锥蚤指名亚种 *Macrostylophora cuii cuii* Liu，Wu *et* Yu

寄主：黑白飞鼠、隐纹花松鼠、黄胸鼠。

分布：中国浙江（景宁、庆元）、福建。

二十二、双翅目 Diptera

双翅目昆虫俗称蚊、蠓、蚋、虻、蝇等，只有1对发达的前翅，生活习性各式各样，适应性极强。成虫复眼发达，单眼3个或无；触角不少于6节，丝状，或3节，短角状，或具芒状；口器刺吸或舐吸式，上颚不明显，下唇扩张成1对肉质的瓣。前、后胸不明显，中胸很大，骨片分化明显；前翅发达，膜质；翅脉复杂，多翅室或翅脉简单；后翅为1对平衡棒；跗节5节。腹部11节或4~5节。雌虫常无产卵器，完全变态。幼虫无足型或蛆型，头部明显或缩入前胸内，口器和足退化。本文共记述保护区双翅目24科94属191种。

（一）蚋科

1. 图讷绳蚋 *Simulium*（*Gomphostilbia*）*tuenense* Takaoka，1979

分布：中国浙江（景宁、丽水）、台湾。

2. 短裂绳蚋 *Simulium*（*Gomphostilbia*）*curtatum* Jitklang，Kuvangkadilok，Baimai，Takaoka and Adler，2008

分布：中国浙江（景宁、丽水）；泰国

3. 清溪纺蚋 *Simulium*（*Nevermannia*）*kirgisorum* Xue，1991

分布：中国浙江（景宁）、云南。

4. 红色蚋 *Simulium*（*Simulium*）*rufibasis* Brunetti，1911

分布：中国浙江（景宁）、辽宁、江西、福建、广东、海南、台湾、湖北、贵州、四川、云南、西藏；印度、巴基斯坦、缅甸、泰国、越南、日本、韩国。

（二）蚊科 Culicidae

1. 中华按蚊 *Anopheles sinensis* Wiedemann，1828

分布：中国浙江（景宁、余姚、定海、普陀、岱山、江山）及全国各地广布（青海、新疆除外）；日本、朝鲜、越南、泰国、缅甸、印度、尼泊尔、老挝、柬埔寨、马来西亚。

2. 淡色库蚊 *Culex pipiens* Coquillett，1898

分布：中国浙江（景宁、普陀、江山）、黑龙江、吉林、辽宁、内蒙古、河北、山西、山东、河南、陕西、宁夏、甘肃、江苏、安徽、湖北；朝鲜、韩国、日本。

3. 致倦库蚊 *Culex quinquefasciatus* Say，1823

分布：中国浙江（景宁、普陀、江山）、河南、陕西、江苏、上海、安徽、湖北、江西、湖南、福建、台湾、广东、海南、香港、澳门、广西、重庆、四川、贵州、云南、西藏；印度、孟加拉国、斯里兰卡、缅甸、泰国、越南、柬埔寨、老挝、马来西亚、新加坡、印度尼西亚、菲律宾、日本。

4. 三带喙库蚊 *Culex tritaeniorhynchus* Giles，1901

分布：中国浙江（景宁、余姚、普陀、江山）及全国各地广布（新疆、西藏除外）；东洋区和古北区广布。

5. 白霜库蚊 *Culex whitmorei* (Giles, 1904)

分布：中国浙江（景宁）、吉林、辽宁、山东、河南、江苏、安徽、湖北、江西、湖南、福建、台湾、广东、海南、广西、四川、贵州、云南。

6. 棘刺科蚊 *Collessius elsiae* (Barraud, 1923)

分布：中国浙江（景宁、普陀、岱山、江山）、河南、安徽、江西、福建、台湾、海南、广西、四川、贵州、云南、西藏；印度、马来西亚、泰国、越南。

7. 日本伊蚊 *Finlaya japonicus* Theobald, 1901

分布：中国浙江、河北、河南、江西、湖北、湖南、福建、台湾、海南、广西、四川、贵州、云南；俄罗斯、日本。

8. 尖斑伊蚊 *Stegomyia craggi* Barraud, 1923

分布：中国浙江、安徽、江西、湖北、湖南、福建、四川、贵州；印度、泰国。

（三）大蚊科 Tipulidae

1. 多突短柄大蚊 *Nephrotoma virgata* (Coquillett)

分布：中国浙江（景宁、百山祖）、河北、安徽、湖北、四川；朝鲜、日本、俄罗斯。

2. 新雅大蚊 *Tipula nova* Walker

分布：中国浙江（景宁、百山祖）、山西、江西、香港、四川、云南；日本。

（四）摇蚊科 Chironomidae

林晓龙（南开大学）

1. 萨摩亚摇蚊 *Chironomus samoensis* Edwards

分布：中国浙江（景宁、天目山、百山祖）、福建、河北、广东；日本、朝鲜、泰国、萨摩亚、汤加。

2. 平铗枝角摇蚊 *Cladopelma edwards* (Kruseman)

分布：中国浙江（景宁、百山祖）、内蒙古、河北、山东、湖北、海南；欧洲、北美洲。

3. 双线环足摇蚊 *Cricotopus bicinctus* (Meigen)

分布：中国浙江（景宁、天目山、百山祖、杭州）、辽宁、内蒙古、河北、山东、河南、宁夏、甘肃、青海、陕西、江苏、湖北、福建、台湾、广东、海南、广西、四川、贵州、云南；世界广布。

4. 山环足摇蚊 *Cricotopus montanus* Tokunaga

分布：中国浙江（景宁、天目山、百山祖）、四川、甘肃；日本。

5. 近似环足摇蚊 *Cricotopus similis* Goetghbuer

分布：中国浙江（景宁、百山祖）；黎巴嫩、欧洲。

6. 林间环足摇蚊 *Cricotopus sylvestris*（Fabricius）

分布：中国浙江（景宁、天目山、百山祖、杭州）、吉林、辽宁、内蒙古、河北、山西、山东、江苏、湖北、福建、台湾、广西、四川、云南、西藏；北半球广布。

7. 三带环足摇蚊 *Cricotopus trifasciatus*（Panzer）

分布：中国浙江（景宁、天目山、百山祖、杭州）、吉林、辽宁、内蒙古、河北、宁夏、江苏、湖北、福建、广西、四川、云南、西藏；印度尼西亚、北半球。

8. 喙隐摇蚊 *Cryptochironomus rostratus* Kieffer

分布：中国浙江（景宁、天目山、百山祖）、福建、云南；日本、朝鲜、黎巴嫩、欧洲。

9. 亮铗真凯氏摇蚊 *Eukiefferilla claripennis*（Lundback）

分布：中国浙江（景宁、百山祖）、辽宁、宁夏；黎巴嫩、欧洲、北美洲、夏威夷群岛。

10. 微沼摇蚊 *Limnophyes minimus*（Meigen）

分布：中国浙江（景宁、天目山、百山祖）、辽宁、河北、河南、宁夏、陕西、江苏、安徽、湖北、福建、广西、四川、云南；北半球广布。

11. 双尾沼摇蚊 *Limnophyes verpus* Wang & Sæther, 1993

分布：中国浙江（景宁、临安、泰顺、天台）、天津、宁夏、湖北、江西、湖南、福建、广西、重庆、四川、贵州、云南、西藏；俄罗斯（远东地区）。

12. 软铗小摇蚊 *Microchironomus trner*（Kieffer）

分布：中国浙江（景宁、百山祖）、河北、山西、宁夏、湖北、广东、海南；朝鲜、印度、以色列、欧洲、澳大利亚、加纳、埃及、南非、扎伊尔。

13. 花柱拟麦锤摇蚊 *Parametriore mnsstylatus*（Kieffer）

分布：中国浙江（景宁、天目山、百山祖）、辽宁、内蒙古、河北、河南、福建；日本、黎巴嫩、欧洲。

14. 白间摇蚊 *Paratendipes albimanus*（Meigen）

分布：中国浙江（景宁、天目山、百山祖）、辽宁、宁夏、山东、福建、台湾、四川、云南；泰国。

15. 筑波多足摇蚊 *Polypedilum*（*Polypedilum*）*tsukubaense*（Sasa，1979）

分布：中国浙江（景宁、临安、鄞州、泰顺）、河南、陕西、福建、广东、广西、湖北、云南。

16. 拱尖多足摇蚊 *Polypedilum convexum*（Johansen）

分布：中国浙江（景宁、百山祖）；日本、印度尼西亚、密克罗尼西亚。

17. 独毛多足摇蚊 *Polypedilum henicurum* Wang

分布：中国浙江（景宁、天目山、百山祖）、福建。

18. 高波特摇蚊 *Potthastia longimana*（Kieffer）

分布：中国浙江（景宁、天目山、百山祖）、福建、辽宁、河北；北半球广布。

19. 强脉前突摇蚊 *Procladius crassinevis*（Zetterstedt）

分布：中国浙江（景宁、百山祖）；日本、欧洲。

20. 箭前突摇蚊 *Procladius sagittalis*（Kieffer）

分布：中国浙江（景宁、百山祖）；日本、欧洲。

21. 钢灰趋流摇蚊 *Rheocricotopus*（*Psilocricotopus*）*chalybeatus*（Edwards，1929）

分布：中国浙江（景宁、乐清）、辽宁、山东、甘肃、陕西；蒙古、日本、欧洲。

22. 黑施密摇蚊 *Smittia atterima*（Meigen）

分布：中国浙江（景宁、百山祖）、吉林、辽宁、内蒙古、河北、山西、山东、宁夏、甘肃、陕西、青海、湖北、福建、广西；日本、欧洲、北美洲。

23. 草地施密摇蚊 *Smittia pratorum*（Goetghibuer）

分布：中国浙江（景宁、百山祖）；黎巴嫩、欧洲、北美洲。

24. 刺铗长足摇蚊 *Tanypus punctipennis*（Fabricius）

分布：中国浙江（景宁、百山祖）、吉林、辽宁、内蒙古、河北、山东、宁夏、甘肃、青海、陕西、江苏、安徽、湖北、福建、台湾、广东、广西、四川；朝鲜、日本、黎巴嫩、欧洲、北美洲。

（五）粪蚊科 Scatopsidae

广粪蚊 *Coboldia fuscipes*（Meigen）

分布：中国浙江（景宁、百山祖）；世界广布。

（六）眼蕈蚊科 Sciaridae Billberg，1820

张苏炯、黄俊浩（浙江农林大学）

1. 曲尾迟眼蕈蚊 *Bradysia introflexa* Yang，Zhang *et* Yang

分布：中国浙江（景宁、龙王山、古田山、百山祖）、贵州。

2. 开化迟眼蕈蚊 *Bradysia kaihuana* Yang，Zhang *et* Yang

分布：中国浙江（景宁、龙王山、古田山、百山祖）。

3. 节刺迟眼蕈蚊 *Bradysia noduspina* Yang，Zhang *et* Yang

分布：中国浙江（景宁、龙王山、古田山、百山祖）、贵州。

4. 淡刺迟眼蕈蚊 *Bradysia pallespina* Yang，Zhang *et* Yang

分布：中国浙江（景宁、古田山、百山祖）。

5. 方尾迟眼蕈蚊 *Bradysia quadrata* Yang，Zhang *et* Yang

分布：中国浙江（景宁、龙王山、百山祖）。

6. 膨尾迟眼蕈蚊 *Bradysia tumidicauda* Yang，Zhang *et* Yang

分布：中国浙江（景宁、古田山、百山祖）。

7. 钩菇迟眼蕈蚊 *Bradysia uncipleuroti* Yang，Zhang *et* Yang

分布：中国浙江（景宁、百山祖）、江苏。

8. 威宁迟眼蕈蚊 *Bradysia weiningana* Yang，Zhang *et* Yang

分布：中国浙江（景宁、百山祖）、贵州。

9. 导宽尾厉眼蕈蚊 *Lycoriella abrevicaudata* Yang，Zhang *et* Yang

分布：中国浙江（景宁、龙王山、古田山、百山祖）、贵州。

10. 百山祖厉眼蕈蚊 *Lycoriella baishanzuna* Yang，Zhang *et* Yang

分布：中国浙江（景宁、百山祖、龙王山）。

11. 下刺厉眼蕈蚊 *Lycoriella hypacantha* Yang，Zhang *et* Yang

分布：中国浙江（景宁、龙王山、古田山、百山祖）。

12. 长喙厉眼蕈蚊 *Lycoriella longirostris* Yang，Zhang *et* Yang

分布：中国浙江（景宁、古田山、百山祖、龙王山）。

13. 硕厉眼蕈蚊 *Lycoriella maxima* Yang *et* Zhang

分布：中国浙江（景宁、莫干山、百山祖）。

14. 吴鸿厉眼蕈蚊 *Lycoriella wuhongi* Yang，Zhang *et* Yang

分布：中国浙江（景宁、龙王山、古田山、百山祖）。

15. 长节植眼蕈蚊 *Phytosciara dolichotoma* Yang，Zhang *et* Yang

分布：中国浙江（景宁、古田山、百山祖）。

16. 八刺植眼蕈蚊 *Phytosciara octospina* Yang，Zhang *et* Yang

分布：中国浙江（景宁、百山祖）、贵州。

17. 长角摩眼蕈蚊 *Mohrigia megalocornuta*（Mohrig & Menzel，1992）

分布：中国浙江（景宁、安吉、开化、临安、庆元）、福建、台湾；日本。

（七）菌蚊科 Mycetophilidae

黄俊浩、吴鸿（浙江农林大学）

1. 草菇折翅菌蚊 *Allactoneura volvoceae* Yang *et* Wang

寄主：草菇。

分布：中国浙江（景宁、莫干山、古田山、百山祖）、北京、河北、陕西、湖北。

2. 科氏亚菌蚊 *Anatella coheri* Wu *et* Yang

分布：中国浙江（景宁、古田山、百山祖）。

3. 长尾布菌蚊 *Boletina longicauda* Saigusa

分布：中国浙江（景宁、百山祖）、台湾。

4. 安吉埃菌蚊 *Epicypta anjiensis* Wu et Yang

分布：中国浙江（景宁、龙王山、古田山、百山祖）。

5. 白云埃菌蚊 *Epicypta baiyunshana* Wu et Yang

分布：中国浙江（景宁、龙王山、古田山、百山祖）、河南、福建。

6. 基枝埃菌蚊 *Epicypta basiramifera* Wu et Yang

分布：中国浙江（景宁、龙王山、古田山、百山祖）。

7. 陈氏埃菌蚊 *Epicypta cheni* Wu et Yang

分布：中国浙江（景宁、龙王山、百山祖）、福建。

8. 斧状埃菌蚊 *Epicypta dolabriforma* Wu et Yang

分布：中国浙江（景宁、龙王山、古田山、百山祖）、福建。

9. 刀状埃菌蚊 *Epicypta gladiiforma* Wu et Yang

分布：中国浙江（景宁、龙王山、古田山、百山祖）、福建、云南。

10. 龙栖埃菌蚊 *Epicypta longqishana* Wu et Yang

分布：中国浙江（景宁、龙王山、百山祖）、福建、广西。

11. 居山埃菌蚊 *Epicypta monticola* Wu

分布：中国浙江（景宁、龙王山、古田山、百山祖）。

12. 暗色埃菌蚊 *Epicypta obscura* Wu et Yang

分布：中国浙江（景宁、古田山、百山祖）、福建。

13. 细小埃菌蚊 *Epicypta pusilla* Wu

分布：中国浙江（景宁、龙王山、古田山、百山祖）、福建。

14. 密毛埃菌蚊 *Epicypta scopata* Wu

分布：中国浙江（景宁、龙王山、天目山、古田山、百山祖）。

15. 林茂埃菌蚊 *Epicypta silviabunda* Wu

分布：中国浙江（景宁、古田山、百山祖）。

16. 简单埃菌蚊 *Epicypta simplex* Wu

分布：中国浙江（景宁、龙王山、百山祖）。

17. 中华埃菌蚊 *Epicypta sinica* Wu *et* Yang

分布：中国浙江（景宁、龙王山、莫干山、古田山、百山祖）、福建。

18. 剑刺埃菌蚊 *Epicypta xiphothorna* Wu *et* Yang

分布：中国浙江（景宁、龙王山、古田山、百山祖）。

19. 杨氏埃菌蚊 *Epicypta yangi* Wu

分布：中国浙江（景宁、百山祖）、福建、广西。

20. 伞菌伊菌蚊 *Exechia arisaemae* Sasakawa

寄主：伞菌。

分布：中国浙江（景宁、龙王山、莫干山、天目山、古田山、百山祖、定海）、吉林、山西、山东、湖北、福建、广西、贵州；日本。

21. 四枝伊菌蚊 *Exechia quaternariclema* Wu *et* Zheng

分布：中国浙江（景宁、古田山、百山祖）。

22. 非显长角菌蚊 *Macrocera incospicua* Brunetti

分布：中国浙江（景宁、百山祖）；印度。

23. 辛汉长角菌蚊 *Macrocera simbhanjangana* Coher

分布：中国浙江（景宁、百山祖）；尼泊尔。

24. 普通菌蚊 *Mycetophila coenosa* Wu

分布：中国浙江（景宁、莫干山、古田山、百山祖、普陀）、湖北。

25. 似锯菌蚊 *Mycetophila prionoda* Wu *et* He

分布：中国浙江（景宁、百山祖、龙王山）。

26. 多刺菌蚊 *Mycetophila senticosa* Wu *et* Yang

分布：中国浙江（景宁、龙王山、古田山、百山祖）、福建。

27. 葫形菌蚊 *Mycetophila sicyoideusa* Wu *et* Yang

分布：中国浙江（景宁、龙王山、古田山、百山祖）、福建。

28. 华丽真菌蚊 *Mycomya aureola* Wu

分布：中国浙江（景宁、龙王山、百山祖）。

29. 毕氏真菌蚊 *Mycomya byersi* Vaisanen

分布：中国浙江（景宁、百山祖）；加拿大、美国。

30. 贵州真菌蚊 *Mycomya guizhouana* Yang *et* Wu

分布：中国浙江（景宁、百山祖）、福建、贵州、广西。

31. 隐真菌蚊 *Mycomya occultans*（Winnertz）

寄主：平菇、香菇。

分布：中国浙江（景宁、龙王山、莫干山、古田山、百山祖）、山西、贵州；日本、印度、欧洲。

32. 弯肢真菌蚊 *Mycomya procurva* Yang *et* Wu

分布：中国浙江（景宁、百山祖）、贵州。

33. 沃氏真菌蚊 *Mycomya wuorentausi* Vaisanen

分布：中国浙江（景宁、古田山、百山祖）、福建；黑龙江流域。

34. 北京新菌蚊 *Neoempheria beijingana* Wu *et* Yang

分布：中国浙江（景宁、古田山、百山祖）、北京、河北。

35. 中华新菌蚊 *Neoempheria sinica* Wu *et* Yang

寄主：双苞蘑、平菇。

分布：中国浙江（景宁、龙王山、古田山、百山祖）、北京、河北、山西、河南、上海、广西、贵州。

36. 湖北巧菌蚊 *Phronia hubeiana* Yang *et* Wu

分布：中国浙江（景宁、古田山、百山祖）、湖北。

37. 莫干巧菌蚊 *Phronia moganshanana* Wu *et* Yang

分布：中国浙江（景宁、龙王山、莫干山、古田山、百山祖）、广西。

38. 塔氏巧菌蚊 *Phronia taczanowskyi* Dziedzicki

分布：中国浙江（景宁、古田山、百山祖）；匈牙利、波兰、英国、芬兰、拉脱维亚、爱沙尼亚、加拿大、美国。

39. 威氏巧菌蚊 *Phronia willistoni* Dziedzicki

分布：中国浙江（景宁、古田山、百山祖）、云南；捷克、立陶宛、爱沙尼亚、拉脱维亚、波兰、奥地利、芬兰、西班牙、法国、加拿大、美国。

40. 武当巧菌蚊 *Phronia wudangana* Yang *et* Wu

分布：中国浙江（景宁、龙王山、古田山、百山祖）、湖北。

（八）毛蚊科 Bibionidae

1. 环凹毛蚊 *Bibio subrotundus* Yang

分布：中国浙江（景宁、古田山、百山祖）。

2. 泛叉毛蚊 *Penthetria japonica* Wiedemann

分布：中国浙江（景宁、龙王山、天目山、古田山、百山祖、杭州、舟山）；日本、尼泊尔、印度。

3. 浙叉毛蚊 *Penthetria zheana* Yang *et* Chen

分布：中国浙江（景宁、龙王山、百山祖）。

4. 斜褙毛蚊（余褙毛蚊） *Plecia clina* Yang *et* Chen

分布：中国浙江（景宁、龙王山、天目山、百山祖）。

（九）水虻科 Stratiomyiidae

张婷婷[1]、李竹[2]、杨定[3]（1. 山东农业大学；2. 北京自然博物馆；3. 中国农业大学）

1. 尖突星水虻 *Actina acutula* Yang *et* Nagatomi

分布：中国浙江（景宁、百山祖）、四川。

2. 金黄指突水虻 *Ptecticus aurifer*（Walker）

分布：中国浙江（景宁、龙王山、莫干山、天目山、百山祖）、河北、陕西、安徽、湖南、福建、广西、四川、贵州、云南；俄罗斯、日本、印度、东洋区。

3. 南方指突水虻 *Ptecticus australis* Schiner

分布：中国浙江（景宁、天目山、百山祖）、河北、陕西、台湾、广西、云南；日本、印度。

（十）蜂虻科 Bombyliidae

姚刚[1]、崔维娜[2]、杨定[3]
（1. 金华职业技术学院；2. 邹城市农业局植保站；3. 中国农业大学）

1. 金刺姬蜂虻 *Systropus aurantispinus* Evenhuzs

分布：中国浙江（景宁、百山祖）、福建。

2. 长刺姬蜂虻 *Systropus dolichochaetaus* Yang *et* Du

分布：中国浙江（景宁、百山祖）、河北、湖北、江西。

3. 古田山姬蜂虻 *Systropus gutianshanus* Yang

分布：中国浙江（景宁、古田山、百山祖）。

4. 箭尾姬蜂虻 *Systropus oestrus* Yang *et* Du

分布：中国浙江（景宁、百山祖）、河北。

（十一）食虫虻科 Asilidae

1. 残低颜食虫虻 *Cerdistus debilis* Becker

分布：中国浙江（景宁、古田山、百山祖）、陕西、湖南、四川；土耳其、希腊。

2. 黄毛切突食虫虻 *Eutolmus rufibarbis* （Meigen）

分布：中国浙江（景宁、百山祖）、河北、四川、云南；日本、土耳其、欧洲。

3. 武鬃腿食虫虻 *Hoplopheromerus armatipes* （Macquart）

分布：中国浙江（景宁、莫干山）。

4. 毛腹鬃腿食虫虻 *Hoplopheromerus hirtiventris* Becker

分布：中国浙江（景宁、龙王山、莫干山、百山祖）、河南、江苏、湖北、江西、湖南、台湾、广东、广西、四川、贵州、云南；印度。

5. 盾圆突食虫虻 *Machimus scutellaris* Coquiller

分布：中国浙江（景宁、莫干山、古田山、百山祖）、陕西、台湾、四川、云南；日本。

6. 微芒食虫虻 *Microstylum dux* （Wiedemann）

分布：中国浙江（景宁、龙王山、古田山、百山祖）、河北、江苏、湖南、福建、广东；菲律宾、印度尼西亚。

7. 粉微芒食虫虻 *Microstylum trimelas*（Walker）

分布：中国浙江（景宁、古田山、百山祖）、福建、广东、四川；印度。

8. 蛛弯顶毛食虫虻（蓝弯顶毛食虫虻）*Neoitamus cyanurus* Loew

寄主：蝗、螽斯、蝶、蛾、蝉等。

分布：中国浙江（景宁、龙王山、莫干山、百山祖）、内蒙古、河南、甘肃、陕西、湖北、湖南、福建、台湾；欧洲。

9. 红腿弯毛食虫虻 *Neoitamus rubrofemoratus* Ricardo

分布：中国浙江（景宁、龙王山、古田山、百山祖）、湖南、台湾、广东、四川。

10. 灿弯顶毛食虫虻 *Neoitamus splendidus* Oldenberg

寄主：其他昆虫。

分布：中国浙江（景宁、龙王山、莫干山、百山祖）、湖北、湖南、四川、贵州、云南；瑞士、意大利。

11. 火红瘤颜食虫虻 *Neolaparus volcetus* Walker

分布：中国浙江（景宁、莫干山）。

12. 坎邦羽角食虫虻 *Ommatius kambangensis* Meijere

分布：中国浙江（景宁、龙王山、莫干山、古田山、百山祖）、湖南、福建、台湾、四川；印度尼西亚。

13. 中华基径食虫虻 *Philodius chinensis* Schiner

分布：中国浙江（景宁、百山祖）、台湾、广东；泰国、缅甸、斯里兰卡、马来西亚。

14. 中华叉径食虫虻 *Promachus chinensis* Ricardo

分布：中国浙江（景宁、百山祖、龙王山）、湖南、台湾、广东；泰国、缅甸、马来西亚、斯里兰卡。

15. 斑叉径食虫虻 *Promachus maculatus*（Fabricius）

分布：中国浙江（景宁、莫干山、百山祖）、陕西、湖南、四川；阿富汗、东洋区。

（十二）舞虻科 Empididae

王宁[1,2]、周嘉乐[2]、曹祎可[2]、肖文敏[3]、杨定[2]
（1. 中国农业科学院草原研究所；2. 中国农业大学；3. 泰安市农业科学研究院）

1. 芒螳舞虻（褐芒螳舞虻）*Hemerodromia nigrescens* Yang *et* Yang

分布：中国浙江（景宁、龙王山、百山祖）。

2. 背鬃驼舞虻 *Hybos dorsalis* Yang *et* Yang

分布：中国浙江（景宁、百山祖）。

3. 近截驼舞虻 *Hybos similaris* Yang *et* Yang

分布：中国浙江（景宁、百山祖）、贵州。

4. 吴氏驼舞虻 *Hybos wui* Yang *et* Yang

分布：中国浙江（景宁、百山祖）。

5. 望东垟驼舞虻 *Hybos wangdongyanganus* Cao, Yu, Wang *et* Yang, 2018

分布：中国浙江（景宁）。

6. 双色驼舞虻 *Hybos bicoloripes* Saigusa, 1963

分布：中国浙江（景宁）、河南、湖北、四川；日本。

7. 双刺驼舞虻 *Hybos bispinipes* Saigusa, 1965

分布：中国浙江（景宁）、湖北、台湾。

8. 中华驼舞虻 *Hybos chinensis* Frey, 1953

分布：中国浙江（景宁、天目山、龙王山）、贵州、福建、广西。

9. 浙江驼舞虻 *Hybos zhejiangensis* Yang *et* Yang, 1995

分布：中国浙江（景宁、古田山）。

10. 周氏驼舞虻 *Hybos zhouae* Cao, Yu, Wang *et* Yang, 2018

分布：中国浙江（景宁）。

（十三）足虻科 Dolichopodidae

王孟卿[1]、刘若思[2]、张莉莉[3]、朱雅君[4]、唐楚飞[5]、莫格[5]、杨定[5]（1.中国农业科学院；2.北京海关；3.中国科学院动物研究所；4.上海海关；5.中国农业大学）

1. 雾斑瘤长足虻 *Condlostylus nebulosus* Matstumura

分布：中国浙江（景宁、百山祖）、江西、湖南、台湾；日本、泰国、印度、尼泊尔、斯里兰卡、印度尼西亚、菲律宾。

2. 百山祖寡长足虻 *Hercostomus baishanzuensis* Yang *et* Yang

分布：中国浙江（景宁、天目山）、广西、四川。

3. 毛盾寡长足虻 *Hercostomus congruens* Becker

分布：中国浙江（景宁、龙王山、天目山、百山祖）、河南、福建、台湾、贵州。

4. 跗梳锥长足虻 *Rhaphium clispar* Coquillett

分布：中国浙江（景宁、龙王山、百山祖）、台湾、贵州；日本、俄罗斯。

（十四）尖翅蝇科 Lonchopteridae

董奇彪[1]、杨定[2]（1.内蒙古自治区植保植检站；2.中国农业大学）

1. 尾翼尖翅蝇 *Lonchoptera caudala* Yang

分布：中国浙江（景宁、古田山、百山祖）。

2. 古田山尖翅蝇 *Lonchoptera gutianshana* Yang

分布：中国浙江（景宁、古田山、百山祖）。

（十五）蚤蝇科 Phoridae

刘广纯（沈阳大学）

1. 广东栅蚤蝇 *Diplonevra peregrina* (Wiedemann, 1830)

分布：中国浙江（景宁、临安）、辽宁、陕西、广东、香港、广西、台湾、海南、云南；日本、澳大利亚。

2.角喙栓蚤蝇 *Dohrniphora cornuta*（Bigot，1857）

分布：中国浙江（景宁、临安）、北京、河北、辽宁、陕西、台湾、广东、广西；世界广布。

（十六）食蚜蝇科 Syrphidae

张魁艳[1]、黄春梅[1]、杨定[2]（1.中国科学院动物研究所；2.中国农业大学）

1.纤细巴食蚜蝇 *Baccha maculata* Walker

分布：中国浙江（景宁、百山祖）、河南、湖北、湖南、福建、台湾、四川、云南、西藏；朝鲜、日本、印度、尼泊尔、马来西亚、菲律宾、印度尼西亚。

2.狭带贝食蚜蝇 *Betasyrphus serarius*（Wiedemann）

分布：中国浙江（景宁、龙王山、百山祖）、吉林、辽宁、内蒙古、河北、河南、江苏、甘肃、湖北、江西、湖南、福建、台湾、广东、海南、四川、贵州、云南、西藏；朝鲜、日本、印度、尼泊尔、斯里兰卡、印度尼西亚、巴布亚新几内亚、欧洲、澳大利亚。

3.侧斑直脉食蚜蝇 *Dideoides latus*（Coquillett）

分布：中国浙江（景宁、百山祖）、湖南、福建、广西；日本、东洋区。

4.绿黑斑眼蚜蝇 *Eristalinus viridis*（Coquillett）

分布：中国浙江（景宁、百山祖）、河北、江苏、四川；日本。

5.灰带管蚜蝇 *Eristalis cerealis* Fabricius

分布：中国浙江（景宁、莫干山、百山祖）、甘肃、河南、河北、江苏、江西、湖南、福建、广东、四川、新疆、云南、西藏；朝鲜、日本、欧洲、东洋区。

6.长尾管蚜蝇 *Eristalis tenax*（Linnaeus）

分布：中国浙江（景宁、龙王山、莫干山、百山祖）、河北、甘肃、江苏、湖北、湖南、福建、广东、四川、贵州、云南、西藏；古北区、澳州区、北美洲、东洋区。

7.台湾缺伪蚜蝇 *Graptomyza formosana* Shiraki

分布：中国浙江（景宁、龙王山、百山祖）、河南、台湾、四川。

8. 方斑黑蚜蝇 *Melanostoma mellinum*（Linnaeus）

分布：中国浙江（景宁、百山祖）、河北、甘肃、福建、四川、云南、西藏；日本、蒙古、伊朗、阿富汗、非洲北部、欧洲。

9. 东方黑蚜蝇 *Melanostoma orientale*（Wiedemann）

分布：中国浙江（景宁、百山祖）、湖北、四川、西藏；俄罗斯、日本、东洋区。

10. 梯斑黑蚜蝇 *Melanostoma scalare*（Fabricius）

分布：中国浙江（景宁、莫干山、百山祖）、甘肃、河北、福建、广东、广西、四川、云南、西藏、台湾；古北区、东洋区。

11. 黄带狭腹食蚜蝇 *Meliscaeva cinctella*（Zetterstedt）

分布：中国浙江（景宁、百山祖）、甘肃、陕西、台湾、广西、四川、西藏；古北区、东洋区。

12. 印度细腹食蚜蝇 *Sphaerophoria indiana* Bigot

寄主：蚜虫。

分布：中国浙江（景宁、龙王山、古田山、百山祖）、黑龙江、河南、甘肃、河北、江苏、湖南、福建、广东、广西、四川、贵州、云南、西藏；俄罗斯、朝鲜、日本、蒙古、阿富汗、东洋区。

13. 三色棒腹蚜蝇 *Sphegina tricoloripes* Brunetti

分布：中国浙江（景宁、百山祖）、湖南、四川、云南；印度。

（十七）甲蝇科 Celyphidae

杨金英[1]、杨定[2]（1. 贵阳海关；2. 中国农业大学）

华毛狭甲蝇 *Spaniocelphus papposus* Tenorio

分布：中国浙江（景宁、莫干山、百山祖）、江西、福建。

（十八）果蝇科 Drosophilidae

1. 双条果蝇 *Drosophila bifasciata* Pomini

分布：中国浙江（景宁、凤阳山）、黑龙江、吉林、新疆、江苏、四川；朝鲜、日本、乌兹别克斯坦、欧洲。

2. 弯头果蝇 *Drosophila curviceps* Okade *et* Kurokawa

分布：中国浙江（景宁、凤阳山）、山东、广东、云南；朝鲜、日本、印度。

3. 筋果蝇 *Drosophila funebris*（Fabricius）

分布：中国浙江（景宁、龙泉）、黑龙江、吉林、新疆；朝鲜、日本、蒙古、黎巴嫩、以色列、非洲、欧洲、澳大利亚、北美洲。

4. 甘氏果蝇 *Drosophila gani* Liang *et* Zhang

分布：中国浙江（景宁、凤阳山）、安徽、福建、广东、云南；日本。

5. 刘氏果蝇 *Drosophila lini* Chen

分布：中国浙江（景宁、四明山、凤阳山）、广西。

（十九）突眼蝇科 Diopsidae

四斑泰突眼蝇 *Teleopsis quadriguttata*（Walker）

分布：中国浙江（景宁、百山祖）、福建、台湾、广东、海南、广西、贵州；马来西亚、印度尼西亚。

（二十）禾蝇科 Opomyzidae

林地禾蝇 *Geomyza silvatica* Yang

分布：中国浙江（景宁、天目山、百山祖）。

（二十一）奇蝇科 Teratomyzidae

中国奇蝇 *Teratomyza chinica* Yang

分布：中国浙江（景宁、百山祖）、广西。

（二十二）秆蝇科 Chloropidae

刘晓艳[1]、杨定[2]（1. 华中农业大学；2. 中国农业大学）

1. 猬秆蝇 *Anatrichus pygmaeus* Lamb

分布：中国浙江（景宁、百山祖）、台湾、云南；日本、泰国、缅甸、尼泊尔、孟加拉国、印度、斯里兰卡、巴基斯坦、菲律宾、马来西亚、印度尼西亚。

2. 西伯利亚瘤秆蝇 *Elachiptera sibirica*（Loew）

分布：中国浙江（景宁、百山祖）、河北、台湾、云南；蒙古、日本、欧洲。

3. 浙江黑鬃秆蝇 *Melanschaeta zhejiangensis* Yang *et* Yang

分布：中国浙江（景宁、浙江）。

4. 角突剑芒秆蝇 *Steleocerellus cornifer*（Becker）

分布：中国浙江（景宁、百山祖）、台湾、贵州、云南；日本、东洋区。

5. 中黄剑芒秆蝇 *Steleocerellus ensifer*（Thomson）

分布：中国浙江（景宁、百山祖）、台湾、广东、海南、四川、云南；俄罗斯、日本、越南、泰国、斯里兰卡、印度、尼泊尔、菲律宾、印度尼西亚、马来西亚。

6. 棘鬃秆蝇 *Togeciphus katoi*（Nishijima）

分布：中国浙江（景宁、百山祖）、台湾、贵州、云南；日本。

（二十三）蝇科 Muscidae

薛万琦、郝博（沈阳师范大学）

1. 短阳秽蝇 *Coenosia breviedeagus* Wu *et* Xue

分布：中国浙江（景宁、龙王山、百山祖）、四川。

2. 黑角秽蝇 *Coenosia nigricornis* Wu *et* Xue

分布：中国浙江（景宁、百山祖、龙王山）。

3. 锡兰孟蝇 *Bengalia bezzii* Senior-White

分布：中国浙江（景宁、天目山、舟山、庆元）、福建、台湾、广东、四川、海南；日本、越南、老挝、泰国、菲律宾、马来西亚、新加坡、印度尼西亚、印度、斯里兰卡。

4. 浙江孟蝇 *Bengalia chekiangensis* Fan

分布：中国浙江（景宁、天目山、百山祖）、安徽、江西。

5. 台湾等彩蝇 *Isomyia electa*（Villeneuve）

分布：中国浙江（景宁、天目山、杭州、庆元、乐清、泰顺）、湖北、福建、台湾、海南、四川；日本、缅甸、马来西亚、柬埔寨、尼泊尔、印度。

6. 小叉等彩蝇 *Isomyia furcicula* Fang *et* Fan

分布：中国浙江（景宁、庆元）、江西、福建。

7. 牯岭等彩蝇 *Isomyia oestracea* （Séguy）

分布：中国浙江（景宁、莫干山、天目山、庆元、泰顺）、安徽、江西、福建、四川、云南、西藏；老挝、马来西亚、印度尼西亚、孟加拉国、印度、柬埔寨。

8. 杭州等彩蝇 *Isomyia pichoni* （Séguy）

分布：中国浙江（景宁、杭州、庆元、乐清、泰顺）、福建。

9. 伪绿等彩蝇 *Isomyia pseudolucilia* （Malloch）

分布：中国浙江（景宁、龙王山、莫干山、天目山、庆元、乐清、泰顺）、安徽、四川、湖南、福建、云南；越南、老挝、东洋区。

10. 拟黄胫等彩蝇 *Isomyia pseudoviridana* （Peris）

分布：中国浙江（景宁、天目山、龙泉、庆元）、安徽、福建、广东、海南、四川；缅甸、印度、尼泊尔、斯里兰卡。

11. 猬叶拟金彩蝇 *Metalliopsis erinacea* （Fang *et* Fan）

分布：中国浙江（景宁、庆元）。

12. 福建拟粉蝇 *Polleniopsis fukienensis* Kurahashi

分布：中国浙江（景宁、天目山、百山祖）、江苏、上海、福建。

13. 鬃尾鼻彩蝇 *Rhyncomya setipyga* Villeneuve

分布：中国浙江（景宁、龙王山、天目山、龙泉、雁荡山）、福建、台湾、广东；日本、菲律宾、尼泊尔。

(二十四) 寄蝇科 Tachinidae

张春田[1]、李君健[1]、侯鹏[2]、王强[3]、梁厚灿[4]
（1. 沈阳师范大学；2. 沈阳大学；3. 上海海关；4. 大连海关）

1. 雅科饰腹寄蝇 *Blepharipa jacobsoni* Townsend

分布：中国浙江（景宁、百山祖）、辽宁、河北、江苏、四川、云南；俄罗斯（远东地区）、日本。

2. 梳胫饰腹寄蝇 *Blepharipa schineri* Mesnil

寄主：落叶松毛虫、舞毒蛾。

分布：中国浙江（景宁、龙王山、百山祖）、黑龙江、吉林、辽宁、江苏、湖南、四川。

3. 蚕饰腹寄蝇 *Blepharipa zebina*（Walker）

寄主：西伯利亚松毛虫、思茅松毛虫、蝙蝠蛾、板栗天蛾、马尾松毛虫、赤松毛虫、落叶松毛虫、松茸毒蛾、家蚕、柞蚕、榆毒蛾、二点茶蚕、透翅蛾。

分布：中国浙江（景宁、莫干山、天目山、百山祖）、黑龙江、吉林、辽宁、北京、河北、山西、山东、河南、宁夏、陕西、青海、湖北、江西、湖南、江苏、福建、广东、海南、广西、四川、贵州、云南、西藏；俄罗斯（远东地区）、日本、泰国、缅甸、斯里兰卡、印度、尼泊尔。

4. 刺腹短须寄蝇 *Linnaemya microchaeta* Zimin

分布：中国浙江（景宁、天目山、百山祖）、内蒙古、北京、天津、河北、山西、安徽、江西、福建；塔吉克斯坦。

5. 萨毛瓣寄蝇 *Nemoraea sapporensis* Kocha

寄主：苹蚁舟蛾、天蚕蛾。

分布：中国浙江（景宁、天目山、百山祖）、黑龙江、辽宁、北京、河北、陕西、福建、湖北、湖南、四川、云南；日本。

6. 毒蛾蜉寄蝇 *Phorocera agilis* Robneau-Desvoidy

寄主：舞毒蛾。

分布：中国浙江（景宁、百山祖）、黑龙江、辽宁；日本、欧洲中南部。

7. 榆毒蛾嗜寄蝇 *Schineria tergesina* Rondani

分布：中国浙江（景宁、百山祖）、内蒙古、甘肃、河北、广西；俄罗斯、东亚其他国家。

8. 冠毛长唇寄蝇 *Siphona cristata* Fabricius

寄主：黏虫、小麦夜蛾、甘蓝夜蛾、玛瑙夜蛾、蓝目天蛾、暗点赭尺蛾、大蚊。

分布：中国浙江（景宁、天目山、百山祖）、黑龙江、吉林、北京、内蒙古、甘肃、青海、河北、福建、台湾、四川、云南、贵州、西藏；欧洲。

9. **艳斑寄蝇** *Tachina lateromaculata* Chao

分布：中国浙江（景宁、杭州、天目山、百山祖）、山西、陕西、湖北、江西、湖南、福建、四川、贵州、云南；越南、阿富汗。

10. **长角髭寄蝇** *Vibrissina turrita* Meigen

寄主：玫瑰叶蜂。

分布：中国浙江（景宁、天目山、百山祖）、吉林、辽宁、北京、山西、陕西、江苏、安徽、福建、湖南、广西、四川、云南、西藏；朝鲜、日本、俄罗斯（圣彼得堡）、外高加索、欧洲北部达德国北部和波兰北部、法国。

二十三、膜翅目 Hymenoptera

膜翅目昆虫俗称蜜蜂、叶蜂、蚂蚁等，简称蜂或蚁。成虫体微小到大型，体长0.2～50 mm，一般有2对膜翅，前翅大，后翅小，飞行时前后翅以翅钩列连接，翅脉比较特化。口器咀嚼式或嚼吸式，胸腹部广结，有的腹部第1腹节常与后胸合并为并胸腹节。雌虫产卵器锯状、刺状或针状。跗节通常5节，完全变态，蛹多为裸蛹，常有茧保护。本文共记述保护区膜翅目16科97属148种。

（一）三节叶蜂科 Argidae

1. **日本黑毛三节叶蜂** *Arge nipponensis* Rohwer

分布：中国浙江（景宁、龙王山、天目山、凤阳山、德清、杭州、宁波）、内蒙古、山西、河南、陕西、江苏、上海、安徽、湖北、江西、湖南、福建、广东、广西、四川、贵州；日本、朝鲜、俄罗斯。

2. **光唇黑毛三节叶蜂** *Arge similis* Vollenhoven

分布：中国浙江（景宁、龙王山、天目山、杭州、建德、衢州、丽水、龙泉、庆元、文成）、山东、河南、陕西、湖北、江西、湖南、福建、台湾、广东、广西、四川、贵州；日本、印度。

3. **背斑黄腹三节叶蜂** *Arge victoriae* （Kirby）

分布：中国浙江（景宁、龙王山、天目山、凤阳山、宁波、奉化、龙泉）、河南、江苏、江西、湖南、广东、福建、台湾、贵州。

(二) 叶蜂科 Tenthredinidae

牛耕耘（江西师范大学）

1. 红胫异基叶蜂 *Abeleses rufotibialis* Wei, 2003

分布：中国浙江（景宁）、甘肃、陕西、河南、福建、湖南。

2. 日本凹颚叶蜂 *Aneugmenus japonicus* Rohwer

分布：中国浙江（景宁、莫干山、天目山、长兴、舟山、龙泉）、河南、陕西、江苏、江西、湖南、福建、广西、台湾；日本。

3. 黄带凹颚叶蜂 *Aneugmenus pteridii* Malaise

寄主：凤尾蕨。

分布：中国浙江（景宁、龙王山、凤阳山、百山祖、天目山）、河南、安徽、湖北、江西、福建、四川、贵州、云南；缅甸。

4. 白足短唇叶蜂 *Birmindia gracilis* (Forsius)

分布：中国浙江（景宁、天目山、庆元）、湖北、湖南、福建、四川、贵州、云南；缅甸北部。

5. 短柄直脉叶蜂 *Hemocla brevinerva* Wei

分布：中国浙江（景宁、天目山、龙泉、庆元）、湖北、福建、湖南、广西、四川、云南。

6. 中华浅沟叶蜂黑肩亚种 *Pseudostromboceros sinensis perplexus* (Zombori)

分布：中国浙江、黑龙江、内蒙古、北京、河北、山东、河南、陕西、江苏、安徽、湖北、江西、湖南、福建、广西、四川、云南；朝鲜、欧洲。

7. 黄带叶蜂（黄带斑翅叶蜂） *Tenthredo flavobalteata* Cameron

分布：中国浙江（景宁、龙王山、天目山、安吉、松阳、龙泉）、上海、湖北、湖南、福建、香港、湖南。

8. 天目黄角叶蜂 *Tenthredo tienmushana* (Takeuchi)

分布：中国浙江（景宁、天目山、安吉、龙泉）、北京、河北、河南、湖北、四川、云南。

9. 瓦山黄角叶蜂 *Tenthredo indigena* Malaise

分布：中国浙江（景宁、天目山、松阳、龙泉、庆元）、四川。

10. 窝板缢腹叶蜂 *Tenthredo omphalica* Wei *et* Nie

分布：中国浙江（景宁、天目山、凤阳山）、湖北、福建、四川。

（三）茎蜂科 Cephidae

刘琳（中南林业科技大学）

梨简脉茎蜂 *Janus piri* O. M.

分布：中国浙江（景宁、天目山、杭州、义乌、庆元）、北京、甘肃、湖北、江西、湖南。

（四）钩腹蜂科 Trigonalyidae

陈华燕、何俊华、唐璞（浙江大学）

切纹钩腹蜂 *Poecilogonalos intermedia* Chen

分布：中国浙江（景宁、龙王山、天目山、凤阳山）、河南、湖南、云南。

（五）褶翅蜂科 Gasteruptiidae

刘经贤（华南农业大学）

日本褶翅蜂 *Gasteruption japonicum* Cameron

分布：中国浙江（景宁、天目山、杭州、衢州、松阳、庆元）。

（六）金小蜂科 Pteromalidae

肖晖（中国科学院动物研究所）

1. 尖角金小蜂 *Callitula* sp.

分布：中国浙江（景宁、舟山）。

2. 多环大眼金小蜂 *Macroglenes varicornis* (Haliday, 1833)

分布：中国浙江（景宁）、四川；英国、爱尔兰、瑞典。

3. 飞虱卵金小蜂 *Panstenon oxylus*（Walker, 1839）

分布：中国浙江（景宁、舟山、江山）、辽宁、河北、陕西、宁夏、福建、广东。

4. 脊胸斯夫金小蜂 *Sphegigaster carinata* Huang, 1990

分布：中国浙江（景宁、江山）、云南。

5. 克氏金小蜂 *Trichomalopsis* sp.

分布：中国浙江（景宁、舟山）。

（七）姬蜂科 Ichneumonidae

1. 棒腹方盾姬蜂 *Acerataspis clavata*（Uchida）

分布：中国浙江（景宁、天目山、凤阳山、松阳、庆元）、福建、广西、四川、云南；日本。

2. 螟虫顶姬蜂 *Acropimpla persimilis*（Ashmead）

寄主：棉大卷叶螟、桑绢野螟、樗蚕、枇杷卷叶野螟、豆蚀叶野螟、竹织叶野螟、竹绀野螟、天幕毛虫、桃蛀野螟、大蓑蛾、竹绒野螟。

分布：中国浙江（景宁、天目山、余杭、余姚、常山、庆元）、黑龙江、辽宁、北京、山东、陕西、湖北、福建、四川、贵州；朝鲜、日本、俄罗斯。

3. 游走巢姬蜂指名亚种 *Acroricnus ambulator ambulator*（Smith）

寄主：日本蜾蠃蜂、李蜾蠃蜂、黄缘蜾蠃蜂。

分布：中国浙江（景宁、天目山、松阳、庆元）、黑龙江、辽宁、北京、山西、山东、江苏、湖南、福建、台湾、广西、四川、云南；朝鲜、日本、俄罗斯。

4. 具柄凹眼姬蜂指名亚种 *Casinaria pedunculata pedunculata*（Szepligeti）

寄主：稻弄蝶、隐纹稻弄蝶、台湾籼弄蝶。

分布：中国浙江（景宁、嘉兴、杭州、临安、丽水、缙云、遂昌、松阳、龙泉、平阳）、河南、安徽、湖北、江西、湖南、福建、台湾、广东、广西、四川、贵州、云南；印度、印度尼西亚。

5. 稻纵卷叶螟凹眼姬蜂 *Casinaria simillima* Maheshwary *et* Gupta

寄主：稻纵卷叶螟。

分布：中国浙江（景宁、杭州、龙泉）、湖北、江西、湖南、福建、台湾、广东、四川、广西。

6. 来色姬蜂 *Centeterus altemecoloratus* Cushman

寄主：二化螟。

分布：中国浙江（景宁、嵊州、慈溪、仙居、龙泉）。

7. 线角圆丘姬蜂 *Cobunus filicornis* Uchida

分布：中国浙江（景宁、天目山、庆元）、台湾。

8. 野蚕黑瘤姬蜂 *Coccygomimus luctuosus*（Smith）

寄主：茶蓑蛾、茶长卷蛾、赤松毛虫、马尾松毛虫、野蚕、樗蚕、杨扇舟蛾、竹缕舟蛾、栎掌舟蛾、黄麻桥夜蛾、华竹毒蛾、稻弄蝶、柑橘凤蝶、大蓑蛾、天幕毛虫、美国白蛾、土夜蛾、兵舞毒蛾、素毒蛾、山楂粉蝶、菜粉蝶、白绢蝶。

分布：中国浙江（景宁、湖州、安吉、海盐、杭州、余杭、富阳、龙泉）、辽宁、北京、江苏、上海、江西、福建、台湾、四川、贵州；朝鲜、日本、俄罗斯（远东地区）。

9. 毛圆胸姬蜂指名亚种 *Colpotrochia pilosa pilosa*（Cameron）

寄主：竹缕舟蛾、竹拟皮舟蛾、螟蠃蜂。

分布：中国浙江（景宁、天目山、长兴、余杭、庆元）、湖南、福建、台湾、云南；印度。

10. 台湾细颚姬蜂 *Enicospilus formosensis*（Uchida）

分布：中国浙江（景宁、天目山、龙泉、庆元）、广东、福建、台湾、江苏、安徽、江西、湖南、四川；日本、印度。

11. 高氏细颚姬蜂 *Enicospilus gauldi* Nikam

寄主：落叶松毛虫。

分布：中国浙江（景宁、天目山、庆元）、黑龙江、吉林、江苏、江西、湖南、福建、陕西、云南、贵州；印度。

12. 细线细颚姬蜂 *Enicospilus lineolatus*（Roman）

寄主：竹缕舟蛾、棉铃虫、马尾松毛虫、红腹白灯蛾。

分布：中国浙江（景宁、莫干山、天目山、嘉兴、平湖、杭州、宁波、奉化、定海、江山、丽水、缙云、龙泉、温州、泰顺）、河北、山西、陕西、江苏、安徽、湖北、湖南、福建、台湾、广东、广西、四川、云南、贵州；俄罗斯、日本、菲律宾、印度、尼泊尔、斯里兰卡、马来半岛、苏门答腊岛、加里曼丹岛、爪哇岛、新几内亚岛、洛亚蒂群岛、新喀里多尼亚、所罗门群岛、澳大利亚。

13. 褶皱细颚姬蜂 *Enicospilus plicatus* （Brulle）

寄主：栗黄枯叶蛾。

分布：中国浙江（景宁、天目山、四明山、乌岩岭、安吉、杭州、缙云、遂昌、龙泉）、陕西、安徽、江西、湖南、福建、台湾、广东、广西、云南、四川、贵州、西藏；菲律宾、越南、泰国、马来半岛、印度尼西亚。

14. 茶毛虫细颚姬蜂 *Enicospilus pseudoconspersae* （Sonan）

寄主：茶毛虫。

分布：中国浙江（景宁、天目山、凤阳山、杭州、鄞州、江山、丽水、温州、泰顺）、江苏、安徽、湖北、江西、湖南、福建、台湾、广西、四川、云南、陕西；菲律宾、印度、尼泊尔。

15. 三阶细颚姬蜂 *Enicospilus tripartitus* Chiu

分布：中国浙江（景宁、天目山、丽水、松阳、龙泉）、陕西、江苏、安徽、湖北、江西、湖南、四川、福建、台湾、广东、广西、贵州；日本、朝鲜、印度、尼泊尔。

16. 中华钝唇姬蜂 *Eriborus sinicus* （Holmgren）

寄主：三化螟、二化螟、二点螟、高粱条螟、甘蔗小卷蛾、大螟、甘薯蠹螟、尖翅小卷蛾。

分布：中国浙江（景宁、杭州、绍兴、缙云、龙泉）、江苏、福建、台湾、广东、云南；菲律宾、夏威夷群岛。

17. 大螟钝唇姬蜂 *Eriborus terebranus* （Gravenhorst）

寄主：二化螟、三化螟、高粱条螟、亚洲玉米螟、大螟、稻金翅夜蛾。

分布：中国浙江（景宁、长兴、平湖、杭州、镇海、玉环、丽水、缙云、龙泉）、黑龙江、吉林、河北、山西、山东、河南、陕西、江苏、江西；朝鲜、日本、俄罗斯、匈牙利、法国、意大利、密克罗西亚。

18. 纵卷叶螟钝唇姬蜂（稻纵卷叶腹姬蜂） *Eriborus vulgaris* （Morley）

寄主：稻纵卷叶螟。

分布：中国浙江（景宁、东阳、缙云、龙泉）、湖北、江西、湖南、福建、台湾、广东、广西、四川、云南；日本、印度、塞舌尔群岛。

19. 松毛虫异足姬蜂 *Heteropelma amictum* （Fabricius）

寄主：油松毛虫、茸毒蛾、赤松毛虫、落叶松毛虫、松尺蛾、杨天蛾、黄点石冬夜蛾、杂灌枯叶蛾、圆掌舟蛾、松天蛾、栎异舟蛾。

分布：中国浙江（景宁、天目山、缙云、松阳、龙泉）、吉林、辽宁、陕西、江苏、江西、福建、台湾、广东、广西、四川、贵州、云南；朝鲜、日本、菲律宾、尼泊尔、缅甸、印度、印度尼西亚、伊朗、俄罗斯、英国、瑞典。

20. **眼斑介姬蜂** *Ichneumon ocellus* Tosquinet

寄主：黏虫、稻弄蝶。

分布：中国浙江（景宁、杭州、龙泉）、湖南、福建、台湾、广东、四川、贵州、云南。

21. **黑尾姬蜂** *Ischnojoppa luteator*（Fabricius）

寄主：稻弄蝶、隐纹稻弄蝶、姜弄蝶。

分布：中国浙江（景宁、杭州、嵊州、仙居、龙泉、温州）、江苏、湖北、江西、湖南、台湾、福建、广东、广西、四川、贵州、云南、西藏；朝鲜、日本、菲律宾、印度尼西亚、新加坡、马来西亚、缅甸、印度、斯里兰卡、澳大利亚。

22. **青腹姬蜂** *Lareiga abdominalis*（Uchida）

分布：中国浙江（景宁、天目山、凤阳山、百山祖、长兴、松阳）、湖北、江西、福建、台湾、广西。

23. **长尾曼姬蜂** *Mansa longicauda* Uchida

分布：中国浙江（景宁、天目山、安吉、松阳、庆元）、江西、河南、湖南、台湾。

24. **斜纹夜蛾盾脸姬蜂** *Metopius rufus browni* Ashmead

寄主：斜纹夜蛾、黏虫、稻弄蝶。

分布：中国浙江（景宁、天目山、杭州、余杭、缙云、松阳、庆元、温州）、江苏、湖北、福建、台湾、广东、广西、四川、云南；蒙古、朝鲜、日本、菲律宾、印度。

25. **浙江超齿拟瘦姬蜂** *Netelia zhejiangensis* He et Chen

分布：中国浙江（景宁、凤阳山）、广西。

26. **具瘤畸脉姬蜂** *Neurogenia tuberculuta*

分布：中国浙江（景宁、凤阳山、龙泉、庆元）、广西。

27. **中华齿腿姬蜂** *Pristomerus chinensis* Ashmead

寄主：大豆食心虫、棉红铃虫、棉褐带卷蛾、亚洲玉米螟、松梢斑螟、二化螟、小卷蛾、梨小食心虫。

分布：中国浙江（景宁、天目山、嘉兴、杭州、萧山、慈溪、镇海、普陀、缙云、松阳、龙泉）、黑龙江、吉林、辽宁、河南、江苏、安徽、湖北、江西、湖南、台湾、广东、四川；朝鲜、日本。

28. 黄褐齿胫姬蜂 *Scolobates testaceus* Morley

分布：中国浙江（景宁、天目山、凤阳山、安吉、庆元）、河南、江苏、湖北、福建、台湾、广西；日本、印度。

29. 点尖腹姬蜂 *Stenichneumon appropinquans* (Cameron)

分布：中国浙江（景宁、天目山、凤阳山、松阳）、湖北、福建、台湾、广西、四川、贵州、云南；印度。

30. 后斑尖腹姬蜂 *Stenichneumon posticalis* (Matsumura)

分布：中国浙江（景宁、天目山、凤阳山、乌岩岭、遂昌、松阳、庆元）、福建、广西、四川、贵州、云南；朝鲜、日本。

31. 黏虫棘领姬蜂 *Therion circumflexum* (Linnaeus)

分布：中国浙江（景宁、天目山、庆元）、黑龙江、吉林、辽宁、内蒙古、北京、河北、甘肃、新疆、江西、台湾；朝鲜、蒙古、日本、俄罗斯、波兰、芬兰、比利时、英国、以色列、北美。

32. 白基多印姬蜂 *Zatypota albicoxa* (Walker)

寄主：温室球腹蛛。

分布：中国浙江（景宁、天目山、安吉、杭州、诸暨、镇海、遂昌、松阳、庆元）、黑龙江、河南、江苏、湖南、四川、贵州、云南；日本、欧洲。

（八）茧蜂科 Braconidae

1. 细足脊茧蜂 *Aleiodes gracilipes* Telenga

分布：中国浙江（景宁、龙王山、天目山、凤阳山、庆元）、湖南、福建、广西、贵州、云南；俄罗斯。

2. 黑脊茧蜂 *Aleiodes microculatus* (Watanabe)

分布：中国浙江（景宁、龙王山、天目山、安吉、杭州、松阳、龙泉）、湖北、湖南、福建、四川；俄罗斯、日本。

3. 黏虫脊茧蜂 *Aleiodes mythimnae* He *et* Chen

分布：中国浙江（景宁、龙王山、天目山、凤阳山、黄岩）、黑龙江、吉林、湖北、福建、广东、海南、广西、四川、贵州、云南；古北区。

4. 折半脊茧蜂 *Aleiodes ruficornis* (Herrich-Schaffer)

分布：中国浙江（景宁、天目山、龙泉）、黑龙江、吉林、辽宁、北京、河北、山西、山东、河南、新疆、甘肃、陕西、湖北、四川、贵州、云南；古北区。

5. 何氏革腹茧蜂 *Ascogaster hei* Tang *et* Marsh

分布：中国浙江（景宁、天目山、凤阳山、松阳）、黑龙江、吉林、福建。

6. 四齿革腹茧蜂 *Ascogaster quadridentata* Wesmael

寄主：卷蛾、巢蛾、杉梢小卷蛾。

分布：中国浙江（景宁、莫干山、天目山、古田山、杭州、遂昌、松阳、庆元）、吉林、北京、江苏、福建、台湾、广西、贵州、云南；日本、韩国、新西兰、古北区西部、新北区。

7. 棉褐带卷叶蛾绒茧蜂 *Apanteles adoxophyesi* Minamikawa，1954

分布：中国浙江（景宁、古田山、天目山、海盐、杭州、余杭、金华、兰溪、衢州、温州，丽水）、山东、河南、江苏、安徽、湖北、江西、福建、台湾、广东、广西、四川、贵州、云南；日本。

8. 纵卷叶螟绒茧蜂 *Apanteles cypris* Nixon，1965

分布：中国浙江（景宁、天目山、杭州西溪公园、古田山、九龙山、湖州、安吉、嘉兴、平湖、杭州、萧山、余姚、义乌、东阳、兰溪、临海、缙云、遂昌、景宁、龙泉、文成、平阳）、江苏、安徽、福建、江西、河南、湖南、台湾、广东、海南、香港、广西、四川、贵州、云南；印度、印度尼西亚、日本、马来西亚、尼泊尔、巴基斯坦、菲律宾、新加坡、斯里兰卡、越南。

9. 毛肛宽鞘茧蜂 *Centistes chaetopygidium* Belokobylskij

分布：中国浙江（景宁、天目山、凤阳山、龙泉）、江西；俄罗斯（远东地区）。

10. 长管悦茧蜂 *Charmon extensor* (Linnaeus)

寄主：卷蛾、织蛾、麦蛾。

分布：中国浙江（景宁、龙王山、凤阳山、百山祖、缙云）、内蒙古、安徽；古北区、东洋区、非洲区、新北区。

11. 红胸悦茧蜂 *Charmon rufithorax* Chen et He

分布：中国浙江（景宁、天目山、凤阳山、百山祖）、吉林、湖北、湖南、云南、四川。

12. 皱额横纹茧蜂 *Clinocentrus rugifrons* Chen et He

分布：中国浙江（景宁、松阳、凤阳山）、福建、广西。

13. 黄圆脉茧蜂 *Gyroneuron testaceator* Watanabe

分布：中国浙江（景宁、凤阳山、庆元）、湖南、福建、台湾、广西、云南。

14. 日本滑茧蜂 *Homolobus nipponensis* van Achterberg

分布：中国浙江（景宁、莫干山、百山祖）、福建；日本。

15. 截距滑胸茧蜂 *Homolobus trunactor*（Say）

寄主：小地老虎、棉大造桥虫、尺蛾科。

分布：中国浙江（景宁、龙王山、平湖、杭州、萧山、上虞、庆元）、黑龙江、吉林、辽宁、内蒙古、北京、河北、山西、河南、新疆、宁夏、甘肃、陕西、江苏、江西、台湾、四川、贵州；古北区、东洋区、新北区、新热带区。

16. 暗滑胸茧蜂（暗滑茧蜂） *Homolobus infumator*（Lyle）

寄主：落叶松毛虫、尺蛾科、织蛾科。

分布：中国浙江（景宁、天目山、凤阳山、百山祖、安吉、龙泉、庆元）、黑龙江、吉林、新疆、甘肃、陕西、江西、湖南、福建、台湾、贵州、云南；全北区、东洋区。

17. 黄毛室茧蜂 *Leiophron flavicorpus* Chen et van Achterberg

分布：中国浙江（景宁、凤阳山）。

18. 红胸长体茧蜂 *Macrocentrus thoracicus*（Nees）

寄主：卷蛾科、麦蛾科、织蛾科。

分布：中国浙江（景宁、百山祖、天目山、杭州、庆元）、辽宁、北京。

19. 苏门答腊大口茧蜂 *Macrostomion sumatranum*（Enderlein）

分布：中国浙江（景宁、天目山、凤阳山）、湖北、福建、台湾、海南、广西、贵州、云南；印度尼西亚。

20. 双刺小腹茧蜂 *Microgaster bispinosus* Xu *et* He

分布：中国浙江（景宁、龙王山、天目山、百山祖）。

21. 古晋小腹茧蜂 *Microgaster kuchingensis* Wilkinson

寄主：缀叶丛螟、竹绒野螟、竹野螟、淡脂黄水螟。

分布：中国浙江（景宁、安吉、杭州、余杭、上虞、松阳、庆元）、吉林、福建、台湾；加里曼丹岛、菲律宾、印度、澳大利亚。

22. 暗翅小腹茧蜂 *Microgaster obscuripennatus* You *et* Xia

分布：中国浙江（景宁、天目山、松阳）、湖南。

23. 两色侧沟茧蜂 *Microplitis bicoloratus* Xu *et* He

分布：中国浙江（景宁、龙王山、百山祖、普陀山）、山东、湖北。

24. 山地常室茧蜂 *Peristenus montanus* Chen *et* van Achtrberg

分布：中国浙江（景宁、凤阳山、百山祖）、湖南。

25. 台湾合腹茧蜂 *Phanerotomella taiwanensis* Zettel

分布：中国浙江（景宁、莫干山、天目山、古田山、杭州、松阳、庆元）、福建、台湾、广东、广西。

26. 褪色前眼茧蜂 *Proterops decoloratus* Shestakov

分布：中国浙江（景宁、莫干山、古田山、凤阳山、杭州、金华、龙游、遂昌、松阳、文成）、山西、湖北、四川、贵州、云南；俄罗斯。

27. 红角角室茧蜂 *Stantonia ruficornis* Enderlein

寄主：竹织叶野螟、竹镂舟蛾。

分布：中国浙江（景宁、莫干山、天目山、湖州、杭州、余杭、庆元）、江苏、湖南、台湾、云南。

28. 钝长柄茧蜂 *Streblocera obtusa* Chen *et* van Achterberg

分布：中国浙江（景宁、天目山、凤阳山、龙泉）。

29. 冈田长柄茧蜂 *Streblocera okadai* Watanabe

分布：中国浙江（景宁、天目山、杭州、东阳、天台、庆元）、吉林、辽宁、河北、山东、河南、陕西、江苏、安徽、湖北、湖南、福建、云南；日本、俄罗斯（远东地区）。

30. 红骗赛茧蜂 *Zele deceptor frufulus* (Thomson)

寄主：多种尺蛾科和夜蛾科幼虫。

分布：中国浙江（景宁、龙王山、天目山、百山祖、丽水）、陕西、湖北、湖南、福建、云南、西藏；全北区。

(九) 螯蜂科 Dryinidae

侨双距螯蜂 *Gonatopus hospes* (Perkins)

寄主：甘蔗扁角飞虱、白背飞虱、褐飞虱、灰飞虱、拟褐飞虱。

分布：中国浙江（景宁、余杭、黄岩、缙云、龙泉、温州）、北京、陕西、江苏、上海、安徽、湖北、江西、湖南、福建、广东、海南、广西、四川、贵州、云南；印度尼西亚、马来西亚、泰国、夏威夷群岛。

(十) 蚁蜂科 Mutillidae

驼盾蚁蜂岭南亚种 *Trogaopidia suspiciosa lingnani* (Mickel)

分布：中国浙江（景宁、天目山、海宁、杭州、舟山、金华、龙泉）、福建、海南、广西。

(十一) 土蜂科 Soliidae

1. 白毛长腹土蜂 *Campsomeris annulata* (Fabricius)

寄主：大黑鳃金龟、铜绿丽金龟。

分布：中国浙江（景宁、天目山、安吉、杭州、建德、淳安、嵊州、开化、遂昌、松阳）、河北、山东、江苏、安徽、湖北、江西、福建、台湾、广东、四川、贵州、云南；朝鲜、日本、印度、东南亚。

2. 金毛长腹土蜂 *Campsomeris prismatica* Smith

分布：中国浙江（景宁、莫干山、天目山、安吉、德清、杭州、建德、淳安、嵊州、衢州、遂昌、松阳、龙泉）、山东、江苏、安徽、江西、福建、台湾、广东、贵州；朝鲜、日本、印度、印度尼西亚、俄罗斯。

3. 眼斑土蜂 *Scolia oculata* (Matsumuara)

分布：中国浙江（景宁、天目山、乌岩岭、安吉、杭州、龙泉、松阳）、北京、山东、河南、台湾；日本、朝鲜、俄罗斯。

4. 四点土蜂 *Scolia pustulata* Fabricius

分布：中国浙江（景宁、天目山、杭州、淳安、龙泉）、吉林、北京、山东、江苏、上海、安徽、福建、四川；日本、印度、缅甸、俄罗斯。

（十二）蛛蜂科 Pompilidae

1. 傲埃皮蛛蜂 *Episyron arrogans* Smith

寄主：悦目金蛛、横纹金蛛、小悦目金蛛、大腹园蛛、角园蛛、五纹园蛛、黄褐新园蛛、无鳞波蛛。

分布：中国浙江（景宁、天目山、四明山、古田山、金华、遂昌、松阳、龙泉、庆元）、辽宁、河南、江西、福建、台湾；日本、印度、斯里兰卡。

2. 台湾半沟蛛蜂 *Hemlpepsis taiwanus* Tsuneki

分布：中国浙江（景宁、龙王山、天目山、凤阳山、松阳）、山东、河南、江苏、福建、广东、四川。

3. 环带纹蛛蜂 *Batozonellus annulatus*（Fabricius）

分布：中国浙江（景宁、龙王山、天目山、凤阳山、乌岩岭、杭州、舟山、遂昌）、河南、江苏、福建、台湾、广东、海南、广西、贵州、云南；日本、朝鲜、缅甸、印度。

（十三）蚁科 Formicidae

陈志林，周善义（广西师范大学）

1. 光柄行军蚁 *Aenictus laeviceps*（Smith）

分布：中国浙江（景宁、百山祖）、安徽、湖北、江西、湖南、海南、四川、云南；印度、东南亚。

2. 史氏盘腹蚁 *Aphaenogaster smythiesi* Forel

分布：中国浙江（景宁、百山祖）、安徽、湖北、江西、湖南、福建、广西、四川、贵州、云南；印度、阿富汗。

3. 黄足短猛蚁 *Brachyponera luteipes*（Mayr）

分布：中国浙江（景宁、天目山、百山祖）、北京、河北、上海、山东、江苏、安徽、江西、福建、湖北、湖南、广东、海南、云南、台湾、四川、香港、澳门；亚洲其他国家、大洋洲。

4. 杂色弓背蚁 *Camponotus variegatus*（Smith，1858）

分布：中国浙江（景宁）、湖北、福建、广东、香港、澳门、台湾、广西；斯里兰卡、缅甸、新加坡、夏威夷群岛。

5. 日本弓背蚁 *Camponotus japonicus* Mayr，1866

分布：中国浙江（景宁）、黑龙江、吉林、辽宁、内蒙古、北京、河北、山西、山东、河南、甘肃、陕西、宁夏、新疆、江苏、上海、湖北、江西、湖南、福建、台湾、广东、海南、香港、广西、四川、贵州、云南；俄罗斯（远东地区）、蒙古、印度、斯里兰卡、日本、朝鲜、韩国、东南亚。

6. 上海举腹蚁 *Crematogaster zoceensis* Santschi

分布：中国浙江（景宁、百山祖）、河北、山东、河南、江苏、上海、安徽、福建、四川、江西、湖南、广东、广西。

7. 埃氏真结蚁 *Euprenolepis emmae*（Forel）

分布：中国浙江（景宁、百山祖）、安徽、江西、湖南、广东、香港、四川。

8. 日本黑褐蚁 *Formica japonica* Motschulsky

分布：中国浙江（景宁、百山祖）、黑龙江、吉林、辽宁、甘肃、河北、山西、山东、陕西、安徽、湖北、江西、湖南、福建、广东、四川、云南；亚洲其他国家。

9. 黑毛蚁 *Lasius niger*（Linnaeus）

分布：中国浙江（景宁、百山祖）、黑龙江、吉林、辽宁、北京、河北、山西、山东、河南、陕西、江苏、安徽、湖北、湖南、福建、台湾、四川、贵州、云南、西藏；非洲北部、欧洲、亚洲其他国家、北美洲。

10. 玛格丽特氏红蚁（马格丽特红蚁） *Myrmica margaritae* Emery

分布：中国浙江（景宁、百山祖）、安徽、湖北、湖南、福建、台湾、四川、云南；东南亚。

11. 亮尼氏蚁 *Nylanderia vividula*（Nylander，1846）

分布：中国浙江（景宁）、陕西、湖北、广东、广西、福建、海南、香港、重庆、四川、贵州、云南；日本、斯里兰卡、印度、北美、欧洲。

12. 黄腹尼氏蚁 *Nylanderia flaviabdominis*（Wang，1997）

分布：中国浙江（景宁）、湖北、广东、广西。

13. 大山齿猛蚁（大山跳齿蚁） *Odontomachus monticola* Emery

分布：中国浙江（景宁、百山祖）、北京、河北、江苏、上海、湖北、湖南、广东、四川、福建、台湾、海南、云南、香港；日本、泰国、斯里兰卡、缅甸、印度、巴布亚新几内亚、菲律宾。

14. 蓬莱大齿猛蚁 *Odontomachus formosae* Forel，1912

分布：中国浙江（景宁）、吉林、北京、河南、甘肃、陕西、上海、湖北、湖南、福建、台湾、广东、海南、香港、广西、四川、贵州、云南；巴布亚新几内亚、菲律宾、印度、斯里兰卡、缅甸、泰国、日本、越南。

15. 宽结大头蚁 *Pheidole noda* F. Smith，1874

分布：中国浙江（景宁）、北京、河北、山东、河南、江苏、上海、安徽、湖北、江西、湖南、广东、广西、福建；亚洲其他国家。

16. 淡黄大头蚁 *Pheidole flaveria* Zhou et Zheng，1999

分布：中国浙江（景宁）、广西、河南。

17. 双齿多刺蚁（双突多刺蚁） *Polyrhachis dives* Smith

分布：中国浙江（景宁、百山祖）、河北、山东、甘肃、上海、安徽、湖北、江西、湖南、福建、台湾、广东、海南、香港、澳门、广西、贵州、云南；东南亚、斯里兰卡、日本、澳大利亚、巴布亚新几内亚。

18. 梅氏刺蚁 *Polyrhachis illaudata* Walker

分布：中国浙江（景宁、百山祖）、湖北、江西、湖南、福建、台湾、广东、海南、香港、广西、四川、贵州、云南；东南亚、孟加拉国、斯里兰卡。

19. 结刺蚁（四刺蚁） *Polyrhachis rastellata*（Latreille）

分布：中国浙江（景宁、百山祖）、湖北、江西、湖南、福建、台湾、广东、海南、广西、贵州、云南；印度、斯里兰卡、东南亚、澳大利亚。

20. 内氏前结蚁（纳氏平结蚁） *Prenolepis naorojii* Forel

分布：中国浙江（景宁、百山祖）、湖北、江西、湖南、福建、四川、贵州、云南；缅甸、印度。

21. 飘细长蚁（长腹拟猛切叶蚁） *Tetraponera allaborans*（Walker）

分布：中国浙江（景宁、百山祖）、海南、福建、台湾、四川、云南；东南亚、斯里兰卡。

（十四）胡蜂科 Vespidae

1. 日本元蜾蠃 *Discoelius japonicus* Perez

分布：中国浙江（景宁、百山祖）、江西、福建、广西；日本。

2. 镶黄蜾蠃 *Eumenes decoratus* Smith

分布：中国浙江（景宁、莫干山、龙王山、古田山、百山祖）、吉林、辽宁、河北、山西、山东、江苏、湖南、广西、四川、贵州；朝鲜、日本。

3. 中华唇蜾蠃 *Eumenes labiatus sinicus* Soika

分布：中国浙江（景宁、古田山、百山祖）、江苏、江西、湖南、福建、广西、四川、贵州；亚洲其他国家、欧洲、非洲北部。

4. 斑柄蜾蠃 *Coeleumenes burmanicus* Bingham，1897

分布：中国浙江（景宁、开化、古田山、淳安）；马来西亚、斯里兰卡、泰国、越南。

5. 黑背喙蜾蠃 *Rhychium fahitense* Saussure，1867

分布：中国浙江（景宁、建德）、河北、山西、江西、湖南；澳大利亚。

6. 印度侧异腹胡蜂 *Parapolybia indica indica*（Saussure）

分布：中国浙江（景宁、龙王山、古田山、百山祖）、江苏、湖北、江西、湖南、福建、广东、广西、四川、贵州、云南；日本、缅甸、马来西亚。

7. 变侧异腹胡蜂 *Parapolybia varia varia*（Fabricius）

分布：中国浙江（景宁、龙王山、莫干山、古田山、百山祖）、江苏、湖北、湖南、福建、台湾、广东、四川、贵州、云南；缅甸、孟加拉国、印度、马来西亚、菲律宾、印度尼西亚。

8. 带铃腹胡蜂 *Ropalidia*（*Antreneida*）*fasciata* Fabricius，1804

分布：中国浙江（景宁、遂昌、龙泉）、广东、广西、台湾、云南；日本、缅甸、印度。

9. 台湾铃腹胡蜂 *Ropalidia*（*Antreneida*）*taiwana*

分布：中国浙江（景宁、遂昌）、台湾、福建；日本。

10. 日本马蜂 *Polistes japonicus* Saussure，1858

分布：中国浙江（景宁、天目山、乌岩岭、杭州、淳安、建德、德清、安吉、嵊州、金华、衢州、龙游、开化、丽水、松阳、遂昌、庆元）、江苏、江西、福建、广东、广西、四川、贵州、云南；日本。

11. 棕马蜂 *Polistes gigas* （Kirby）

分布：中国浙江（景宁、龙王山、古田山、百山祖）、江苏、福建、台湾、广东、广西、四川、贵州、云南；缅甸、孟加拉国、印度、马来西亚、菲律宾、印度尼西亚。

12. 纳马蜂 *Polistes jokahamae* Radoszkowski

分布：中国浙江（景宁、莫干山、古田山、百山祖）、河北、河南、江西、福建、广东、广西、四川；日本。

13. 澳门马蜂 *Polistes macaensis* Fabricius

分布：中国浙江（景宁、莫干山、古田山、百山祖）、河北、江苏、福建、广东、广西；日本、缅甸、孟加拉国、印度、新加坡、伊朗。

14. 陆马蜂 *Polistes rothneyi grahomi* Vecht

分布：中国浙江（景宁、龙王山、古田山、百山祖）、黑龙江、辽宁、河北、山东、河南、江苏、安徽、湖北、江西、湖南、福建、广东、四川。

15. 畦马蜂 *Polistes sulcatus* Smith

分布：中国浙江（景宁、古田山、百山祖）、江苏、安徽、江西、福建、广东、广西、四川、贵州、云南。

16. 黑尾胡蜂 *Vespa tropica ducalis* Smith

分布：中国浙江（景宁、古田山、百山祖）、黑龙江、辽宁、河北、湖北、江西、湖南、福建、台湾、广东、广西、四川、贵州、云南；日本、印度、尼泊尔、法国。

17. 墨胸胡蜂 *Vespa velutina nigrithorax* Buysson

分布：中国浙江（景宁、龙王山、古田山、百山祖）、湖北、江西、湖南、福建、广东、广西、四川、贵州、云南、西藏；印度、印度尼西亚。

18. 金环胡蜂 *Vespa mandarina* Smith

分布：中国浙江、黑龙江、辽宁、河北、湖北、江西、湖南、福建、台湾、广东、广西、四川、贵州、云南；日本、印度、尼泊尔。

19. 常见黄胡蜂 *Vespula vulgaris* (Linnaeus)

分布：中国浙江（景宁、龙王山、古田山、百山祖）及全国各地广布；亚洲其他国家、欧洲、北美洲、非洲北部。

（十五）蜜蜂科 Apidae

1. 东方蜜蜂中华亚种 *Apis* (*Sigmatapis*) *cerana cerana* Fabricius

分布：中国浙江及全国各地均有分布（新疆除外）；日本、朝鲜、印度、缅甸。

2. 重黄熊蜂 *Bombus flavus* Friese

分布：中国浙江（景宁、天目山、百山祖）、甘肃、河北、山西、陕西、安徽、湖北、江西、湖南、福建、四川、云南。

3. 仿熊蜂 *Bombus imitator* Pittioni

分布：中国浙江（景宁、百山祖）、甘肃、陕西、湖北、湖南、福建、广西、贵州、西藏。

4. 疏熊蜂 *Bombu sremotus* (Tkalcu)

分布：中国浙江（景宁、天目山、百山祖）、山西、陕西、湖北、四川、云南。

5. 三条熊蜂 *Bombus trifasciatus* Smith

分布：中国浙江（景宁、龙王山、天目山、百山祖）、甘肃、河北、陕西、安徽、湖北、江西、湖南、福建、台湾、广东、广西、四川、贵州、云南、西藏；越南、泰国、缅甸、印度、马来西亚、巴基斯坦、尼泊尔、不丹。

6. 角拟熊蜂 *Psithyrus cornutus* (Frison)

寄主：云木香。

分布：中国浙江（景宁、龙王山、百山祖）、陕西、安徽、湖北、湖南、福建、四川、贵州、云南；印度。

7. 忠拟熊蜂 *Psithyrus pieli* (Maa)

分布：中国浙江（景宁、百山祖）、辽宁、内蒙古、山西、陕西、江西、福建、广西、四川。

（十六）泥蜂科 Sphecidae

1. 红足沙泥蜂红足亚种 *Ammophila atripes atripes* Smith

寄主：鳞翅目。

分布：中国浙江（景宁、天目山、古田山、百山祖、江山）、北京、河北、山东、河南、陕西、江苏、安徽、湖北、江西、湖南、福建、广东、海南、广西、四川、贵州、云南；亚洲其他国家。

2. 瘤额沙泥蜂 *Ammophila globifrontalis* Liet He

分布：中国浙江（景宁、百山祖、江山）、湖北、广西、贵州。

3. 多沙泥蜂南方亚种 *Ammophila sabulosa vagabunda* Smith

寄主：鳞翅目幼虫。

分布：中国浙江（景宁、天目山、古田山、百山祖、普陀）、安徽、海南、湖北、江西、湖南、福建、贵州、云南。

4. 日本蓝泥蜂 *Chalybion japonicum*（Gribodo）

寄主：蜘蛛。

分布：中国浙江（景宁、莫干山、天目山、百山祖、龙泉、杭州）、黑龙江、内蒙古、辽宁、北京、河北、山西、山东、江苏、安徽、江西、湖南、海南、福建、台湾、广东、广西、四川、贵州；朝鲜、日本、印度、越南、泰国。

5. 叶跗缨角泥蜂 *Crossocerus annulipes* Tsuneki

分布：中国浙江（景宁、庆元）、上海、贵州；日本、朝鲜。

6. 齿唇缨角泥蜂 *Crossocerus odontochilus* Li *et* Yang

分布：中国浙江（景宁、古田山、杭州、开化、庆元）、山东、河南、福建。

7. 缺梳缨角泥蜂 *Crossoceus vepedtineus* Li *et* He

分布：中国浙江（景宁、杭州、舟山、衢州、庆元）、黑龙江、北京、河北、山东、河南、上海。

8. 耙掌泥蜂 *Palmodes occitanicus*（Smith）

寄主：螽斯。

分布：中国浙江（景宁、百山祖）、甘肃、山东、陕西。

9. 黑毛泥蜂 *Sphex haemorrhoidalis* Fabricius

分布：中国浙江（景宁、百山祖）、辽宁、江西、安徽、福建、湖南、台湾、海南、广东、四川、贵州、云南；泰国、印度、菲律宾。

参考文献

蔡邦华，陈宁生，1964. 中国经济昆虫志　第八册　等翅目　白蚁[M]. 北京：科学出版社.

蔡邦华，侯陶谦，1976. 中国松毛虫属及其近缘属的修订[J]. 昆虫学报（19）：441-452.

蔡平，何俊华，1998. 中国叶蝉科分类研究（同翅目：叶蝉总科）[D]. 杭州：浙江农业大学.

蔡荣权，1979. 中国经济昆虫志　第十六册　鳞翅目　舟蛾科[M]. 北京：科学出版社.

蔡荣权，1983. 我国绿刺蛾属的研究及新种记述[J]. 昆虫学报（26）：437-447.

常育军，杨集昆，1988. 中国叶郭公亚科分类研究（鞘翅目：郭公虫科）[D]. 北京：北京农业大学.

陈刚，杨集昆，1989. 中国瘦腹水虻亚科和厚腹水虻亚科（双翅目：水虻科）[D]. 北京：北京农业大学.

陈华中，1989. 中国果蝇科新记录[J]. 昆虫分类学报（11）：237-238.

陈其瑚，1985. 浙江省蝽类名录及其分布（半翅目：蝽总科）[J]. 浙江农业大学学报（11）：115-125.

陈其瑚，1990，1993. 浙江植物病虫志：昆虫篇（一、二）[M]. 上海：上海科学技术出版社.

陈世骧，1966. 中国水叶甲记述[J]. 昆虫学报，15：137-147.

陈世骧，1986. 中国动物志　昆虫纲　鞘翅目　铁甲科[M]. 北京：科学出版社.

陈世骧，1986. 中国动物志　昆虫纲　蚤目[M]. 北京：科学出版社.

陈学新，何俊华，马云，1998. 中国片跗茧蜂属研究[J]. 昆虫分类学报，20（3）：208-218.

陈学新，何俊华，1991. 中国滑胸茧蜂属记述[J]. 浙江农业大学学报（17）：192-196.

陈一心，1985. 中国经济昆虫志　第三十二册　鳞翅目　夜蛾科（四）[M]. 北京：科学出版社.

陈一心，1999. 中国动物志　昆虫纲　第十六卷　鳞翅目　夜蛾科[M]. 北京：科学出版社.

成新跃，杨集昆，1992. 中国迷蚜蝇亚科九属的分类研究（双翅目：食蚜蝇科）[D]. 北京：北京农业大学.

崔俊芝，白明，吴鸿，等，2007. 中国昆虫模式标本名录（第1卷）[M]. 北京：中国林业出版社.

崔俊芝，白明，范仁俊，等，2009. 中国昆虫模式标本名录（第2卷）[M]. 北京：中国林业出版社.

丁锦华，1980. 中国飞虱科的新组合和新记录种[J]. 昆虫分类学报，2：301-302.

杜进平，杨集昆，1986. 中国蜂虻科分类研究（双翅目：长角亚目）[D]. 北京：北京农业大学.

杜予州，周尧，1999. 中国襟虫责属种类记述[J]. 昆虫分类学报，21：1-8.

范襄，杨集昆，1989. 中国花蚤亚科五属分类研究（鞘翅目：花蚤科）[D]. 北京：北京农业大学.

范滋德，1964. 中国麻蝇族新属新种志[J]. 动物分类学报，1：319-356.

范滋德，1988. 中国经济昆虫志　第三十七册　双翅目　花蝇科[M]. 北京：科学出版社.

范滋德，1997. 中国动物志　昆虫纲　第六卷　双翅目　丽蝇科[M]. 北京：科学出版社.

方承莱，1985. 中国经济昆虫志　第三十三册　鳞翅目　灯蛾科[M]. 北京：科学出版社.

方承莱，1991. 中国滴苔蛾属的研究（鳞翅目：灯蛾科，苔蛾亚科）[J]. 昆虫学报，34（4）：470-471.

方承莱，1992. 中国阳苔蛾属的研究及新种记述[J]. 昆虫学报（35）：228-232.

方承莱，2000. 中国动物志　昆虫纲　第十九卷　鳞翅目　灯蛾科[M]. 北京：科学出版社.

方志刚，吴鸿，2001. 浙江昆虫名录[M]. 北京：中国林业出版社.

葛钟麟，丁锦华，田立新，等，1984. 中国经济昆虫志　第二十七册　同翅目　飞虱科[M]. 北京：科学出版社.

葛钟麟，1966. 中国经济昆虫志　第十册　同翅目　叶蝉科[M]. 北京：科学出版社.

葛钟麟，1976. 中国菱纹叶蝉新种描述[J]. 昆虫学报，19：431-437.

郭瑞，王义平，翁东明，等，2015. 浙江清凉峰昆虫物种组成及其多样性[J]. 环境昆虫学报，37（1）：30-35.

韩运发，1997. 中国经济昆虫志　第五十五册　缨翅目[J]. 北京：科学出版社.

何俊华，陈学新，马云，1996. 中国经济昆虫志　第五十一册　膜翅目　姬蜂科[M]. 北京：科学出版社.

何俊华，陈学新，马云，2000. 中国动物志　昆虫纲　第十八卷　膜翅目　茧蜂科（一）[M]. 北京：科学出版社.

何俊华，楼晓明，马云，1996. 中国直赛茧蜂属记述[J]. 浙江农业大学学报，22：33-36.

何俊华，1984. 中国水稻害虫的姬蜂科寄生蜂（膜翅目）名录[J]. 浙江农业大学学报，10：77-110.

侯陶谦，1987. 中国松毛虫[M]. 北京：科学出版社.

胡氰，郑乐怡，1998. 中国草室盲蝽亚科分类研究（半翅目：盲蝽科）[D]. 天津：南开大学.

黄大卫，1993. 中国经济昆虫志　第四十一册　膜翅目　金小蜂科（一）[M]. 北京：科学出版社.

黄复生，朱世模，平正明，等，2000. 中国动物志　昆虫纲　第十七卷　等翅目[M]. 北京：科学出版社.

黄建，1994. 中国蚜小蜂科分类（膜翅目：蚜小蜂科）[M]. 重庆：重庆出版社.

黄其林，1963. 中国的角石蛾科昆虫[J]. 昆虫学报，12（4）：486-487.

江世宏，王书永，1999. 中国经济叩甲图志[M]. 北京：中国农业出版社.

蒋书楠，蒲富基，华立中，1985. 中国经济昆虫志　第三十五册　鞘翅目　天牛科（三）[M]. 北京：科学出版社.

矍逢伊，1981. 我国东南沿海地区的吸血蠓[J]. 昆虫学报，24（3）：307-309.

康乐，杨集昆，1987. 中国树螽亚科分类研究（直翅目：螽斯科）[D]. 北京：北京农业大学.

李强，何俊华，1999. 中国泥蜂科三亚科分类研究（膜翅目：细腰亚目：针尾部）[D]. 北京：浙江大学.

李铁生，1978. 中国经济昆虫志　第十三册　双翅目　蠓科[M]. 北京：科学出版社.

李铁生，1985. 中国经济昆虫志　第三十册　膜翅目　胡蜂总科[M]. 北京：科学出版社.

李铁生，1988. 中国经济昆虫志　第三十八册　双翅目　蠓科（二）[M]. 北京：科学出版社.

李学镏，徐志宏，1987. 浙江省柑橘蚧虫寄生蜂及三种中国新纪录（膜翅目：小蜂总科）[J]. 浙江农业大学学报，13：253-256.

李子忠，陈祥盛，1999. 中国隐脉叶蝉（同翅目：叶蝉科）[M]. 贵阳：贵州科技出版社.

李子忠，汪谦敏，1996. 中国横脊叶蝉（同翅目：叶蝉科）[M]. 贵阳：贵州科技出版社.

廉振民，1994. 昆虫学研究：纪念郑哲民教授执教40周年论文集（第一辑）[D]. 西安：陕西师范大学出版社.

梁恩义，赵建铭，1992. 中国追寄蝇属的研究[J]. 动物分类学报（17）：206-210.

梁铭球，郑哲民，1998. 中国动物志 昆虫纲 第十二卷 直翅目 蚱总科[M]. 北京：科学出版社.

廖定熹，李学骝，庞雄飞，等，1987. 中国经济昆虫志 第三十四册 膜翅目 小蜂总科（一）[M]. 北京：科学出版社.

林乃铨，1994. 中国赤眼蜂分类（膜翅目：赤眼蜂科）[M]. 福州：福建科学技术出版社.

刘崇乐，1965. 中国经济昆虫志 第五册 鞘翅目 瓢虫科[M]. 北京：科学出版社.

陆宝麟，陈汉彬，许荣满，等，1988. 中国蚊类名录[M]. 贵阳：贵州人民出版社.

陆宝麟，1981. 中国的白雪伊蚊组蚊虫[J]. 昆虫分类学报，3（4）：255-262.

陆宝麟，1982. 中国白纹伊蚊亚组伊蚊的研究[J]. 动物学研究（3）：327-338.

陆宝麟，1997. 中国动物志 昆虫纲 第八卷 双翅目 蚊科（上）[M]. 北京：科学出版社.

陆宝麟，1997. 中国动物志 昆虫纲 第九卷 双翅目 蚊科. 北京：科学出版社.

马文珍，1995. 中国经济昆虫志 第四十六册 鞘翅目 花金龟科 斑金龟科 弯腿金龟科[M]. 北京：科学出版社.

聂海燕，魏美才，1999. 中国叶蜂总科新记录种[J]. 昆虫分类学报，21：143-145.

庞雄飞，陈泰鲁，1974. 中国的赤眼蜂属记述[J]. 昆虫学报，17：446-450.

庞雄飞，毛金龙，1979. 中国经济昆虫志 第十四册 鞘翅目 瓢虫科（二）[M]. 北京：科学出版社.

蒲富基，1980. 中国经济昆虫志 第十九册 鞘翅目 天牛科（二）[M]. 北京：科学出版社.

乔格侠，张广学，1996. 扁蚜科群蚜科毛蚜科及毛管蚜科等七科蚜虫系统发育研究（同翅目：蚜总科）[D]. 北京：中国科学院.

任树芝，1998. 中国动物志 昆虫纲 第十三卷 半翅目 异翅亚目 姬蝽科[M]. 北京：科学出版社.

施祖华，1992. 浙江省猎蝽科九种新记录[J]. 浙江农业大学学报，18（4）：48.

谭娟杰，虞佩玉，李鸿兴，等，1985. 中国经济昆虫志 第十八册 鞘翅目 叶甲总科（一）[M]. 北京：科学出版社.

汤玉清，1990. 中国细颚姬蜂属志（膜翅目：姬蜂科）[M]. 北京：科学出版社.

唐觉，李参，黄恩友，等，1985. 舟山群岛蚁科记述（膜翅目：蚁科）[J]. 浙江农业大学学报，11：307-316.

唐觉，李参，黄恩友，等，1995. 中国经济昆虫志 第四十七册 膜翅目 蚁科（一）[M]. 北京：科学出版社.

田立新，杨莲芳，李佑文，1996. 中国经济昆虫志 第四十九册 毛翅目（一）[M]. 北京：科学出版社.

田立新，1988. 中国的角石蛾属昆虫[J]. 昆虫学报，37（2）：194-202.

童雪松主编，1993. 浙江蝶类志[M]. 杭州：浙江科学技术出版社.

汪兴鉴，1991. 中国瘤额实蝇属记述[J]. 动物分类学报，16：462-470.

汪兴鉴，1996. 东亚地区双翅目实蝇科昆虫[J]. 动物分类学报，21（增刊）1-338.

王平远，1963. 中国绢螟属记述[J]. 昆虫学报，12（3）：358-367

王天齐，1995. 中国大刀螳属研究[J]. 昆虫学报，38：191-194.

王象贤，杨集昆，1989. 中国南方草蛉分类研究（脉翅目：草蛉科）[D]. 北京：北京农业
    大学.

王义平，2009. 浙江乌岩岭昆虫及其森林健康评价[M]. 北京：科学出版社.

王子清，1982. 中国经济昆虫志 第二十四册 同翅目 粉蚧科[M]. 北京，科学出版社.

王子清，1994. 中国经济昆虫志 第四十三册 同翅目 蚧总科 蜡蚧科 链蚧科 盘蚧
    科壶蚧科 仁蚧科[M]. 北京：科学出版社.

王遵明，1983. 中国经济昆虫志 第二十六册 双翅目 虻科[M]. 北京：科学出版社.

王遵明，1994. 中国经济昆虫志 第四十五册 双翅目 虻科（二）[M]. 北京：科学出版社.

魏美才，聂海燕，1997. 中国茎蜂科分类研究[J]. 浙江农业大学学报（23）：523-528.

吴福桢，1987. 中国常见蜚蠊种类及其为害利用与防治的调查研究[J]. 昆虫学报，30：
    430-437.

吴鸿，1995. 华东百山祖昆虫[M]. 北京：中国林业出版社.

吴鸿，1997. 中国罗夫菌蚊物种群研究[J]. 昆虫分类学报，19：118-129.

吴鸿，1998. 浙江龙王山真菌蚊属3新种[J]. 浙江林学院学报，15（2）：170-175.

吴鸿，1998. 龙王山昆虫[M]. 北京：中国林业出版社.

吴鸿，何俊华，1998. 中国菌蚊亚科系统分类研究（双翅目：菌蚊科）[D]. 杭州：浙江农
    业大学.

吴鸿，潘承文，2001. 天目山昆虫[M]. 北京：科学出版社.

吴鸿，吴浙东，赵品龙，1995. 浙江省菌蚊初步目录[J]. 浙江林业科技，15：51-53.

吴鸿，杨集昆，1992. 莫干山菌蚊及十新种记述[J]. 浙江林学院学报，9：424-438.

吴鸿，杨集昆，1993. 中国的菌蚊类昆虫及一新种记述[J]. 浙江林学院学报，10：433-441.

吴鸿，杨集昆，1995. 中国巧菌蚊属研究[J]. 浙江林学院学报，12：172-179.

吴鸿，杨集昆，1998. 浙江龙王山巧菌蚊属3新种（双翅目：菌蚊科）[J]. 华中农业大学学
    报，17（3）223-226.

吴鸿，朱志建，徐华潮，2000. 浙江龙王山昆虫物种多样性研究[J]. 浙江林学院学报，17（3）：235-240.

吴坚，王常禄，1995. 中国蚂蚁[M]. 北京：中国林业出版社.

吴燕如，周勤，1996. 中国经济昆虫志 第五十二册 膜翅目 泥蜂科[M]. 北京：科学出版社.

武春生，1997. 中国动物志 昆虫纲 第七卷 鳞翅目 祝蛾科[M]. 北京：科学出版社.

夏凯龄，1994. 中国动物志 昆虫纲 第四卷 直翅目 蝗总科[M]. 北京：科学出版社.

谢蕴贞，1957. 中国荔蝽亚科记述[J]. 昆虫学报，7：433-443.

谢蕴贞，1964. 中国实蝇记述（三）[J]. 动物分类学报，1：42-54..

谢蕴贞，1965. 中国实蝇记述[J]. 动物分类学报，2：211-217.

徐华潮，郝晓东，黄俊浩，等，2011. 浙江凤阳山昆虫物种多样性[J]. 浙江农林大学学报，28（1）：1-6.

徐华潮，吴鸿，杨淑贞，等，2002. 浙江天目山昆虫物种多样性研究[J]. 浙江林学院学报，19（4）：350-355.

徐志宏，何俊华，1997. 中国跳小峰分类研究（膜翅目：小峰总科）[D]. 杭州：浙江农业大学.

徐志宏，李学骝，何俊华，1995. 粉蚧跳小蜂三种中国新记录[J]. 浙江农业大学学报，21：492.

许荣满，1989. 中国的麻虻属[J]. 动物分类学报，14：336-367.

许维岸，何俊华，1998. 中国小腹茧蜂属和侧沟茧蜂属分类研究（膜翅目：茧蜂科：小腹茧蜂亚科）[D]. 杭州：浙江农业大学.

许再福，何俊华，1995. 中国螯蜂科分类研究（膜翅珠青蜂总科）[D]. 杭州：浙江农业大学.

许再福，何俊华，1995. 中国单节螯蜂属种类记述[J]. 浙江农业大学学报，21：593-598.

薛大勇，朱弘复，1999. 中国动物志 昆虫纲 第十五卷 鳞翅目 尺蛾科 花尺蛾亚科[M]. 北京：科学出版社.

薛万琦，赵建铭，1996. 中国蝇类[M]. 沈阳：辽宁科学技术出版社.

尹文英，1992. 中国亚热带土壤动物[M]. 北京：科学出版社.

余建平，余晓霞，2000. 浙江古田山自然保护区昆虫名录补遗[J]. 浙江林学院学报，17（3）：262-265.

虞以新，刘康南，1982. 中国蠓蠓的研究[M]. 北京：科学出版社.

袁锋，1988. 中国角蝉属的分类研究[J]. 昆虫分类学报（10）：255-270.

张广学，乔格侠，钟铁森，等，1999. 中国动物志　昆虫纲　第十四卷　同翅目　矿蚜科　瘿绵蚜科[M]. 北京：科学出版社.

张广学，钟铁森，1983. 中国经济昆虫志　第二十五册　同翅目　蚜虫类（一）[M]. 北京：科学出版社.

张维球，1984. 中国皮蓟马族种类初记[J]. 昆虫分类学报（6）：15-23.

张雅林，1990. 中国叶蝉分类研究[M]. 杨陵：天则出版社.

张雅林，1994. 中国离脉叶蝉分类[M]. 郑州：河南科学技术出版社.

章士美，1985. 中国经济昆虫志　第三十一册　半翅目（一）[M]. 北京：科学出版社.

赵建铭，1962. 中国寄蝇科的记述[J]. 昆虫学报，11：83-98.

赵修复，1962. Navas氏中国蜻蜓模式标本的研究[J]. 昆虫学报，11（增刊）：32-44.

赵养昌，1963. 中国经济昆虫志　第四册　鞘翅目　拟步行虫科[M]. 北京：科学出版社.

赵仲苓，1978. 中国经济昆虫志　第十二册　鳞翅目　毒蛾科[M]. 北京：科学出版社.

郑乐怡，刘胜利，1992. 天目山半翅目昆虫新种记述[J]. 昆虫分类学报，14：257-262

郑哲民，1993. 蝗虫分类学[J]. 西安：陕西师范大学出版社.

郑哲民，夏凯龄，1998. 中国动物志　昆虫纲　第十卷　直翅目　蝗总科　斑翅蝗科　网翅蝗科[M]. 北京：科学出版社.

中国科学院动物研究所，1983. 中国蛾类图鉴（Ⅰ-Ⅳ）[M]. 北京：科学出版社.

中国科学院上海昆虫研究所. 中国科学院上海昆虫研究所馆藏标本名录[M]. 上海：上海科学技术文献出版社.

周尧，路进生，1977. 中国的广翅蜡蝉科附八新种[J]. 昆虫学报，20：314-322.

周尧，路进生，黄桔，等，1985. 中国经济昆虫志　第三十六册　同翅目　蜡蝉总科[M]. 北京：科学出版社.

朱弘复，1965. 中国经济昆虫志　第七册　鳞翅目　夜蛾科（三）[M]. 北京：科学出版社.

朱弘复，1977. 中国箩纹蛾科[J]. 昆虫学报，20（1）：83-84.

朱弘复，1978. 中国山钩蛾亚科分类及地理分布[J]. 昆虫学报，30：295-300.

朱弘复，1984. 蛾类图册[M]. 北京：科学出版社.

朱廷安，1995. 浙江古田山昆虫和大型真菌[M]. 杭州：浙江科学技术出版社.

朱弘复，王林瑶，1988. 中国钩蛾亚科（鳞翅目：钩蛾科）：豆斑钩蛾属及铃钩蛾属[J]. 昆虫学报（4）：76，84，408.

朱弘复，王林瑶，1991. 中国动物志　昆虫纲　第三卷　鳞翅目　圆钩蛾科　钩蛾科[M].
北京：科学出版社.

朱弘复，王林瑶，1996. 中国动物志　昆虫纲　第五卷　鳞翅目　蚕蛾科　大蚕蛾科　网
蛾科[M]. 北京：科学出版社.

朱弘复，王林瑶，1997. 中国动物志　昆虫纲　第十一卷　鳞翅目　天蛾科[M]. 北京：科
学出版社.

LEWINSOHN T M，ROSLIN T，2008. Four ways towards tropical herbivore megadiversity[J].
Ecology Letters，11（4）：398-416.

①

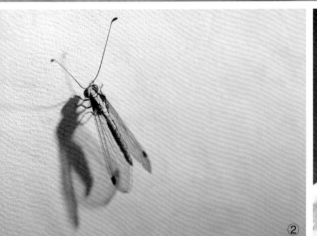

②

③

④

① 白扇蟌 *Platycnemis foliacea*

② 锯角蝶角蛉 *Acheron trux*

③ 广斧螳 *Hierodula petellifera*

④ 污斑静螳 *Statilia maculata*

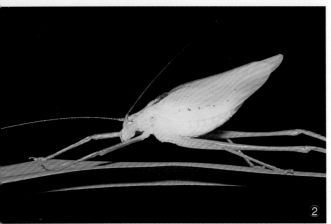

① 中华大刀螳 *Tenodera sinensis*

② 日本条螽 *Ducetia japonica*

③ 日本钟蟋 *Meloimorpha japonicus*

④ 东方蝼蛄 *Gryllotalpa orientalis*

① 中华稻蝗 *Oxya chinensis*

② 松寒蝉 *Meimuna opalifera*

③ 黑斑丽沫蝉 *Cosmoscarta dorsimacula*

④ 硕蝽 *Eurostus validus*

① 麻皮蝽 *Erthesina fullo*

② 稻棘缘蝽 *Cletus punctiger*

③ 月肩奇缘蝽 *Derepteryx lunata*

④ 宽缘伊蝽 *Aenaria pinchii*

① 大云鳃金龟 *Polyphylla laticollis*

② 毛边异丽金龟 *Anomala coxalis*

③ 双叉犀金龟 *Allomyrina dichotoma*

④ 鲜黄鳃金龟 *Metabolus tumidifrons*

① 阳彩臂金龟（雄）*Cheirotonus jansoni*
② 中国大锹 *Dorcus curivides*
③ 中华奥锹 *Odontolabis sinensis*
④ 巨锯锹甲 *Serrognathus titanus*

① 桃紫条吉丁 *Chrysochroa fuligidissima*

② 云斑白条天牛 *Batocera horsfieldi*

③ 中国虎甲 *Cicindela chinensis*

① 龟纹瓢虫 *Propylaea japonica*
② 异色瓢虫 *Harmonia axyridis*
③ 十星瓢萤叶甲 *Oides decempunctata*
④ 茶扁角叶甲 *Platycorynus igneicollis*
⑤ 黄足黑守瓜 *Aulacophora lewisii*

① 短翅豆芫菁 *Epicauta aptera*

② 红天蛾 *Pergesa elpenor*

③ 雀纹天蛾 *Theretra japonica*

④ 霜天蛾 *Psilogramma menephron*

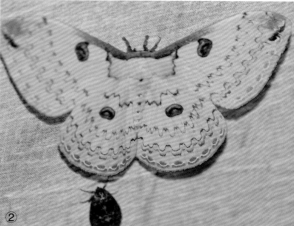

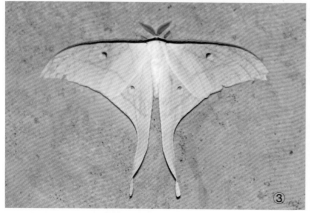

① 樗蚕 *Samia cynthia*

② 黄豹大蚕蛾 *Loepa katinka*

③ 绿尾大蚕蛾 *Actias selene*

④ 青球箩纹蛾（幼虫）*Brahmophthalma hearseyi*

⑤ 青球箩纹蛾 *Brahmophthalma hearseyi*

① 黄绿枯叶蛾 *Trabala vishnou*

② 苎麻夜蛾（幼虫）*Cocytodes coerula*

③ 黄钩蛱蝶 *Polygonia caureum*

④ 黄环蛱蝶 *Neptis ananta*

⑤ 曲纹蜘蛱蝶 *Arascnnia doris*

① 绿豹蛱蝶 *Argynnis paphia*

② 琉璃蛱蝶 *Kaniska canace*

③ 大红蛱蝶 *Vanessa indica*

④ 碧凤蝶 *Papilio bianor*

⑤ 柑橘凤蝶（幼虫）*Sinoprinceps xuthus*

① 红珠凤蝶 *Pachliopta aristolochiae*

② 宽尾凤蝶 *Agehana elwesi*

③ 斑缘豆粉蝶 *Colias erate*

④ 宽边黄粉蝶 *Eutema hecabe*

⑤ 东方菜粉蝶 *Pieris canidia*

① 点玄灰蝶 *Tongeia filicaudis*

② 尖翅银灰蝶 *Curetis acuta*

③ 波亮灰蝶 *Lampides boeticus*

④ 斜斑彩灰蝶 *Heliophorus phoenicoparyphus*

⑤ 蚜灰蝶 *Taraka hamada*

① 苎麻珍蝶 *Acraea issoria*

② 苎麻珍蝶（幼虫）*Acraea issoria*

③ 苎麻珍蝶交尾

④ 黛眼蝶 *Lethe dura*

⑤ 曲纹黛眼蝶 *Lethe chandica coelestis*

① 箭环蝶 *Stichophthalma howqua*

② 金斑蝶 *Danaus chrysippus*

③ 直纹稻弄蝶 *Parnara guttata*

④ 新雅大蚊 *Tipula nova*

⑤ 微芒食虫虻 *Microstylum dux*